生产建设项目水土保持天地一体化监管技术研究

姜德文　亢庆　著

内 容 提 要

本书紧紧围绕生产建设项目水土保持“天地一体化”监管工作的新需求，从理论、技术、实践上进行了全面、深入的探索、实践和创新，特别是生产建设项目的空天调查分析技术、无人机及智能移动终端等现场调查技术、扰动图斑识别与生产建设项目提取技术、水土流失防治责任范围（红线）上图技术、生产建设项目扰动合规性判别与预警技术，生产建设项目监管信息的互联互通共享等技术，研究成果更加注重技术先进性和成果实用性。

本书可作为水土保持相关单位管理和技术人员开展生产建设项目水土保持“天地一体化”监管工作的技术指南，也可作为相关科研院校的参考用书。

图书在版编目（CIP）数据

生产建设项目水土保持天地一体化监管技术研究 / 姜德文，亢庆著. -- 北京：中国水利水电出版社，2018.3
ISBN 978-7-5170-6336-0

Ⅰ. ①生… Ⅱ. ①姜… ②亢… Ⅲ. ①基本建设项目一水土保持一监测 Ⅳ. ①S157

中国版本图书馆CIP数据核字(2018)第036683号

书　名	生产建设项目水土保持天地一体化监管技术研究 SHENGCHAN JIANSHE XIANGMU SHUITU BAOCHI TIANDI YITIHUA JIANGUAN JISHU YANJIU
作　者	姜德文　亢庆　著
出版发行	中国水利水电出版社 （北京市海淀区玉渊潭南路1号D座　100038） 网址：www.waterpub.com.cn E-mail：sales@waterpub.com.cn 电话：(010) 68367658（营销中心）
经　售	北京科水图书销售中心（零售） 电话：(010) 88383994、63202643、68545874 全国各地新华书店和相关出版物销售网点
排　版	中国水利水电出版社微机排版中心
印　刷	北京瑞斯通印务发展有限公司
规　格	184mm×260mm　16开本　13.75印张　326千字
版　次	2018年3月第1版　2018年3月第1次印刷
印　数	0001—1500册
定　价	**78.00**元

序　言

党中央高度重视生态文明建设，党的十八大把生态文明建设纳入“五位一体”总体布局，做出了一系列重大决策部署，推动生态文明建设全面发展。党的十九大将“坚持人与自然和谐共生”作为新时代坚持和发展中国特色社会主义的基本方略之一，把建设美丽中国写入强国目标，明确“建设生态文明是中华民族永续发展的千年大计”，对加快生态文明体制改革，建设美丽中国做出全面安排部署，提出要建设数字中国、智慧社会，推进国家治理体系和治理能力现代化。水土保持作为生态文明建设的重要内容，必须深入贯彻落实党中央全面加强生态文明建设的战略部署，坚持保护优先的方针，坚持厉行法治，按照国务院深化行政审批“放管服”改革精神，从注重行政审批“关口管理”向切实加强事中事后监管转变，创新监管方式与手段，全面履行《水土保持法》赋予水行政主管部门的职责，强化生产建设项目水土保持监督管理，严格执法，坚决防止破坏水土资源与生态环境的违法违规行为，为建设美丽中国提供支撑与保障。

生产建设项目点多面广、监管任务重、难度大，现有水土保持机构的监管能力，以及传统的监管方式与手段难以做到全覆盖监管、精准监管。面对新形势和新要求，必须充分依靠卫星遥感、无人机、互联网＋等现代信息技术和手段，增强监管的针对性、准确性和时效性，才能实现生产建设项目水土保持监管全覆盖，保证各级水行政主管部门真正履职到位不缺位。为此，水利部将生产建设项目监管信息技术应用作为当前一项十分重要的工作予以推进，加强顶层设计，明确了工作目标与任务，提出2020年前实现全国生产建设项目信息化监管全覆盖。近年来，制定了相关标准规范和管理制度，通过示范先行，积累了经验，生产建设项目水土保持监管信息技术应用工作加快推进，监管能力和水平得到明显提升。

生产建设项目监管信息技术应用是水土保持工作的新领域。信息技术发展日新月异，切实推进这项工作，迫切需要理论方面的不断创新、最新技术方面的及时跟进和实践方面的系统总结完善，特别是在扰动区卫星遥感数据同步性与可对比性确定、人为扰动图斑提取与合规性判别、生产建设项目基础数据的采集录入管理、现场核查技术要求与成果应用共享管理等方面，都需要理论与实践的创新总结，以指导生产建设项目水土保持监管信息化应用工作科学有序开展。

很高兴看到本书作者进行了这方面的研究和实践总结，对生产建设项目遥感调查分析、扰动图斑识别提取、水土流失防治责任范围上图、数据信息互通共享等关键技术进行了系统研究，并结合实例进行了系统梳理与总结。本书的出版，将为各地开展生产建设项目水土保持信息化监管工作提供很好的参考和借鉴，促进水土保持信息化监管工作迈上新台阶。

水利部水土保持司司长：蒲朝勇

2017年10月

前言 QIANYAN

党中央、国务院《关于加快推进生态文明建设的意见》《生态环境监测网络建设方案》等文件，要求建立生态文明综合评价指标体系，加快推进对森林、草原、水土流失等生态环境要素的统计监测核算能力建设，提升信息化水平，提高准确性、及时性，实现信息共享。建设天地一体、上下协同、信息共享的生态环境监测网络，建立生态保护红线监管平台，对重要生态功能区人类干扰、生态破坏等活动进行监测、评估与预警。建立生态环境监测与监管联动机制。国务院对《全国水土保持规划》的批复，明确要求强化监督管理，创新体制机制，水利部应加强跟踪监测、督促检查和考核评估。

水利部高度重视水土保持监测与信息化工作，把生产建设项目监管信息化应用作为重中之重，近几年在大力推进生产建设项目水土保持“天地一体化”监管示范和推广，总体目标是对在建生产建设项目实现“天地一体化”动态监管，以提高监管时效性和覆盖面，使监管更精准，保证监管到位。

水利部水土保持监测中心姜德文教授申请到了综合事业局拔尖人才科研项目“生产建设项目水土保持天地一体化监管技术研究”（20150608－01）。水利部珠江水利委员会珠江水利科学研究院承担了水利部生产建设项目水土保持“天地一体化”监管技术支撑任务和先进实用技术示范项目“水土保持监督监测现场定量信息采集移动平台推广应用”（SF－201606）。珠江水利委员会珠江流域水土保持监测中心站承担了水利部财政预算项目“水土保持业务”相关研究工作。课题组成立后，依托这些项目，全面开展了各项技术攻关和研究，并在全国各地开展积极试点、示范和推广，不断总结经验，提炼成功的技术路线和方法。先后在《中国水土保持》《中国水土保持科学》《中国水利》等期刊发表此方面学术文章10多篇，申请软件著作权多项。在此基础上，课题组系统总结、提炼关键技术，撰写了本专著。本书第1章由姜德文、王敬贵、孙云编写，第2章由亢庆、扶卿华编写，第3章由刘超群、余顺超编写，第4章由王敬贵、姜学兵、孙云、姜德文编写，第5章由孙云、姜德文、王敬贵编写，第6章由扶卿华、王晓刚编写，第7章由扶卿华、尹斌、邝高明编写，第8章由亢庆、曾麦脉编写，第9章由亢庆、卢敬德、曾麦脉编写，第10章由李岚斌、金平伟编写，全书由姜德文、亢庆统稿。专著编写过程中，得到了水利部水土保持司、水利部水土保持监测中心、相关流域机构水土保持局（处）、省级水土保持局（处）及监测中心站的大力帮助和支持，在此表示感谢。

由于生产建设项目“天地一体化”监管工作处于起步和探索阶段，此方面的创新性工作还需进一步开展，加之作者水平有限，书中如有不妥之处，敬请批评指正。

作者

2017年10月4日

目录 MULU

第1章　研　究　背　景

1.1　生产建设项目水土流失及其影响

1.1.1　生产建设项目及分类

1. 生产建设项目概念

生产建设项目是指在一个总体范围内，由一个或几个单项工程组成，经济上实行独立核算，行政上实行统一管理，并具有法人资格的建设单位，如一所学校、一个工厂、一条铁路等。中国通常所说的建设项目是按固定资产投资管理方式进行的投资、建设、运营活动，从建设项目的性质上一般分为新建项目、改（扩）建项目。本书所称的“生产建设项目”是指在建设、生产过程中可能产生水土流失的项目，即在建设生产中扰动地表、损坏植被、挖填土石方的项目。根据《开发建设项目水土流失防治标准》（GB 50434—2008）的规定，涉及水土保持的建设项目可分为建设类项目、建设生产类项目两类。建设类项目（constructive engineering）是指基本建设竣工后，在运营期没有开挖、取土（石、料）、弃渣（砂、石、土、矸石、尾矿）等生产活动的项目，如公路、铁路、机场、水工程、港口、码头、水电站、核电站、输变电工程、通信工程、管道工程、城镇新区等；建设生产类项目（constructive and productive engineering）是指基本建设竣工后，在运营期仍存在扰动地表、取土（石、料）、弃渣（砂、石、土、矸石、尾矿）等生产活动的项目，燃煤电站、建材、矿产开采及冶炼等。

2. 生产建设项目水土保持分类

根据水利部《生产建设项目水土保持准入条件研究》《生产建设项目水土保持分类管理研究》成果，将涉及水土保持的生产建设项目分为公路工程、铁路工程、涉水交通工程等36类，详见表1.1。

表1.1　生产建设项目分类

序号	项目分类	项　目　名　称
1	公路工程	高速公路、国道、省道、县道、乡村道路等
2	铁路工程	单线、复线（改扩建）工程和城际高速铁路等
3	涉水交通工程	各类港口、码头（包括专业装卸货码头）、跨海（江、河）大桥与隧道、海堤防等工程
4	机场工程	大型民用机场、支线机场、军民共用机场等
5	火电工程	利用煤、石油、天然气或其他燃料的化学能来生产电能的工程，如燃煤发电厂、燃油发电厂、燃气发电厂及利用余热、余压、城市垃圾、工业废料、煤矸石（石煤、油母页岩）、煤泥、生物质、农林废弃物、煤层气、沼气、高炉煤气等生产电力热力的工程

续表

序号	项目分类	项目名称
6	核电工程	利用核能产生电能的新型发电站工程
7	风电工程	将风能转换成电能并通过输电线路送入电网的工程
8	输变电工程	由各种电压等级的输电线路和变电站组成的工程
9	其他电力工程	太阳能发电厂、潮汐发电厂等
10	水利枢纽工程	为满足各项水利工程兴利除害目标、在河流或渠道适宜地段修建的不同类型水工建筑物的综合体，包括无坝引水枢纽、有坝引水枢纽、蓄水枢纽（水库枢纽），不包括以水力发电为主要目标的水电枢纽工程
11	灌区工程	由灌溉渠首工程（或者水源取水工程）、灌排渠道、渠系建筑物及灌区各种附属设施组成的有机综合体
12	引调水工程	采用现代工程技术，从水源地通过取水建筑物、输水建筑物引水和调水至需水地的一种水利工程
13	堤防工程	新建、加固、扩建、改建堤防工程（不包括海堤防工程）
14	蓄滞洪区工程	在蓄滞洪区内建设的各种分洪、蓄洪或滞洪相关水利工程综合体
15	其他小型水利工程	除上述水利枢纽、灌区、引调水、堤防、蓄滞洪区工程之外的其他小型水利工程，如河道整治工程、小型农田水利工程、水质净化和污水处理工程等
16	水电枢纽工程	坝式水电站、引水式水电站、混合式水电站和抽水蓄能电站等工程
17	露天煤矿	露天开采的煤矿工程及其配套的洗选工程、排土场、矸石场等
18	露天金属矿	露天开采的金属矿及其配套的洗选矿设施、尾矿库、排土场等，如贵重金属矿（金、银、铂等）、有色金属矿（铜、铅、锌、铝、镁、钨、锡、锑等）、黑色金属矿（铁、锰、铬等）、稀有金属矿（钽、铌等）、放射性金属矿（铀、钍）等
19	露天非金属矿	露天开采的非金属矿及其配套的洗选矿设施、尾矿库、排土场等，如冶金用非金属矿、化工用非金属矿、建材及其他非金属矿，以及水泥熟料项目、粉磨站项目和水泥厂项目等水泥工程
20	井采煤矿	地下开采的煤矿工程及其配套的洗选工程、排土场、矸石场等
21	井采金属矿	地下开采的金属矿及其配套的洗选矿设施、尾矿库、排土场等，如贵重金属矿（金、银、铂等）、有色金属矿（铜、铅、锌、铝、镁、钨、锡、锑等）、黑色金属矿（铁、锰、铬等）、稀有金属矿（钽、铌等）、放射性金属矿（铀、钍）、稀土矿等
22	井采非金属矿	地下开采的非金属矿及其配套的洗选矿设施、尾矿库、排土场等，如冶金用非金属矿、化工用非金属矿、建材及其他非金属矿
23	油气开采工程	石油、天然气等油气田开采工程
24	油气管道工程	输送石油、天然气的管道运输工程，如天然气管道工程、原油管道工程、成品油管道工程等
25	油气储存与加工工程	石油、天然气储存和加工相关工程，如石油储备基地、天然气储备基地、石油天然气储备基地以及石油加工厂、炼油厂、石油化工厂、天然气加工厂、天然气处理厂、液化天然气加工厂等工程
26	工业园区工程	建设工业园区所涉及的五通一平等相关工程
27	城市轨道交通工程	在城市地下隧道或从地下延伸至地面（高架桥）运行的电动快轨道公共交通工程，如地铁、轻轨等工程
28	城市管网工程	城市供水、排水（雨水和污水）、燃气、热力、电力、通信、广播电视、工业等管线管道及其附属设施等工程

续表

序号	项目分类	项目名称
29	房地产工程	居住区建设项目和公用建筑项目，居住区建设项目包括住宅建设工程、居住区公共服务设施建设工程、居住区绿化工程、居住区内道路工程、居住区内给水、污水、雨水和电力管线工程；公用建筑项目包括行政办公、商业金融、其他公共设施建设工程等
30	其他城建工程	城镇道路，位于城市内或者周边的各类工业建设项目（煤焦化、煤液化、煤气化、煤制电石等煤化工工程），城市公园建设工程，经济开发区、高新技术开发区、科技园区等开发区建设工程等
31	林浆纸一体化工程	纸浆生产和林浆纸原料基地等工程
32	农林开发工程	集团化陡坡（山地）开垦种植、定向用材料开发、规模化农林开发、开垦耕地、炼山造林、南方地区规模化经济果木林开发工程等
33	加工制造类项目	对采掘业产品和农产品等原材料进行加工，或对工业产品进行再加工和修理，或对零部件进行装配的工业类建设项目，如冶金工程（含钢铁厂）、机械制造厂、化学品生产制造厂、木材加工厂、建筑材料生产厂、纺织厂、食品加工厂、皮革制造厂等
34	社会事业类项目	教育、文化、卫生、计生、广播电视、残联、体育、旅游等部门的建设项目，如各类学校建设工程、文化娱乐公共设施建设工程、各种医院建设工程、广播电视设施建设工程、体育场馆建设工程、旅游景区建设工程等
35	信息产业类项目	通信设备、广播电视设备、电子计算机、软件、家电、电子测量仪器、电子工业专用设备、电子元器件、电子信息机电产品、电子信息专用材料等生产制造和集成装配厂建设工程以及各类数据中心、云中心、大数据中心或者基地等的建设工程
36	其他行业项目	上述35类工程项目之外的建设工程项目

1.1.2 生产建设项目水土流失特点与影响

1. 生产建设项目水土流失特点

（1）水土流失地域的扩展性与不完整性。在自然情况下，一个区域或一个自然单元的土壤侵蚀通常呈规律性分布，全国及各省的土壤侵蚀模数等值线图反映了一个地区土壤侵蚀分布规律。过去，水土流失主要分布在山区、丘陵区、风沙区，随着生产建设项目的建设，新增了大量人为水土流失，使水土流失分布的区域扩大到了平原地区、沿海地区；由农村牧区、农地、荒地扩大到了城市、工矿区、开发区。另外，原地貌的水土流失发生、发展、影响及危害在一个小流域或一个片区，相对集中连片，而生产建设项目的扰动地表及建设范围是由项目的总体布局确定的，往往不是一个完整自然单元或行政单元，点式项目与线型项目呈现完全不同的扰动特点，造成的水土流失呈分散、广泛分布状态。

（2）侵蚀规律的差异性和侵蚀强度的剧变性。

1）生产建设项目因其规模大小不同、建设布局不同，扰动地表、征占地、挖填土石方等都存在很大差异，房地产项目一般占地不足1hm^2，而露天矿项目占地达上千公顷，项目类别的差异上百倍、千倍。水土流失分布也随着工程布局的特点，呈现出不同的分布形式，电厂、矿山、机场等工程所造成的水土流失相对集中，呈点式分布；铁路、公路、管线、输变电线路等工程长距离建设，呈线性分布；灌区、风电等工程涉及区域广，所造成的水土流失呈片状分布。这种分布方式的差异常常打破了流域界限，边界开放，造成了水土流失防控的困难性。

2）生产建设项目对水土保持的影响时间跨度差异很大。受不同行业、工程类型、施工工艺的影响，生产建设项目水土流失在时间跨度上有很大的不同。核电站、水电站项目工期较长，一般6～7年时间，从施工准备期开始，直至土建部分工程全部完成，期间一直存在挖填排弃现象，需要及时采取各类防护措施；管线、输变电项目施工期较短，一般为1年多，分段施工的挖填时间更短，很快可以恢复；矿山类项目不仅在建设期存在水土流失，在生产期随着矿产资源的开采、运输、冶炼加工，水土流失防治工作一直伴随其中，时间长达数十年甚至上百年。

3）在工业化、城镇化的过程中，生产建设项目数量多、分布广，人为活动对地表的扰动和植被的破坏十分突出，自然状态下的土壤侵蚀规律被打破，一些过去土壤侵蚀少、强度不大的地方，会出现大面积、高强度的人为水土流失，土壤侵蚀强度呈剧烈变化，从微度、轻度侵蚀剧变为强烈、剧烈侵蚀，侵蚀强度在短时间内激增数倍、几十倍，防治水土流失的任务变得十分繁重。

（3）水土流失形式的多样性和潜在性。生产建设项目建设布局、建设内容、施工方法等不同，引发、加剧水土流失的形式也不同，加之自然条件的各异，造成水土流失的形式大的类型有水力侵蚀、风力侵蚀、重力侵蚀等，小的侵蚀形式又有面蚀、沟蚀、重力侵蚀等，开挖高陡边坡的项目还有可能引发崩塌、滑坡，甚至泥石流灾害，有的项目会同时并存多种侵蚀形式。在水土流失现状调查，预测可能的水土流失，布设防治措施，开展水土保持监测等方面都要进行综合调查、分析、制定防治方案。此外，一些地下开采的项目，地下开挖量很大，井田面积大，对地表的影响有一个较长的过程才能显现，在开采一定时间后，地表会出现裂缝、塌陷、沉降等，引发地表植被退化，地下水位下降，土壤干化、沙化，加剧水土流失。

（4）水土流失危害的突发性和灾难性。自然情况下，土壤侵蚀的发生、发展、危害是逐步发生的，是一个漫长的历史过程，区域的土壤侵蚀强度一般不会突然间发生巨变。生产建设项目对地表的扰动、挖填土石方是突发性的，一旦开工建设，其施工强度大，扰动行为频繁，在大面积、高强度的土石方施工中，遇到暴雨时就会引发崩塌、滑坡、泥石流等严重水土流失灾害事件，这种灾害往往是突发性的，防范意识、防范措施必须提前制定预案。此外，生产建设项目引发的灾害事件往往是灾难性的，对下游、周边地区直接造成重大的人身伤害，公共设施毁坏，造成的经济损失也十分巨大。

（5）水土流失特征和防治措施的差异性。

1）由于施工密集程度、扰动地表强度、建设布局及施工方法等的不同，造成的水土流失量相差较大，公路、铁路、水电站、水利枢纽、露天矿等项目，造成的水土流失量往往在几十万吨，火电站、井采矿等项目水土流失量一般在几万吨。

2）生产建设项目水土流失的发生、发展、危害与自然侵蚀的水土流失特征有很大不同，其水土流失规律，水土流失防治技术的总体布局、措施配置、工程设计等都与常规的水土流失治理不同。

3）不同类型的生产建设项目其水土流失特征和防治措施也不相同，建设类项目与生产建设类项目不同，点式项目与线型项目不同，南方地区的项目与北方地区的项目也不同，同一建设项目，其施工准备期、施工期、完建验收期也不同，都需要做具体分析、因

地制宜。

2. 生产建设项目水土流失影响

（1）毁损土地和耕地资源，降低土地生产力。生产建设项目的建设、生产、运营都会占压、毁损一定数量的土地，有些项目还会占压耕地甚至基本农田，将原来的农地、林地、草地等能够生产第一性物质的土地改变为被硬化的厂房、道路、高楼大厦等，万物赖以生存的土地将越来越少，土地的总生产能力下降，十分紧缺的耕地资源也会减少，对国家的粮食安全造成影响。根据调查统计，线型工程如公路铁路项目，每公里占地面积5～7hm^2，包括占用耕地，占地面积中永久占地为70%左右，这些土地和耕地将被永久占压，丧失了生产能力。点式工程中，露天矿、水利水电枢纽工程的占地面积很大，单项工程的占地面积达1000hm^2左右，大部分为永久占地，由于露天矿项目要持续生产，占用的土地短期内无法恢复原貌。

（2）降低水资源涵养能力，加剧水资源供需矛盾。生产建设项目建设和生产过程中要取、用水资源，公路铁路等建设类项目主要是施工建设期用水，而建设生产类项目在生产期间的用水量较大，特别是火电厂、核电站、井采矿、露天矿、化工等项目，生产期间的日用水量在几万立方米至几百万立方米，煤化工项目日耗水量达7～10t。占用和消耗大量水资源，加剧当地水资源紧缺程度，工业大量用水将影响到农业、生态用水。井采矿、露天矿项目生产中要大量外排地下水，致使地下水位下降，导致土壤干化、地表植被退化与死亡，进而引起地表荒漠化，加剧水力侵蚀、风力侵蚀。地下水位的下降，还会导致当地群众饮水困难。煤炭项目多为采煤、选煤一体化，洗煤过程中需要消耗大量水，生产废水的排放还会对周边及下游产生环境影响，引发河道污染和环境问题。中国的煤炭资源主要分布于北方，这些地区大多是水资源十分紧缺的地区，大量建设此类项目，对当地水资源、水环境产生严重影响。

（3）破坏地表植被，生态系统受损，引发生态退化。生产建设项目占用土地，对地表的林草植被造成毁损。特别是位于生态功能区、水土流失预防保护区的项目，所占土地基本都是生态功能较强的林草地，大面积、长期占压林地、草地，使区域生态环境质量下降。中国51%的区域属于生态中度脆弱区，轻度以上的水土流失面积占国土总面积的31%，露天矿、核电站、水电站、机场、水利工程、油气化工、火电厂、公路、铁路等项目，占地面积大，对地表植被的破坏严重，对生态环境造成较大影响。全国水土保持规划确定的23个国家级水土流失重点预防区，涉及县域面积291万km^2，大多数是集中连片的林区、草地，植被较好，这些地区兴建生产建设项目，对区域植被破坏较大，对当地、江河下游都会造成影响。黄河中上游、长江上游多属于水土流失严重区，晋陕蒙接壤地区、宁东地区、新疆准东地区等既是国家煤炭建设基地，又是生态极为脆弱的地区，在能源开发过程中势必对生态造成较大影响。

（4）加重水土流失，对周边及下游造成水土流失危害。生产建设项目扰动地表，破坏植被，挖填土石方，都会造成水土流失。林浆纸一体化、大型水电站项目占地面积极大，土石方工程量大，工期较长，单项工程的新增水土流失量高达350万～390万t；铁路项目线路长、穿越山体河流，土石方工程量大，单项工程新增水土流失量达150多万t；公路、水利工程、输油输气管线项目占地面积大、土石方挖填量大、工期长，新增水土流失量平均为38万～45万t；露天矿项目土石方工程量大、工期长，新增水土流失量平均为25万t；油气化工、核电站新增水土流失量一般在10万～13万t；冶炼、机场、港航工程新增水土流失量在5万～9万t；火电站、井采矿、风电场、输变电线路项目新增水土流失量一般为1万～3万t。大量的水土流失流入下游江河、湖泊、水库，造成淤积，致使蓄水和行洪能力大为下降，严重影响防洪安全。露天矿、公路、铁路等项目，在高陡边坡施工，还会引发滑坡、泥石流等灾害。井采矿项目还会造成地表裂缝、塌陷等，据调查研究每采1万t煤平均塌陷地表面积0.3万m^2。

(5) 环境质量下降，影响人居环境和社会协调发展。生产建设项目在施工建设和生产过程中，施工场地遇大风产生扬尘，遇大降雨泥浆乱流，直接威胁环境质量，特别是对城市、园区的生活环境造成影响。有些项目位于江河源头保护区、水源涵养区、生态功能保护区，生产建设活动对功能区的影响较大。位于生态脆弱区、水土流失严重区的项目，会进一步加剧生态恶化，水土流失加剧，生态系统受到严重破坏。采矿、冶炼、化工等项目，还会随着水土流失，携带污染物进入河道、水体，威胁饮水安全。在工业化、城镇化过程中，大量建设项目硬化地表，加强温室气体排放，造成热岛效应，引发城市灾害性天气频繁发生，造成重大生命和财产损失，严重影响经济社会协调发展。

1.2 生产建设项目水土保持监管现状与存在的问题

1.2.1 生产建设项目水土保持监管现状

1. 生产建设项目数量与分布特点

随着中国工业化、城镇化进程的加快，各类生产建设项目数量巨大，建设活动频繁并密集。根据水利部、中国科学院、中国工程院开展的“中国水土流失与生态安全科学考察”调查，“十五”期间，全国各类生产建设项目共有76810个，其中房地产开发等城市基础设施项目最多，占项目总数的32.2%，公路建设项目占项目总量的17.2%，水利水电类、露天矿工程分别占总数的11.8%和10.2%。从项目分布区域看，西部地区12个省（自治区、直辖市）（陕西、甘肃、宁夏、青海、新疆、西藏、内蒙古、重庆、四川、云南、贵州、广西）占项目总量的39%，中部地区6个省（山西、河南、安徽、湖北、湖南、江西）占项目总量的18%；东部地区10个省（直辖市）（北京、天津、上海、河北、山东、江苏、浙江、福建、广东、海南）项目总量的32%；东北地区3省（黑龙江、吉林、辽宁）项目总量的11%。可见，中国西部地区的生产建设项目较多，特别是公路、铁路、机场等基础设施建设项目、能源开发项目等较为普遍，新疆的石油天然气开发与管道输送项目、煤炭资源开发与煤化工项目，内蒙古的煤炭资源开发项目、金矿铜矿等有色金属项目、火电站及输变电项目等较多。从全国审批水土保持方案的数量看，根据《中国水土保持公报》，2010—2014年全国共审批生产建设项目水土保持方案143919个，其中国家级审批1359个，占项目数量的0.94%，省级审批19464个，占项目数量的13.5%，地市级项目32897个，占项目数量的22.9%，县级审批90199个，占项目数量的62.7%；这些项目的水土流失防治责任范围面积达788万hm^2。可见，地方审批水土保持方案的项目占绝大多数，监督管理的任务较为繁重。

2. 水行政主管部门水土保持监督管理职责

根据《中华人民共和国水土保持法》(简称水土保持法)等法律法规、规章及规范性文件的规定，各级水行政主管部门对生产建设项目具有法定管理职责。主要职责有：①依法做出行政许可，既在工程开工前审批生产建设项目水土保持方案，事先做出防治水土流失的部署与安排，项目出现重大变更、水土保持措施发生重大变化时，审批变更方案；生产建设项目投产运行前完成水土保持设施验收，确保水土保持设施按期建成，并投入使用，能够长期稳定的发挥水土保持作用；②水土保持方案批复后，对水土保持方案实施情况进行跟踪检查，主要检查生产建设单位是否落实水土保持方案确定的水土流失防治措施、是否做到了“三同时”、是否缴纳了水土保持补偿费、是否开展了水土保持工程监理及水土保持监测、是否开展了水土保持设施验收等；要督促生产建设单位及时落实水土保持措施，防治水土流失，对不符合法律法规规定、国家技术标准规程规范、相关文件要求的行为，要及时发现，督促整改；③对违法违规行为进行查处，特别是对破坏植被严重、造成严重水土流失及其危害、群众反映强烈又拒不履行法律义务的生产建设单位，要加强查处，对违反水土保持法规但尚未构成犯罪的人相对给予行政制裁行为，依法予以罚款，按规定追究建设单位行政责任。

3. 水土保持监督管理层级分工

水土保持监督管理实行分级负责、属地管理相结合的体制。分级负责是按谁审批谁监督的原则，中央审批的水土保持方案，其监督管理主要由水利部负责，省、市、县级审批的项目，分别由地方同级水行政主管部门负责。同时，监督管理还要坚持属地管理的原则，即各级水行政主管部门对本辖区的生产建设项目，都有监督管理的职权。在实际工作中，应处理好分级负责与属地管理的关系，既要使各级水行政主管部门对本级的责任担起来，也要充分发挥地方特别是市、县两级具有的便捷、快速、高效的优势，及时发现问题，予以处理，防止造成严重水土流失及其危害。

4. 水土保持监督管理的法律责任

根据权责统一的原则，水土保持法对水行政主管部门不履行职责的行为也做出了追究责任的规定：①水行政主管部门不依法作出行政许可决定或者办理批准文件的；②发现违法行为或者接到对违法行为的举报不予查处的；③有其他未依法履行职责的，对直接负责的主管人员和直接责任人依法给予处分。因此，不履职、乱作为等行政行为都会受到法律的问责。

中共中央办公厅、国务院办公厅印发的《党政领导干部生态环境损害责任追究办法》(试用)明确了八种情形之一，追究相关地方党委和政府主要领导成员的责任情形；五种情形之一，追究相关地方党委和政府有关领导成员的责任；七种情形追究政府有关工作部门领导成员的责任等。特别是对严重环境污染和生态破坏事件组织查处不力的；批准开发利用规划或者进行项目审批(核准)违反生态环境和资源方面政策、法律法规的；执行生态环境和资源方面政策、法律法规不力，不按规定对执行情况进行监督检查，或者在监督检查中敷衍塞责的；对发现或者群众举报的严重破坏生态环境和资源的问题，不按规定查处的；不按规定报告、通报或者公开环境污染和生态破坏(灾害)事件信息的；对应当移送有关机关处理的生态环境和资源方面的违纪违法案件线索不按规定移送的；这些条款都具有很强的针对性，违反了就会被问责。

5. 生产建设项目水土保持监督管理内容

水土保持法律法规、规章及规范性文件对水土保持监督检查提出了明确要求，根据生态文明建设的新形势，水利部2016年印发了《关于进一步加强生产建设项目水土保持监督检查工作的通知》，全面加强各级水行政主管部门的监督检查工作。监督检查工作的主要内容有：①建立健全管理制度，明确各级部门的职责，规范监督管理行为；②划定并明确县级、地市级、省级、国家级水土流失重点预防区和重点治理区，为建设单位、社会公众、水行政主管部门的相关工作提供基础；③及时了解和掌握生产建设活动造成水土流失状况，为加强管理提供依据；④根据水土保持法律法规、国家技术标准等的规定，依法做出行政许可，主要是审批生产建设项目水土保持方案，进行水土保持设施验收；⑤对水土保持方案的实施情况进行跟踪检查，发现不符合法律法规、国家技术规程规范的行为，根据有关规定进行处理；⑥行政处理，包括对违法行为做出行政处罚，对造成严重水土流失的行为实施现场设施设备扣压，依法征收水土保持补偿费等。

6. 生产建设项目水土保持监督管理成效

1991年颁布水土保持法后，水土保持监督管理工作取得了很大成效。一方面全社会的水土保持法律意识大幅提高，大部分生产建设单位能够按照水土保持法的规定，在项目开工前编报水土保持方案，控制和减少因工程建设可能造成的水土流失。据调查，大中型建设项目的水土保持方案编报率达到90%以上，铁路、公路、电力、水利等行业的水土保持后续设计、水土保持工程施工监理、水土保持监测等普遍展开。另一方面，有效遏制了人为水土流失，水土保持“三同时”制度得到逐步落实，涌现出了像西气东输、西电东送、三峡、京沪高铁、南水北调等一大批国家水土保持生态文明工程，水土保持方案的实施率逐年提高，有效防止了水土流失及其危害，全国有5万多个生产建设项目进行了水土保持设施验收，生产建设单位投入水土保持资金8000多亿元，防治水土流失面积15万km^2，可减少水土流失量25亿t，因生产建设活动引发的人为水土流失得到有效遏制和治理。

1.2.2　生产建设项目水土保持监管存在的问题

1. 常规的监督检查程序与方式

常用的监督检查程序主要为：①由组织检查的机关向相关单位印发检查通知；②深入工程项目，检查现场，查阅有关资料；③听取建设单位、施工单位、水土保持技术服务等单位的汇报，进行座谈、讨论；④填写水土保持监督检查的制式表格，并按规定，现场检查人员和被检查单位直接负责的主管人员或者其他直接责任人员在表中签字；⑤检查结束后，由组织检查单位向生产建设单位印发正式的监督检查意见，按要求送达生产建设单位，抄送相关单位；⑥根据监督检查意见，对提出整改、限期治理的项目，进行复查，检查整改情况。

水行政主管部门的监督检查中，还有上级机关对下级部门的水土保持监督管理工作的检查督促，检查过程中应听取工作汇报，查阅相关资料，讨论并交换意见，向下级部门反馈检查意见，根据检查情况，对普遍存在的问题，可以召开专门会议，集中研究、解决，总结推广好的工作经验和做法，全面提高基层工作能力、监督成效。

2. 现场监督检查的具体内容

根据水利部文件要求，检查内容包括：①水土保持工作组织管理情况；②水土保持方案变更、水土保持措施重大变更审批情况，水土保持后续设计情况；③表土剥离、保存和利用情况；④取、弃土（石、渣、矸石、尾矿等）场地选址及防护情况；⑤水土保持措施落实情况；⑥水土保持补偿费缴纳情况；⑦水土保持监测、监理工作开展情况；⑧历次检查整改落实情况；⑨水土保持单位工程验收和自查初验情况；⑩水土保持设施验收情况。

3. 常规检查方式存在的问题

（1）项目众多，监督检查机构和人员少，难以做到全面检查。一方面，根据《中国水土保持公报》，2005—2014 年，全国每年审批生产建设项目水土保持方案数量由 2.29 万个增加到 3.06 万个，每年新增水土流失防治责任范围 1.5 万 km^2。由于生产建设项目具有一定的建设期，因此每年实际需监管的在建项目（正在扰动）数量和规模为批复数量的数倍。并且，审批的生产建设项目涉及每个省的上千个县，分布很分散，客观上对全面监督检查造成了困难；另一方面，各级水行政主管部门的监督检查机构不健全、人员少，据统计，全国有 7 大流域管理机构、31 个省（自治区、直辖市）、200 多个市（地）、2400 多个县（市）成立了水土保持监督管理机构，经由水利部发文确定两批共 1193 个水土保持监督管理能力县，现有专职人员 2 万多人，但都无法做到项目检查全覆盖。如水利部流域机构对部、省审批水土保持方案的项目，只能要求流域机构及省级水行政主管部门现场检查不少于审批在建项目数量的 20%，大多数项目做不到现场检查，对可能存在的问题也就很难全面发现和掌握。虽然要求县级水行政主管部门对辖区的部批项目进行全面现场检查，但实际上很难做到。

（2）检查方式和手段较单一，难以发现被检查项目存在的各种问题。由于路途较远，所要检查的内容较多，依靠人力巡视式检查，即使到了项目现场，也难以做到对全部建设内容、施工现场进行检查，只能抓重点进行检查，如主体功能建设区（如工业厂地、生产生活区、施工集中区、大型取土场、弃渣场等）。对于线型项目（如铁路、公路、输油输气管线、输变电项目）而言，由于距离长、交通不便，更做不到全面检查，只能抽一段进行检查，未检查到的地方和部位，其存在的问题很难发现。

（3）检查的时效性差，难以及时发现违规行为。由于都是依靠人工检查，又是一批项目按计划表顺序检查，无法做到在项目施工强度最大、扰动范围最多、水土流失最严重的时候进行定向检查，致使许多现场检查时没发现问题，但检查前或检查后，可能存在严重水土流失。在最关键时段、最关键环节缺失了现场检查，降低了现场检查的成效，还为检查工作留下了隐患，存在严重的工作职责风险。

（4）巡视式检查，无法做到定量。由于是人工的、巡视式检查，检查机构和人员缺乏专业仪器、设备，也没有充足时间，对建设现场进行勘查、量测，检查的结果也只能做定性描述，记录的内容缺乏数据，对扰动范围是否超出审批的范围、弃渣场是否是批准的位置、弃土弃渣量是否超过审批数量、造成严重水土流失的面积有多少等监督执法中的关键数据难以掌握，为后续的执法造成困难。

（5）检查取得的相关信息闭塞甚至封闭，无法形成系统信息并做到信息共享。每个监督检查单位的检查信息，如年度检查计划、检查通知、检查记录、检查意见、整改复查、行政处罚等信息，大多数只有组织检查单位掌握，基本以纸质媒界保存在本单位，上级水行政主管部门及相关部门不了解，相关信息属封闭状态，没有做到信息入库，也无法实现信息共享，浪费了检查资源，降低了检查效能。

（6）负责监督检查的机关面临较大责任风险。常规检查方式，由于被检查项目覆盖面窄，检查项目建设区域或部位不全面，检查时段不是关键时期，检查手段和设备不具备等原因，对可能造成严重水土流失甚至引发安全事故的隐患，难以及时发现，难以全程跟踪，一旦发生严重危害事件，检察机关及其工作人员面临较大的履职风险。

1.3　生产建设项目水土保持监管面临的新形势与需求

1.3.1　生产建设项目水土保持监管面临的新形势

1. 中央生态文明建设新形势新要求

党的十八大以来，党中央、国务院把生态文明建设摆在十分突出的位置，做出了一系列推进生态文明建设的决策部署，要求用法律和制度大力推进生态文明建设，到2020年基本形成源头预防、过程控制、损害赔偿、责任追究的生态文明制度体系。中央要求经济社会发展综合评价体系中，纳入资源消耗、环境损害、生态效益等指标，并且要大幅度增加其所占的考核权重，作为指标约束。引导、规范和约束各类开发、利用、保护自然资源的行为，将各类开发活动限制在资源环境承载能力之内。加强生态文明建设统计监测和执法监督，完善生态环境监管制度，严守资源消耗上限、环境质量底线、生态保护红线，有效遏制生态系统退化的趋势，用制度保护生态环境。2016年中央制定了《生态文明建设目标评价考核办法》，明确了节约资源、保护环境的指标，对地方党政领导实施年度生态文明建设进展考核和5年目标任务考核。

习近平总书记多次强调生态兴则文明兴，生态衰则文明衰，绿水青山就是金山银山，要像保护眼睛一样保护生态环境，要像对待生命一样对待生态环境，强调要牢固树立生态红线的观念。在生态环境保护问题上，就是要不能越雷池一步，否则就应该受到惩罚。

中共中央、国务院2011年1号文件明确要求强化生产建设项目水土保持监督管理，建立健全水土保持补偿制度，严格执行水土保持方案制度。2012年中央1号文件进一步要求强化水土流失监测预报和生产建设项目水土保持监督管理。

2. 中央关于生态环境损害问责制度

2015年中央制定了的《党政领导干部生态环境损害责任追究办法（试行）》，明确规定了追究党政领导干部生态环境损害责任的25种追责情形。其中有下列情形之一的，应当追究政府有关工作部门领导成员的责任：①制定的规定或者采取的措施与生态环境和资源方面政策、法律法规相违背的；②批准开发利用规划或者进行项目审批（核准）违反生态环境和资源方面政策、法律法规的；③执行生态环境和资源方面政策、法律法规不力，不按规定对执行情况进行监督检查，或者在监督检查中敷衍塞责的；④对发现或者群众举报的严重破坏生态环境和资源的问题，不按规定查处的；⑤不按规定报告、通报或者公开环境污染和生态破坏（灾害）事件信息的；⑥对应当移送有关机关处理的生态环境和资源方面的违纪违法案件线索不按规定移送的；⑦其他应当追究责任的情形。水土保持监督管

理工作中都会涉及上述工作事项，应严格依法依规履行职责，否则将受到党纪政纪处分。

3. 中央国务院行政审批改革新要求

近几年，中央全面深化行政审批制度改革，提出了一系列改革审批、监管的要求：①取消和下放了一大批行政审批事项，保留的行政审批要进一步规范审批行为，但要求大力加强和规范事中事后监管，基层监督执法机构的职责更加繁重，要承接大量的项目监管工作；②要求信息公开，公开行政许可的受理条件和审批标准，公开审批流程、办理时限、审批信息，这就要求各级水行政主管部门的行政许可、监督检查、行政执法等信息都要公开；③加大对违法行为的惩处力度，对违法法规行为进行严厉查处，建立企业信用评价体系，将违法违规企业列入黑名单，实行一次违法，处处受限。中央关于生态文明建设和行政审批改革的新形势，都要求我们建立规范的行政审批体系、高效的行政管理体系、严格的行政执法体系，全面提升监管能力和水平，为保护生态环境、促进生态文明建设做出新的贡献。

4. 中央国务院关于水土保持及生态保护的监督监测新要求

中央2015年印发的《关于加快推进生态文明建设的意见》《生态环境监测网络建设方案》，明确要求及时准确披露各类环境信息，扩大公开范围，保障公众知情权。监测与监管联动，监测要为监控、管理提供强有力的支撑。通过快速、准确的监测，数据联网与共享，以及大数据分析方法，实现生态环境监测与监管的有效联动。国务院2015年批复的《全国水土保持规划》，要求强化水土保持监督管理，创新体制机制，完善水土保持监测体系，推进信息化建设，要求水利部加强跟踪监测、督促检查和考核评估。在水土流失防治总体方略中，要求强化生产建设活动和项目的水土保持管理，建立健全综合监管体系。在生产建设项目监管制度中，明确要求完善水土保持方案管理办法，制定分类管理名录，健全水土保持方案编报、审批、设施验收等制度，制定水土保持监察、督导、检查及处理等管理制度。

5. 水利部深化改革的监督管理新要求

2015年水利部印发的《水利部流域管理机构生产建设项目水土保持监督检查办法》，要求全面落实国务院关于协同推进简政放权、放管结合的要求，进一步加强生产建设项目水土保持事中事后监管，规范和强化流域管理机构水土保持监督检查工作，提高监督检查能力，依法全面履行监督管理职责，年初制定监督检查计划，将检查情况及时录入全国水土保持监督管理系统，现场检查时要积极推广使用水土保持监督管理现场应用系统。督促生产建设单位做好水土保持后续设计、措施落实、监测、监理和设施验收等工作。跟踪检查主要采取现场检查方式，也可采取专题会议、生产建设单位书面报告等方式。对水利部批复水土保持方案的项目每年至少检查一次，对水土流失防治任务重的项目要进行重点检查，并适当提高检查频次。同时，要求流域管理机构每年对管理范围内的省级水行政主管部门的水土保持监督管理工作每年至少检查一次。

水利部2015年印发的《关于贯彻落实国发〔2015〕58号文件进一步做好水土保持行政审批工作的通知》，要求严格落实国务院行政审批涉及的水土保持方案编制、水土保持监测中介服务改革精神，根据政府核准的投资项目2014本目录协同下放水土保持行政审批权限，切实加强水土保持事中事后监管。

水利部2016印发的《关于强化依法行政进一步规范生产建设项目水土保持监督管理工作的通知》，要求强化责任意识，全面履行水土保持监督检查职责，每年现场检查项目不少于本级及以上机关审批水土保持方案项目总数的20%，县级水行政主管部门要对辖区内的在建项目全面进行现场检查。全面清理违规审批行为，严格执行水土保持方案和验收分级审批制度，准确把握水土保持行政审批的内容、边界，进一步完善和健全科学决策机制，实行专业机构开展水土保持方案技术评审和水土保持设施验收技术评估，开展全面排查，确保消除水土流失危害隐患。

1.3.2　水土保持行业主管部门履行监管职责的需求

一方面，生产建设项目呈现几个特点：点式项目极分散，线型项目战线长，露天矿、机场等项目土石方工程量大、工期长，连续施工，现场时常变化。另一方面，国家要求加大事中事后监管，建设项目监管要做到全覆盖，需开展监管的项目数量较多，能够开展监督管理的机构和人员严重不足。需求与能力的矛盾非常突出，要求各级水行政主管部门进一步提高监管效率。另外，生产建设项目的监管具有很强的时效性，关键时段、关键环节、重点区域的监管要求必须及时，才能发挥监管作用。水利部2016年印发的《关于加强水土保持监测工作的通知》，要求各地应结合实际，每年有计划、有重点地组织开展在建生产建设项目水土流失防治的监督性监测和水土保持重点工程治理成效监测，为水土保持“三同时”制度落实和重点工程效益评估提供执法及决策依据。水利部负责部批水土保持方案生产建设项目集中区或重大生产建设项目的监督性监测工作，地方水行政主管部门负责同级项目。

1.3.3　建设单位监测监控的需求

根据水土保持法的规定，生产建设单位须承担防治水土流失的法律义务。开办生产建设项目或者从事其他生产建设活动造成水土流失的，应当进行治理。生产建设单位应当按照批准的水土保持方案，采取水土流失预防和治理措施。水土保持法规定对可能造成严重水土流失的大中型生产建设项目，生产建设单位应当自行或者委托具备水土保持监测资质的机构，对生产建设活动造成的水土流失进行监测，并将监测情况定期上报当地水行政主管部门。生产建设项目在开工前报批水土保持方案，施工过程中开展水土保持监测、水土保持工程监理，在项目验收阶段完成水土保持设施验收。生产建设项目的这些水土保持工作，也都需要信息化、精准化的水土保持相关工作，为建设单位提供全面、系统、完善的技术支撑和服务，防范可能产生的水土流失危害风险，更好地履行防治水土流失的义务。

本章参考文献

[1]　水利部水土保持监测中心. 生产建设项目水土保持准入条件研究 [M]. 北京：中国林业出版社，2011：1-395.

[2]　水利部水土保持监测中心. 生产建设项目水土保持分类管理研究 [M]. 北京：中国水利水电出版社，2016：4-7.

[3]　姜德文. 开发建设项目水土保持损益分析研究 [M]. 北京：中国水利水电出版社，2008：83-106.

［4］ 水利部，中国科学院，中国工程院．中国水土流失防治与生态安全（开发建设活动卷）［M］．北京：科学出版社，2010：38－437．
［5］ 水利部．中国水土保持公报［M］．北京：中国水利水电出版社，2005－2015．
［6］ 蒲朝勇．推动水土保持监测与信息化工作的思路与要求［J］．中国水土保持，2017（5）：1－4．
［7］ 牛崇桓，季玲玲．新时期水土保持监督管理的重点任务和措施［J］．中国水土保持，2016（4）：5－8．
［8］ 姜德文．加快水保信息系统建设适应现代管理新要求［J］．中国水土保持，2015（1）：1－2．
［9］ 李智广，王敬贵．生产建设项目“天地一体化”监管示范总体实施方案［J］．中国水土保持，2016（2）：14－17．

第2章　生产建设项目水土保持“天地一体化”动态监管技术体系

2.1 “天地一体化”概述

2.1.1 相关行业的“天地一体化”

近年来，随着卫星遥感（RS）、无人机、地理信息系统（GIS）、空间定位等技术和装备的不断发展，各行业根据管理需求大幅度地推进了基于空间信息采集、管理与挖掘等深入应用，特别是涉及空间对象管理的行业管理部门，例如：国土、环境、海洋等行业，将空间数据管理作为业务管理信息化的核心支撑技术和手段，大力开展基于多种对地观测技术的建设，业务管理模式上提出了“天地一体化”“星空地一体化”等新概念。尤其是在“十二五”期间，国家相继发射了资源一号、资源三号，高分一号～高分四号等卫星观测平台，可提供高分辨率的遥感影像数据，小型民用无人机测绘平台飞速发展、机载LIDAR等专业成像设备产品逐渐丰富，基本形成了“高空—中空—低空”于一体对地观测体系。同时，随着北斗导航卫星系统的建成和民用推广，高度集成定位、测量、通信等功能的智能通信终端产品规模化生产，为各行业实施“天地一体化”的业务应用提供了坚实的基础。

环境保护部发布的《全国生态保护“十三五”规划纲要》提出建设“天地一体化”的监测体系和综合监管平台，即加强卫星和无人机航空遥感技术应用，定期对国家级自然保护区进行遥感监测和实地核查，及时发现和查处生态破坏行为，由被动核查变为主动发现，提高生态保护的精细化和信息化水平。

在“十二五”期间，国土资源部开展了“星空地一体化”应用，牵头编制并实施了《陆海观测卫星业务发展规划（2011—2020年）》，部署实施了资源一号02C卫星工程、高分国土资源遥感应用示范系统等重大项目，加强了无人机遥感监测、数字航空遥感、机载LIDAR等航空遥感应用技术研发与应用推广。《国土资源“十三五”科技创新发展规划》（国土资发〔2016〕100号）将构建航天、航空、无人机、地面等一体化的空天虚拟遥感平台，开发“天空地一体化”土地调查监测车载系统，建立地质灾害“星空地一体化”快速识别、无人直升机快速识别监测预警、多旋翼飞行器快速识别和基于机器视觉技术的暴雨型滑坡泥石流自动识别技术，建设数据处理综合技术，形成1∶2000～1∶5000航天立体测图和精细化立体对地观测能力，发展多尺度、多目标、多任务调查监测的标准化作业流程与产品质量监管体系等列为“天空地一体化”实施的核心内容。

2.1.2 水土保持中的“天地一体化”

水土保持工作中，“3S”技术的应用起步较早，特别是20世纪90年代延续至今，在大部分省（自治区、直辖市）定期开展的水土流失调查和动态监测中，大量地应用了卫星遥感技术。区域水土流失野外调查、生产建设项目水土保持监测、生产建设项目水土保持监督检查等工作中，卫星定位技术与便携式设备等得到广泛的应用，甚至成为必不可少的支撑技术和装备。水土流失动态监测成果管理、生产建设项目水土保持监督管理等工作中，GIS技术也得到了一定的应用，特别是部分地区水土保持业务信息系统建设采用了GIS软件平台，使空间数据管理技术应用于水土保持监管工作。近年来，有部分水土保持管理部门零星地采用遥感、小型无人机航测、GIS等技术开展生产建设项目水土保持监督检查和监测。此外，近年来基于移动互联网、智能手机和平板电脑等移动通信终端大量普及，其中具有卫星导航、遥感影像、即时通信（例如微信群等）、拍照、视频传输等功能的App软件也被用于生产建设项目水土保持现场监督管理工作，并越来越大地发挥着信息采集、高速传输、信息共享等支撑性作用。但总体来说，水土保持监督管理工作中，上述这些新的信息技术和设备的使用还处于零散、简单、不规范的状态，缺乏技术适用性研究和整合集成，更远远达不到“一体化”应用的程度。因此，系统性地研究水土保持相关空间信息化技术，并提出与水土保持监督管理应用需求相适宜的信息化集成技术和整体解决方案，为水土保持监督管理提供高效的技术支撑有着迫切的需求。

为了响应和满足当前生产建设项目水土保持监管工作的信息化需求，本书对生产建设项目水土保持监督管理工作在时空信息采集、分析、管理需求等方面进行了分析，对相关的单项技术应用研究成果进行了归纳提炼和应用案例分析，提出了生产建设项目水土保持“天地一体化”动态监管技术和开发，并介绍了近几年基于“天地一体化”技术和产品的示范应用案例。概括来讲，生产建设项目水土保持“天地一体化”动态监管技术是基于多尺度遥感、GIS、空间定位、无人机、移动通信、快速测绘、互联网、多媒体等通用技术的集成，是针对当前生产建设水土保持监管工作所急需的信息化支撑需求提供的一整套技术解决方案，其中：“天”主要指基于多种航天、航空平台的多尺度遥感技术，为调查和宏观监管区域生产建设项目扰动状况提供时空信息采集、分析的手段；“地”主要指基于无人机、GIS、空间定位、快速测绘、多媒体等技术集成的生产建设项目现场信息采集和管理技术，为水土保持现场调查提供信息采集、管理、分析的手段；“一体化”主要指在GIS、互联网、移动通信等技术的支持下，对“天”“地”采集、处理的多源时空信息进行集中管理、分析等，并支持“天”“地”多尺度调查成果之间、技术成果与监督业务应用之间、各监管主体之间、内外业各工作环节之间的信息实时交互、共享、协同操作，为区域水土保持动态监管工作提供一体化支持。

2.2 生产建设项目水土保持监管的信息化需求

2.2.1 新形势下监管工作存在的问题和困难

新形势下的生产建设项目水土保持监管需做好两项基础工作：一是对水土保持措施落

实情况进行准确、翔实、及时的调查；二是对调查数据和信息进行从宏观到微观、从定性到定量、从固定时态到多时态、从平面到立体等多尺度、多角度和多维度的专业分析。

目前，这两项工作存在着以下问题和困难：

（1）项目数量多、空间分布零散。尤其是，取土场、弃渣场等重点监管对象数量更多更分散。由于缺乏宏观调查手段，所以难以及时掌握大量监管对象整体的合规性情况，难以识别和抓住重点监管对象，难以有序、有计划、有重点地组织开展工作。

（2）项目类型多，建设周期不一致，扰动方式复杂，现场状况变化快。因缺乏高频次的动态调查技术支持，以致跟踪调查的时效性不高，对过程信息掌握不及时，难以实现过程监管。

（3）项目现场复杂，缺乏准确、高效、多角度、定量的调查取证手段，难以发现具体问题，对发现问题的描述和记录不规范、不完整、不量化，证据缺乏法律效力。

（4）监管技术落后。目前，生产建设项目水土保持监管工作主要以分级管理、属地管理相结合的原则组织开展，流域机构负责部批项目监管，省、市、县水土保持机构除负责自身批复项目的监管外，还负责辖区内上级批复项目的协同监管。根据《水利部流域管理机构生产建设项目水土保持监督检查办法（试行）》（办水保〔2015〕132号），监管的核心工作是对水土保持方案实施情况进行跟踪检查，主要包括10项内容（表2.1）。目前，跟踪检查主要采取书面检查和现场检查两种方式，主要依靠传统的定位、记录、拍照等技术手段。新形势下，生产建设项目水土保持监管工作面临着工作量大、工作要求高、支撑技术落后、能力不足等问题。

（5）缺乏数据和信息共享手段，多级监管难以实现合理分工、分级负责的高效协同，容易出现重叠、重复，监管效率低；上级对下级缺乏监督手段，容易出现遗漏，特别是缺乏对未批先建行为及时发现的手段，监管效能低，距“陆海统筹、天地一体、上下协同、信息共享”的目标还有很大差距。

2.2.2 监管的信息需求分析

对生产建设项目水土保持监管中跟踪检查内容进行的信息需求分析表明，水土保持组织管理、补偿费缴纳及后续设计等几项内容外的其他大部分基础调查内容和指标均与调查对象的空间特征相关。而当前沿用的传统调查和分析方法，恰恰针对易于调查的属性特征，往往忽视空间特征。近年来，有部分地区应用了遥感、无人机、GPS、测绘等技术，但大多属小范围试验，缺乏成体系的业务化应用。因此，要满足生产建设项目水土保持监管的新需求，首先应当以空间数据管理技术为基础，即应用GIS技术成为必然选择；其次，要满足“全覆盖、高频次、空天一体”，需要遥感、无人机技术的支撑；再者，要实现内外业协同作业的“精细化、定量化、信息化”，需要空间定位、多源数据采集、移动通信、互联网等技术的支撑。

此外，各项新技术的应用必然涉及海量空间数据和信息的专业处理分析工作，为实现“上下协同”，不仅需要各级水保监管机构之间的数据、技术、管理模式的充分共享和高度兼容，还需要监管业务与技术支撑的高度协同。因此，需要基于互联网、云服务等技术的软硬件集成开发来为生产建设项目水土保持监管提供信息管理工具。

表 2.1 生产建设项目水土保持方案实施情况跟踪检查主要内容及信息特征

序号	跟踪检查内容	基础调查内容	指标类型	调查方法	分析方法
1	水土保持工作组织管理情况	管理制度资料	资料内容的真实性	资料收集、访谈	对比分析调查情况与资料描述的一致性
2	水土保持补偿费缴纳情况	缴费凭证资料			
3	水土保持方案变更、水土保持措施重大变更审批情况，水土保持后续设计情况	建设状态（未开工、在建、停工、完工等）、设计资料、现场措施状况			
4	表土剥离、保存和利用情况	现场表土状况	空间特征类指标：位置、范围、规模（面积、体积）等。 属性特征指标：类型（土、石及混合）、堆体形态（边坡坡度、坡长等）、规格、防护效果、运行状况等	对空间特征类指标的调查、测量。 对属性特征指标的调查、记录	对比分析调查情况与方案设计的一致性，包括：空间统计分析（位置、范围、面积、体积、规模、空间关系等等）；属性对比分析（类型、防护效果、运行状况等）
5	取、弃土场选址及防护情况	取、弃土场与周边环境关系、取、弃土场状况			
6	水土保持措施落实情况	扰动土地状况水土流失状况水土保持措施			
7	水土保持监测、监理情况	现场措施状况			
8	历次检查整改落实情况	现场措施状况			
9	水土保持单位工程验收和自查初验情况	现场措施状况			
10	水土保持设施验收情况	现场措施状况			

2.3 生产建设项目水土保持监管相关技术

2.3.1 卫星遥感技术

遥感是以电磁波与地球表面物质相互作用为基础，探测、分析和研究地球资源与环境，揭示地球表面各要素的空间分布特征与时空变化规律的一门科学技术。在生产建设项目水土保持监管工作中，遥感技术可用于宏观区域和项目区域的工程建设、土地扰动、水土保持措施落实、水土流失危害等情况的多尺度、多频次动态调查，可为监督检查工作提供兼顾全面和精细的时空信息，是弥补常规调查手段局部性、主观性、效率低等限制的必不可少的手段。

遥感技术在生产建设项目监管的应用中，首先需要根据工作需求选择合适的数据源。其次，需要根据监管工作的需求，对原始影像数据进行必要的预处理和专题信息提取等处理工作。

1. 常用遥感数据源

随着遥感获取技术的发展，可以使用的遥感数据源日益增多，特别是近年来国产遥感系列卫星的发射，为大区域、高频次的地面调查提供了丰富的遥感数据源。根据国务院新闻办公室 2016 年 12 月发布的《2016 中国的航天》白皮书，2011 年以来中国航天事业持续快速发展，载人航天、月球探测、北斗卫星导航系统、高分辨率对地观测系统等重大工程建设顺利推进，空间科学、空间技术、空间应用取得丰硕成果。在国产对地观测卫星方面，先后发射了“资源”“高分”等卫星系列，“吉林一号”“北京一号”等高分辨率遥感卫星也成功发射并投入运营。此外，还有大量的国外商业卫星遥感数据可供使用。如何根据需要选择合适的数据是生产建设项目水土保持监管的前提和保证。目前生产建设项目水土保持监管中，适宜的遥感数据源主要有以下几种：

（1）资源系列卫星。资源系列卫星主要有资源一号 01 星（CBERS-01）、02 星（CBERS-02）、02B 星（CBERS-02B）、02C 星（ZY-1 02C）、04 星（CBERS-04）以及资源三号卫星（ZY-3）和 02 星（ZY-3 02）等卫星，详细参数见表 2.2。资源系列卫星可广泛应用于国土测绘、资源调查与监测、防灾减灾、农林水利、生态环境、城市规划与建设、交通等领域；空间分辨率优于 10m 的数据可用于“天地一体化”监管。

表 2.2　“天地一体化”监管常用国产卫星数据——资源卫星

<table>
<tr><th>卫星名称</th><th>发射年份</th><th>覆盖范围/km</th><th>重访周期/d</th><th>回归周期/d</th><th colspan="2">波段范围/μm</th><th>空间分辨率/m</th></tr>
<tr><td rowspan="7">资源三号</td><td rowspan="7">2012</td><td rowspan="7">50×50</td><td rowspan="7">5</td><td rowspan="7">59</td><td>蓝</td><td>0.45～0.52</td><td rowspan="4">6</td></tr>
<tr><td>绿</td><td>0.52～0.59</td></tr>
<tr><td>红</td><td>0.63～0.69</td></tr>
<tr><td>近红外</td><td>0.77～0.89</td></tr>
<tr><td>前视相机</td><td rowspan="3">全色：0.50～0.80</td><td>3.5</td></tr>
<tr><td>后视相机</td><td>3.5</td></tr>
<tr><td>正视</td><td>2.1</td></tr>
<tr><td rowspan="4">资源一号 04</td><td rowspan="4">2014</td><td rowspan="4">60×60</td><td rowspan="4">3</td><td rowspan="4">26</td><td>绿</td><td>0.52～0.59</td><td rowspan="3">10</td></tr>
<tr><td>红</td><td>0.63～0.69</td></tr>
<tr><td>近红外</td><td>0.77～0.89</td></tr>
<tr><td>全色</td><td>0.51～0.85</td><td>5</td></tr>
<tr><td rowspan="4">资源一号 02C</td><td rowspan="4">2011</td><td rowspan="4">60×60</td><td rowspan="4">3</td><td rowspan="4">55</td><td>绿</td><td>0.52～0.59</td><td rowspan="3">10</td></tr>
<tr><td>红</td><td>0.63～0.69</td></tr>
<tr><td>近红外</td><td>0.77～0.89</td></tr>
<tr><td>全色</td><td>0.51～0.85</td><td>5</td></tr>
</table>

（2）高分系列卫星。高分系列卫星主要有高分一号（GF-1）、高分二号（GF-2）和高分四号（GF-4）等卫星。高分一号（GF-1）卫星搭载了两台 2m 分辨率全色/8m 分辨率多光谱相机，四台 16m 分辨率多光谱相机，具体见表 2.3。高分二号（GF-2）卫星是中国自主研制的空间分辨率优于 1m 的民用光学遥感卫星，搭载有两台高分辨率 1m 全

表 2.3　　“天地一体化”监管常用国产卫星数据——高分系列卫星

卫星名称	发射年份	覆盖范围/km	重访周期/d	回归周期/d	波段范围/μm		空间分辨率/m
高分一号	2013	60×60	4	41	蓝	0.45～0.52	8
					绿	0.52～0.59	
					红	0.63～0.69	
					近红外	0.77～0.89	
					全色	0.45～0.90	2
高分二号	2014	45×45	5	69	蓝	0.45～0.52	4
					绿	0.52～0.59	
					红	0.63～0.69	
					近红外	0.77～0.89	
					全色	0.45～0.90	1

色、4m多光谱相机，具有亚米级空间分辨率、高定位精度和快速姿态机动能力等特点，有效地提升了卫星综合观测效能。

（3）北京系列小卫星。北京一号卫星及运营系统，搭载有4m全色和32m多光谱双传感器（表2.4），于2005年10月27日发射升空，是国家“十五”科技攻关计划和高技术研究发展计划（863计划）联合支持的研究成果，同时被列为“北京数字工程”“奥运科技行动计划”重大专项。

2015年7月北京二号遥感卫星星座成功发射。该星座系统包括3颗亚米级全色、优于4米多光谱分辨率的光学遥感卫星以及自主研建的地面系统等，广泛应用于国土、农业、生态环境和城市精细化管理等领域。

表 2.4　　“天地一体化”监管常用国产卫星数据——北京一号卫星

卫星名称	发射年份	覆盖范围/km	重访周期/d	回归周期/d	波段范围/μm		空间分辨率/m
北京一号小卫星	2005	600×600	3～5	—	绿	0.523～0.605	32
					红	0.630～0.690	
					近红外	0.774～0.900	
		24×24	5～7	—	全色	0.500～0.800	4
北京二号遥感卫星星座（含3颗卫星）	2015	24×24	1～2	—	蓝	—	3.2
					绿	—	
					红	—	
					近红外	—	
					全色	—	0.8

（4）吉林一号卫星。“吉林一号”商业卫星是中国自主研发的商用遥感卫星组，于2015年10月进入平均轨道高度为650km的太阳同步轨道，包括1颗光学遥感卫星、2颗

视频卫星和 1 颗技术验证卫星。卫星的重返周期、波段范围等参数见表 2.5。

表 2.5　　　　“天地一体化”监管常用国产卫星数据——吉林一号卫星

卫星名称	发射年份	覆盖范围/km	重访周期/d	回归周期/d	波段范围/μm		空间分辨率/m
“吉林一号”卫星	2015	11.6×11.6	3.3	—	蓝	0.450～0.520	2.88
					绿	0.520～0.600	
					红	0.630～0.690	
					全色	—	0.72

（5）国外主要卫星。目前，水土保持监管方面用到的国外相关遥感数据主要有 SPOT 系列，Pleiades 系列，Quick Bird，WorldView 系列，RapidEye 等。各个系列卫星获取的影像的详细信息见表 2.6。

表 2.6　　　　“天地一体化”监管常用国外卫星数据

所属系列	卫星名称	发射年份	覆盖范围/km	重访周期/d	波段范围/μm		空间分辨率/m
SPOT 系列	SPOT5	2001	60×60	—	绿	0.49～0.61	20
					红	0.61～0.68	
					近红外	0.78～0.89	
					短波红外	1.58～1.78	10
					全色	0.49～0.69	5 或 2.5（超模式）
	SPOT6&7	2012 2013	60×60	2～3	蓝	0.455～0.525	6
					绿	0.530～0.590	
					红	0.625～0.695	
					近红外	0.760～0.890	
					全色	0.455～0.745	1.5
Pleiades 系列	Pleiades-1	2011	20×20 100×100 20×280	1	蓝	0.430～0.550	2
					绿	0.490～0.610	
					红	0.600～0.720	
					近红外	0.750～0.950	
					全色	0.480～0.830	0.5
Quick Bird 卫星	Quick Bird	2001	16.5×16.5	1～3.5	蓝	0.45～0.52	2.44
					绿	0.52～0.60	
					红	0.63～0.90	
					近红外	0.76～0.90	
					全色	0.45～0.90	0.61

续表

所属系列	卫星名称	发射年份	覆盖范围/km	重访周期/d	波段范围/μm		空间分辨率/m
WorldView卫星	WorldView-1	2008	30×30或60×60	1.1～3.7	全色	0.450～0.800	0.5
	WorldView-2	2009	30×30或60×60	1.1～3.7	海岸	0.400～0.450	2.4
					蓝	0.450～0.510	
					绿	0.510～0.580	
					黄	0.585～0.625	
					红	0.630～0.690	
					红边	0.7055～0.745	
					近红外1	0.770～0.895	
					近红外2	0.860～1.040	
	WorldView-3	2014	66.5×112	1～4.5	全色	0.450～0.800	0.3、0.4或0.5
					海岸	0.400～0.450	2.4
					蓝	0.450～0.510	
					绿	0.510～0.580	
					黄	0.585～0.625	
					红	0.630～0.690	
					红边	0.7055～0.745	
					近红外1	0.770～0.895	
					近红外2	0.860～1.040	
RapidEye卫星	RapidEye	2008	77×77	1	蓝	0.440～0.510	5.8
					绿	0.520～0.590	
					红	0.630～0.685	
					红边	0.690～0.730	
					近红外	0.760～0.850	

2. 遥感影像预处理

由于遥感系统空间、波谱、时间以及辐射分辨率的限制，很难精确地记录复杂地表的信息，因而误差不可避免地存在于数据获取过程中。这些误差降低了遥感数据的质量，从而影响了图像分析的精度。因此在实际的图像应用之前，有必要对遥感原始图像进行预处理。

数据预处理的过程包括辐射校正、几何校正、配准、图像镶嵌与裁剪等几个步骤。此外，为了方便生产建设项目扰动地块的解译，预处理中比较重要的处理还包括图像融合及增强等。

(1) 辐射校正。为了正确评价地物的反射特征及辐射特征，必须尽量消除由于传感器本身的光电系统特征、太阳高度、地形以及大气条件等引起的影像失真。这种消除图像数据各种失真的过程称为辐射校正。完整的辐射校正包括辐射定标和大气校正。

1）辐射定标。辐射定标就是将记录的原始 DN 值转换为大气外层表面反射率，目的是消除传感器本身产生的误差。

辐射定标技术流程如下：

a. 从头文件中获取影像 Gain 和 Bias。

b. ENVI 软件 Band Math 计算模型输入辐射定标，逐波段对遥感影像数据进行辐射定标，将影像 DN 值转换为具有物理意义的辐射亮度值：

$$L_b = \text{Gain} \cdot \text{DN}_b + \text{Bias}$$

式中　L_b——值辐射亮度值，W/(cm^2. μm. sr)（瓦特/平方厘米．微米．球面度）；

Gain 和 Bias——增益和偏移，单位和辐射亮度值相同，辐射亮度和 DN 值是线性关系。

c. 同样类似操作，将辐射亮度值转换为大气表观反射率为

$$\rho_b = \frac{\pi L_b d^2}{\text{ESUN}_b \cos\theta_s}$$

式中　L_b——辐射亮度值；

d——天文单位的日地距离；

ESUN_b——太阳表观辐射率均值；

θ_s——以度为单位的太阳高度角，相关的系数都包含在数据的头文件或者元数据中。

2）大气校正。大气校正就是将辐射亮度或者表观反射率转换为地表实际反射率，目的是消除大气散射、吸收、反射引起的误差。主要分为两种类型：统计型和物理型。统计型是基于陆地表面变量和遥感数据的相关关系，优点在于容易建立并且可以有效地概括从局部区域获取的数据，例如经验线性定标法，内部平场域法等。物理模型遵循遥感系统的物理规律，但是建立和学习这些物理模型的过程漫长而曲折。模型是对现实的抽象；所以一个逼真的模型可能非常复杂，包含大量的变量。例如 6s 模型、Mortran 等。

在“天地一体化”监管工作中，在不同季节、不同时间成像时，同一地区的图像由于大气、光照、地表起伏、土壤湿度、植被等因素影响会有较大的辐射差异，给多时相图像处理和分析带来了极大的困难。为此，需要消除不同时相遥感图像之间的辐射差异，即需要对预处理后的影像进行相对辐射校正。目前常用的相对辐射校正方法，主要分为定标法、统计法和综合法三种，见表 2.7。

（2）几何校正。原始遥感图像通常包含严重的几何变形。引起几何变形的原因一般分为系统性和非系统性两大类。系统性几何变形是有规律和可以预测的。因此可以应用模拟遥感平台及遥感器内部变形的数学公式或模型来预测。非系统性几何变形是不规律的，它可以是遥感器平台的高度、经纬度、运行姿态等的不稳定，地球曲率及空气折射的变化等，一般很难预测。图像的几何纠正需要根据图像中几何变形的性质、可用的校正数据、图像的应用目的，来确定合适的几何纠正方法。遥感影像的几何校正可以在常见的 ENVI、EARDAS、PCI 等商业遥感或 GIS 软件中可以实现。

（3）影像融合增强。多源图像融合属于多传感器信息融合的范畴，是指将不同传感器获得的同一景物的图像或同一传感器在不同时刻获得的同一景物的图像，经过相应处理后，再运用某种融合技术得到一幅合成图像的过程。图像增强则是为了突出相关的专题信

表 2.7 相对辐射校正方法

类型	方法	影像辐射特征	几何校正	传感器定标	影像综合特征
定标法	实验室相对辐射定标	辐射不均匀、条带噪声、坏线均可校正	适用于几何校正前的影像	具备定标系数或实验室定标条件	无特殊要求
	室外相对辐射定标	辐射不均匀、条带噪声、坏线均可校正	适用于几何校正前的影像	具备定标系数或室外定标条件	无特殊要求
	星/机上内定标	辐射不均匀、条带噪声、坏线均可校正	适用于几何校正前的影像	具备定标系数或内定标条件	无特殊要求
	场地相对辐射定标	辐射不均匀、条带噪声、坏线均可校正	适用于几何校正前的影像	不需定标条件	具备充满全视场的均匀场景
统计法	灰度值归一化或匹配法	主要用于条带噪声去除	适用于几何校正前的影像	不需定标条件	对于大幅面，地物分布均匀的影像能够获得更好的效果
	空域滤波法	主要用于条带噪声、坏线去除	适用于几何校正前的影像	不需定标条件	对于条带分布有规律，条带或坏线较细的影像能够获得更好的效果
	频域滤波法	主要用于条带噪声、坏线去除	无需求	不需定标条件	对于地物种类简单的影像能够获得更好的效果
	基于 MAP 模型的方法	主要用于条带噪声、坏线去除	适用于几何校正前的影像	不需定标条件	基于 MAP 的统计线性条带去除法仅适用与推扫式成像光谱仪
	光谱相关法	主要用于条带噪声去除	适用于几何校正前的影像	不需定标条件	适用于高光谱影像
	匀光匀色法	主要用于辐射不均匀校正	无需求	不需定标条件	对于条带噪声较多的影像效果较差
综合法	定标和统计综合的方法	辐射不均匀、条带噪声、坏线均可校正	适用于几何校正前的影像	具备定标系数或定标条件	无特殊要求
	不同校正算法综合的方法	辐射不均匀、条带噪声、坏线均可校正	根据选取的不同算法具体分析	不需定标条件	根据选取的不同算法具体分析

息，提高图像的视觉效果，使分析者能更容易地识别图像内容，从图像中提取更有用的信息。

由于在不同地域、不同影像源、不同季相和不同年份的遥感影像中，存在相同地物影像特征不一致、不同地物影像特征差异不明显等问题，给遥感影像使用带来了很大困扰。而采用融合增强方法处理后的真彩色增强影像色彩自然符合人的视觉习惯，具有信息丰富、层次分明、细节突出、季节差异小、可对比性强等优点，相比增强前真彩色影像突出了植被、建筑物、水域、裸露地表和扰动地表等目标对象的影像特征差异。

3. 专题信息提取

遥感图像的解译过程，可以说是遥感成像过程的逆过程。即从遥感对地面实况的模拟影像中提取遥感信息、反演地面原型的过程。遥感解译过程复杂，它是由许多因素决定的。

生产建设项目水土保持监管工作中，遥感解译的对象主要是各种生产建设项目，即指《中华人民共和国水土保持法》中规定的一切可能导致和产生水土流失的矿山、电力、铁路、公路、水利工程、挖砂、取土、城市建设等36类建设项目及生产活动。生产建设项目建设过程中，因土地平整、采石取土、坡面开挖及填筑、渣料临时堆放、弃渣弃土等工序，常易造成水土流失。针对生产建设扰动区域（遥感影像上称为扰动图斑）的遥感提取及识别方法，可以分为基于像元的遥感影像分类和面向对象的遥感影像分类等。

4. 相关的应用进展

遥感能够为政府部门监督管理国土资源、城市发展、生态红线等方面提供强有力的技术手段。

在国土资源管理方面，空间遥感已成为重要的国土资源调查监测手段。以土地变更调查的数据及图件为基础，运用遥感图像处理与识别技术，从遥感图像上提取变化信息，从而达到对耕地及建设用地等土地利用变化情况定期监测的目的。形成了"天上看、地上查、网上管"的国土资源天地一体化监管体制，对违规用地起到了警示作用，也加大了违规用地监管查处的力度。

在城市监管方面，广东省住房城乡建设厅建设的省城乡规划建设遥感监测执法系统运用卫星遥感技术对城市规划实施情况进行动态监测，集成了全省城乡规划、卫星影像和执法动态跟踪管理等数据和功能，实现大范围、可视化、短周期、多信息掌握规划实施和城市建设信息，是"互联网城乡规划"的一个成果，搭建起全省规划管理"一张图、一张网"的平台。北京市利用国产高分辨率遥感卫星数据结合GIS和GPS在北京六环以内建立了北京市违规建筑卫星监控系统，实现每个季度对违规建筑的监视和查处，为市政管理和规划部门提供了有力的技术保障。

在生态红线监管工作中，采用"先卫星普查、后无人机详查"工作思路，先通过环境一号卫星遥感数据进行信息提取和比对分析，筛选出生态环境变化明显的典型县域，然后精心筛选出若干个典型县域开展无人机飞行抽查。在此基础上，进一步构建中低分辨率巡查—无人机或高分辨率详查—地面核查的"三查"遥感业务模式，充分利用遥感大数据的多尺度特性，综合运用卫星、无人机、地面系统等天空地一体化手段，对生态红线区保护状况开展全天候、立体化的动态更新比对监测，及时掌握各类开发建设及破坏活动，为生态红线执法督查工作提供靶向式支持。

在公安监管工作中，利用遥感可以发现毒品原种植疑点，降低一线民警的劳动强度，为国家主管部门提供一手的真实信息，防止瞒报虚报情况的发生。

此外，利用遥感还可以核定各省（自治区、直辖市）种粮面积，为地方县市粮食补贴各项政策的制定提供有力依据。

2.3.2　无人机技术

无人机（UAV）是一种无人驾驶的航空载具，它集人工智能、微型传感器、新型材料、自动控制、导航、新能源、通信等技术于一身。根据无人机翼展长度和载荷重量可分为微型、小型、中型、大型（表2.8）。在生产建设项目水土保持监管中，适宜应用的主要是微型无人机系统。

表 2.8　　　　无人机分类

	微型	小型	中型	大型
翼展/m	<1	1~3	3~10	>10
载荷/kg	<2	2~20	20~200	>200

1. 无人机产品及分类

常见的无人机有固定翼和多旋翼两种（图 2.1）。固定翼无人机稳定性好，易于操控，能够抵抗较大级别的风速，技术比较成熟，其飞行和起降通过动力系统和机翼的滑行实现。多旋翼无人机的起降和运动分别依靠桨叶的旋转和桨叶面的倾斜实现，可以垂直起降，机动性强。按照拥有的桨叶数量由多到少排列，多旋翼无人机又可以分为八旋翼、六旋翼、四旋翼、三旋翼、双旋翼等类型。

(a) 固定翼

(b) 多旋翼

图 2.1　常见无人机种类

动力系统方面，有燃油发动机和电机两种，燃油发动机续航时间较长，主要在中小型固定翼无人机上使用，电机轻便安全，是目前微型无人机的主要动力类型。

最初无人机的发展主要来自于军事上的需求，近几年随着无人机在各领域的广泛应用，国内外民用无人机呈井喷式发展，例如具有美国无人机商业飞行许可的 VDOS 环球公司用于收集“恶劣环境”下传感数据的 Sky Ranger 无人机，天宝公司用于测绘的 X100、UX5 微型无人机，瑞士 senseFly 公司用于测绘和精细农业的 eBee 微型无人机。国内民用无人机以大疆为代表，在全球占据了相当高的市场份额，其精灵系列、悟系列、M100、M200、M600 系列无人机在无人机航测方面均有应用，此外，还有极飞科技侧重于农业植保的 P20 植保无人机、C3000 测绘无人机，成都纵横大鹏无人机科技有限公司出品的面向测绘领域的大鹏CW-10 电动垂直起降固定翼无人机。

2. 无人机航测系统组成

无人机摄影测量系统主要由飞行系统、任务载荷、地面系统三部分组成，其中每个部分又由若干设备和子系统构成，如图 2.2 所示。

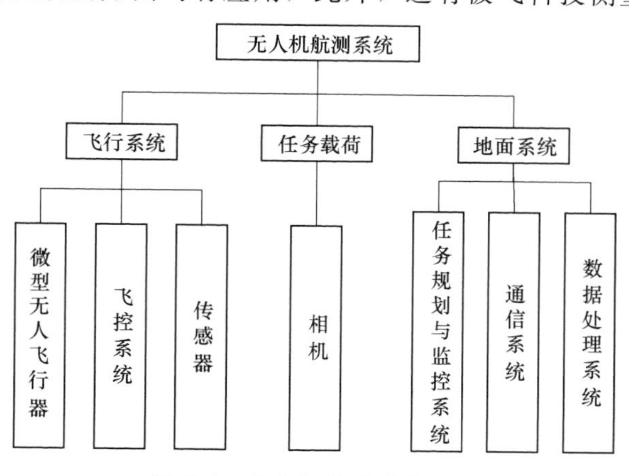

图 2.2　无人机航测系统组成

(1) 飞行系统。飞行系统包含微

型无人飞行器、飞控系统、传感器。微型无人飞行器是飞控系统、传感器以及任务载荷的载体。飞控系统是无人机的主导部分主要用来引导无人机按照设计的航线飞行，保证无人机以正常的姿态工作。除此之外，飞控系统同时对任务载荷进行控制，处理传感器采集到的风速、发动机转速等信息，接受并处理由地面站发送的控制信息。飞控系统主要包含了GPS 接收机、惯性导航仪和微处理器。传感器主要用来采集风速、发动机转速、温度等信息供飞控系统分析利用，以便更好地控制无人机飞行工作。

（2）任务载荷。任务载荷一般是指用于航摄的相机。由于载荷的限制，微型无人机使用的航摄像机通常是普通非量测数码相机。对于不同类型的微型无人机使用的任务载荷又有区别，对于微型无人机一般采用卡片式相机、微单相机。无论何种类型的相机都面临着内方位元素未知、影像畸变大、相机结构不稳定的问题，因此在进行航测之前要先对相机进行标定。

（3）地面系统。地面系统主要作用是支持飞行系统工作并对航测数据进行处理，它主要包括任务规划与监控系统、通信系统、数据处理系统。任务规划与监控系统主要用于飞行任务规划和对飞机飞行工作状态的监控。飞行任务规划的内容主要有航线设计、飞行高度设计、影像重叠率设计等。对飞行工作状态的监控主要由监视和控制两方面组成，监视的内容主要有发动机故障、机载电池电量、飞行数据误差、无人机实时位置等，控制的主要内容有临时对飞行任务做出改变、飞行过程中故障的排除等。通信系统则是飞行系统与监控系统之间联系的通道，用于将无人机工作状态信息传输至地面监控系统和将地面站的控制信息传输至飞行系统。数据处理系统对飞行系统和任务载荷采集的数据进行处理获得所需的数字产品。

3. 无人机航摄

生产建设项目的水土保持监管需要通过及时、精细的影像数据和其他模型数据，用以高效、准确地获取生产建设项目在水土保持工作方面的开展情况以及存在的风险。相比于有人驾驶飞机的传统航空摄影测量和航天遥感，无人机摄影测量弥补了两者在时间、空间上对地理信息数据获取的不足。

微型无人机航摄系统的工作流程大致分为任务规划、数据获取、数据处理三个步骤。

任务规划一般是在室内进行，根据所需影像的比例尺以及最终产品的形式和精度逐一确定影像地面分辨率（GSD）、无人机飞行高度、摄影基准面、影像重叠率、摄影基线等内容。

数据获取的内容主要包括影像数据的获取和地面控制点数据的获取。数据获取之前应该考虑天气和航测现场起降环境对作业的影响。一般应该选择能见度比较好的天气；微型固定翼无人机受航测现场起降环境的影响较大，必须选择较空旷的地区并且场地周边没有突出的有碍飞机起降的构筑物、高大树木、高压电线等因素；旋翼微型无人机则对起降环境要求较低，一般的环境均能满足。确定以上条件之后，将规划好的航线数据传输至无人机的飞控系统，将无人机放飞获取数据。

无人机数据处理的主要过程是影像数据结合控制点数据获得兴趣点坐标。由于相机像幅小，重叠率高的缘故，无人机摄影测量获得的影像数量远大于传统摄影测量，使得传统摄影测量空三加密解算中对控制点、加密点、连接点人工判读和转刺的作业方式不再适

用。目前除去对控制点的判读需要人工进行之外，微型无人机摄影测量的数据处理完全实现自动化。对于微型无人机摄影测量数据处理大致可分为以下三个步骤：空三解算、生成点云数据和最终产品获取。

4. 航摄数据处理

将无人机航拍的照片处理成具有空间地理信息的影像数据等产品，其中的一项关键技术是空三解算，属于摄影测量技术领域。在模拟摄影测量、解析摄影测量及前期的数字摄影测量中，空三解算一直以立体像对模型为基础进行，并且在解算的过程中总是以竖直摄影为前提。此时空三解算主要是针对有人驾驶的大飞机航空摄影，其方法主要有光束法、独立模型法、航带网法三种。

随着技术进步以及对高精度、及时空间地理数据的需求，无人机作为摄影测量平台被广泛应用。无人机摄影测量飞机体积小、质量轻、飞行高度低并且使用非量测相机，这导致微型无人机获得的影像具有影像畸变大、影像姿态角大、像幅小、基高比小、分辨率高、数量多等明显的特点。传统的摄影测量空三解算方法难以满足摄影测量的规范要求。

在计算机视觉技术领域中发展起来的多视图立体几何获取影像位置参数的方法，为无人机摄影测量数据处理中的空三解算提供了技术突破，此方法中对影像获取时的位置没有任何要求，从而克服了传统摄影测量对大倾角影像空三解算的局限性，成就了无人机应用的发展。

5. 无地面控制点高精度航测

目前普遍的无人机航测系统，特别是微型无人机系统，其机载GPS为单点定位系统，其精度等级为5～10m，需要通过地面控制点纠正，才能制作满足测绘精度等级的数据成果。

随着载波相位差分（RTK）技术向无人机领域的扩展，市场上越来越多地出现了集成RTK方案的无人机航测解决方案，在无地面控制点的情况下，也可以制作达到测绘级别精度的数据成果。

RTK是实时处理两个测量站载波相位观测量的差分方法，将基准站采集的载波相位发给用户接收机，进行求差解算坐标。这是一种新的常用的GPS测量方法，以前的静态、快速静态、动态测量都需要事后进行解算才能获得厘米级的精度，而RTK是能够在野外实时得到厘米级定位精度的测量方法，它采用了载波相位动态实时差分方法，是GPS应用的重大里程碑，它的出现提高了工程放样、地形测图，各种控制测量外业作业的效率。

本书中列举几款此类产品：

（1）极飞XGeomatrics C2000。极飞地理推出的XGeomatrics C2000智能测绘无人机，是一款工业级低空四旋翼无人机，其单次起降可测量的最大面积约130万m^2，由于采用了GNSS RTK技术，可以实现厘米级航线飞行，并且使C2000所采集的每一张图片，都具有高精度的坐标，无像控点情况下，可以实现最高1∶500的测图精度。极飞C2000测绘无人机如图2.3所示，极飞C2000在基站范围内作业如图2.4所示。

图 2.3　极飞 C2000 测绘无人机

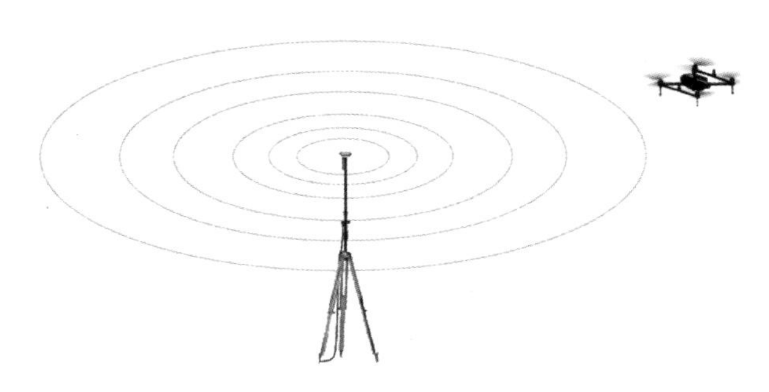

图 2.4　极飞 C2000 在基站范围内作业

该无人机的部分技术参数如下：

1）飞行系统。

机身尺寸：982.2mm×982.2mm×198mm（包含桨）。

巡航速度：72km/h。

续航时间：标准负载 40min。

飞行速度：≤15m/s。

最大起飞重量：6.5kg。

抗风能力：≤6 级。

2）相机系统。

传感器尺寸：1/2.3″　有效像素 1200W。

镜头 FOV：95°。

镜头焦距：21mm（35mm 格式等效）。

分辨率：4000px×3000px。

3）GNSS RTK 定位系统。

信号跟踪：GPS、GLONASS、北斗。

水平定位精度：1cm+1ppm。

电台（RF）覆盖范围：3km（开阔可视距离）。

（2）CW-10C。成都纵横与武汉讯图联合发布的名为 CW-10C 的航测系统，称之为“1：500 免像控无人机航测系统”。该系统硬件包括成都纵横大鹏无人机科技有限公司 CW-10C 垂直起降固定翼无人机、GCS-202 地面站、PPS-100 差分记录仪、SONY ILCE-7R 全画幅微单相机等。软件包括 JOUAV POSTec 后差分解算软件、武汉讯图科技有限公司天工免像控无人机航测数据处理系统等。

该系统的部分技术参数如下：

1）电动垂直起降固定翼无人机。

翼展/机身长度：2.6m/1.6m。

巡航速度：72km/h。

续航时间：1.5h。

起飞重量：12kg。

抗风能力：5 级。

2）全画幅微单相机。

主距：35mm。

像元尺寸（μm）：4.877。

像元数：7360×4912。

3）实时动态差分（RTK）。

RT-2：1cm+1ppm。

4）后处理差分定位。

位置精度：1cm+1ppm。

CW-10C采用固定翼结合四旋翼的布局形式，以简单可靠的方式解决了固定翼无人机垂直起降的难题和旋翼无人机续航时间短的缺点，具有留空时间长、作业效率高的特点，如图2.5所示。

图2.5 CW-10C垂直起降固定翼无人机

根据四川测绘产品质量监督检验站提供的两份检测报告，CW-10C航测系统在两个丘陵地区试验区进行航测的空三加密精度成果精度，符合《数字航空摄影测量空中三角测量规范》要求。此外，包括浙江省第二测绘院在内的多家用户单位也提供了四份用户报告。这四份报告结果表明，这个无人机航测系统能够满足相关规范要求，实现免像控1：500航测，其空三精度满足测图精度。

（3）eBee Plus。eBee Plus航空摄影测量无人机是瑞士senseFly公司的最新产品，它的特色包括：近1h的长航时长，固定翼无人机机身，内置RTK/PPK（动态后处理技术）功能，搭载专为摄影测量而优化设计的RGB传感器senseFly S.O.D.A相机，配置senseFly最新一代飞行与数据管理软件eMotion 3。这些特性使其特别适用于要求以测绘级精度高效收集数据的专业领域，例如测绘、大型工程建设、地理信息系统等（图2.6）。

图2.6 eBee Plus无人机及其航测

根据官方介绍，该机飞行时间59min，当以122m高度飞行时可以覆盖面积2.2km^2，能够获取空间分辨率2.9cm的影像；由于内置了RTK与PPK，可随时激活、随时切换（图2.7），并且配备了专为航空摄影测量而研发的专业级RGB相机，无需地面控制点的情况下，正射影像与数字表面模型（DSM）的绝对精度可达3cm，高程精度可达5cm。几乎任意地形都可获得高精度成果。

该系统的部分技术规格如下：

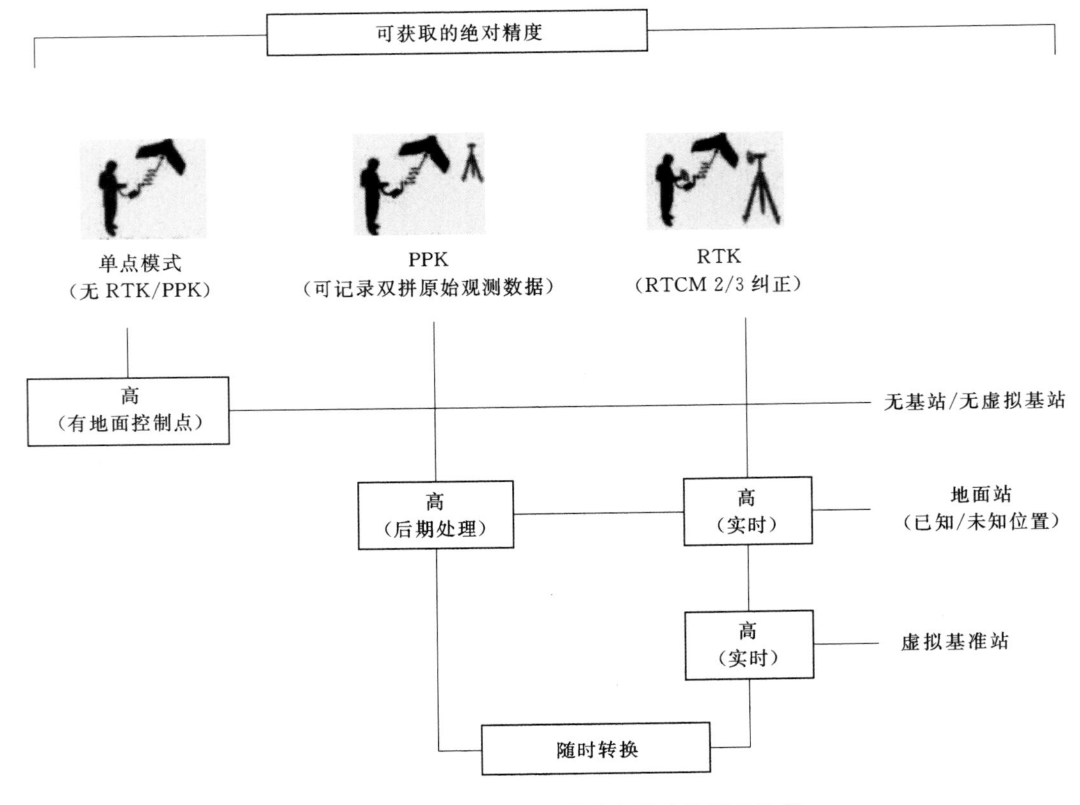

图2.7 eBee Plus无人机获取高精度数据的途径

1）飞行系统。

重量（含相机）：1.1kg。

翼展：110cm。

材料：EPP泡沫、碳纤维框架&复合材料部件，可拆卸式机翼。

续航时间：59min。

巡航速度：40～110km/h。

抗风：最高45km/h（六级风）。

起飞方式：手抛。

降落方式：线性降落，5m误差范围内。

2）senseFly S.O.D.A照相机。

像素：2000万像素。

传感器尺寸：1英寸。

像素间距：2.33μm。

地面采样间隔（飞行高度为122m时）：2.9cm/pix。

3）定位系统。

GNSS/RTK接收器：L1/L2，GPS&GLONASS。

电台覆盖范围：3km。

极飞 XGeomatrics C2000 是小型旋翼无人机，起降方便，适合小面积航测；CW-10C 是一种新的思路，集成了垂直起降和固定翼的优点，航程更远，适应范围更广；eBee Plus 是世界先进的微型航测固定翼无人机的代表，各方面性能指标优越，机身小型轻便，价格高。

虽然当下 1∶500 比例尺的无人机航测仍然存在争议，但是根据本书作者对极飞 C2000 的实测，以及 CW-10C 提供的两份检测报告，在 $5km^2$ 范围内的小面积航测任务时，采用了 RTK 技术的无地面控制点航测系统，可以满足生产建设项目水土保持监管的业务需求。随着技术的成熟，市场上将会有越来越多采用了 RTK 技术的无人机航测系统，以适应各种小面积、高精度的泛航测业务。

6. 在水利行业的应用进展

无人机可以对小面积地表进行高精度的采集，在水利行业有广泛的应用：

（1）山洪灾害调查评价，无人机可以获取山洪灾害防治区高精度基础数据，主要包括高分辨率的影像数据，高精度 DEM 数据，1∶2000 级别比例尺地形图，居民户位置和高程及人口分布，提取小流域下垫面条件和糙率参数等各种数据，服务于山洪灾害分析评价工作。

（2）水土保持监测评价，在水土保持行业，无人机可与新一代高分辨率对地观测系统结合，形成天空地一体化水土保持监测评价。无人机航测可用于土壤侵蚀定量监测与评价，水土保持治理措施监测与评价和生产建设项目水保监测等方面。

（3）河道监测与监管，应用无人机技术可进行河道监管，对河湖水库的水体信息和水利工程进行动态监测，监测频次可根据需要调整，并根据监测结果，撰写水情遥感动态监测简报。河湖水库水体信息监测内容包括河道有水长度和水面宽度、水库湖泊水面面积、河湖水体富营养化或浊度、大面积漂浮物等。无人机可用于水利工程管辖范围内疑似违章建筑、违规种植与垃圾倾倒、非法采砂等事件的辅助监察，提取位置和范围等信息，为水行政执法管理提供技术支撑

（4）防洪抗旱减灾，无人机技术在防洪抗旱减灾领域发挥了重要作用，可用于滑坡、山洪灾害、城市洪水、堤坝溃决、旱情监测、地震、滑坡等引发的堰塞湖等方面的监测。

2.3.3 GIS 技术

地理信息系统（Geographical Information System，GIS）是一种决策支持系统，它具有信息系统的各种特点。地理信息系统与其他信息系统的主要区别在于其存储和处理的信息是经过地理编码的，地理位置及与该位置有关的地物属性信息也是信息检索的重要部分。

1. GIS 系统组成

一个完整的 GIS 系统主要由四个部分构成，即计算机硬件系统、计算机软件系统、地理数据（或空间数据）和系统管理操作人员。其核心部分是计算机系统（软件和硬件），空间数据反映 GIS 的地理内容，而管理人员和用户则决定系统的工作方式和信息表示方式。

计算机硬件系统是计算机系统中的实际物理装置的总称，可以是电子的、电的、磁的、机械的、光的元件或装置，是 GIS 的物理外壳。GIS 由于其任务的复杂性和特殊性，

必须由计算机设备支持。构成计算机硬件系统的基本组件包括输入/输出设备、中央处理单元、存储器（包括主存储器、辅助存储器硬件）等，这些硬件组件协同工作，向计算机系统提供必要的信息，使其完成任务；保存数据以备现在或将来使用；将处理得到的结果或信息提供给用户。

计算机软件系统是指必需的各种程序。对于GIS应用而言，通常包括以下内容：

（1）计算机系统软件（由计算机厂家提供的、为用户使用计算机提供方便的程序系统，通常包括操作系统、汇编程序、编译程序、诊断程序、库程序以及各种维护使用手册、程序说明等，是GIS日常工作所必需的）。

（2）地理信息系统软件和其他支持软件（包括通用的GIS软件包，也可以包括数据库管理系统、计算机图形软件包、计算机图像处理系统、CAD等，用于支持对空间数据输入、存储、转换、输出和与用户接口）。

（3）应用分析程序（系统开发人员或用户根据地理专题或区域分析模型编制的用于某种特定应用任务的程序，是系统功能的扩充与延伸。在GIS工具支持下，应用程序的开发应是透明的和动态的，与系统的物理存储结构无关，而随着系统应用水平的提高不断优化和扩充。应用程序作用于地理专题或区域数据，构成GIS的具体内容，这是用户最为关心的真正用于地理分析的部分，也是从空间数据中提取地理信息的关键。用户进行系统开发的大部分工作是开发应用程序，而应用程序的水平在很大程度上决定系统的应用性优劣和成败）。

系统开发、管理和使用人员是GIS中的重要构成因素，GIS不同于一幅地图，而是一个动态的地理模型。仅有系统软硬件和数据还不能构成完整的地理信息系统，需要人进行系统组织、管理、维护和数据更新、系统扩充完善、应用程序开发，并灵活采用地理分析模型提取多种信息，为研究和决策服务。对于合格的系统设计、运行和使用来说，地理信息系统专业人员是地理信息系统应用的关键，而强有力的组织是系统运行的保障。一个周密规划的地理信息系统项目应包括负责系统设计和执行的项目经理、信息管理的技术人员、系统用户化的应用工程师以及最终运行系统的用户。

空间数据是指以地球表面空间位置为参照的自然、社会和人文经济景观数据，可以是图形、图像、文字、表格和数字等。它是由系统的建立者通过数字化仪、扫描仪、键盘、磁带机或其他系统通讯输入GIS，是系统程序作用的对象，是GIS所表达的现实世界经过模型抽象的实质性内容。

2. GIS在“天地一体化”中的应用

目前，利用GIS构建的“天地一体化”系统广泛应用于国土资源监管、公安指挥、环境保护等部门。

在国土资源监管方面，随着中国城市化进程的快速推进，乱占、乱用土地的情况较为突出，信息技术在辅助建设用地批后监管和执法监察工作中起到了重要作用。例如，在市级应用方面，武汉市武昌区早在2006年就建立了规划国土建设工程批后动态监管信息系统，青岛市于2007年建立了土地规划管理局业务跟踪监控系统，深圳市福田区设立了地政监察信息系统。2008年，国土资源部首次提出国土资源综合监管平台的概念，即利用各地各级统一国土资源数据中心为支撑，动态对资源的变化属性进行跟踪监管，落实宏观

调控政策。实现了土地精细化管理和动态监测，提高土地管理效率；在省级应用方面，江苏、福建等省也结合本省的实际需要，建设了功能类似的，如建设用地供应备案系统与动态监测系统。

在环境保护方面，2016年环保部印发《全国生态保护“十三五”规划纲要》，提出通过加强卫星和无人机航空遥感技术应用，提高生态遥感监测能力；建立生物多样性地面观测体系，到2020年新建、改建或扩建50个陆地生物多样性综合观测站，建成800个以上生物多样性观测样区；建设一批相对固定的生态保护红线监控点；优先在长江经济带、京津冀地区建立观测站和观测样区。从而在“十三五”时期，建立“天地一体化”的生态监测体系。

2.3.4 卫星导航技术

全球导航卫星系统（Global Navigation Satellite System，GNSS）是能在地球表面或近地空间的任何地点为用户提供全天候的三维坐标和速度以及时间信息的空基无线电导航定位系统（全球导航卫星系统发展综述，宁津生）。目前，全球主要的卫星导航系统主要有美国GPS、俄罗斯GLONASS、欧盟GALILEO和中国北斗卫星。除了上述四大全球系统外，还包括区域系统和增强系统，其中区域系统有日本的QZSS和印度的IRNSS，增强系统有美国的WASS、日本的MASA、欧盟的EGNOS、印度的GAGAN以及尼日利亚的NIG-COMSAT-1等。

北斗卫星导航系统（Bei Dou navigation Satellite system，BDS）是中国自主研制开发的、具有自主知识产权的卫星导航定位系统，是继美国的GPS全球定位系统、俄罗斯的GLONASS之后，国际上可定位的第3个卫星导航系统。根据系统建设总体规划，2000年年底，建成北斗一号系统，向中国提供服务，2012年年底，建成北斗二号系统，向亚太地区提供服务；计划在2020年前后，建成北斗全球系统，向全球提供服务。

1. 北斗卫星系统构成

类似GPS系统，BDS也由空间段、地面段和用户段三部分组成。“全球覆盖的”的空间段将由5颗地球静止轨道卫星（GEO）、27颗中圆轨道卫星（MEO）和3颗倾斜地球同步轨道卫星（IGSO）构成。5颗GEO卫星分别位于东经58.75°、80°、110.5°、140°和160°赤道上空。27颗MEO卫星均匀分布在3个轨道面上，轨道倾角55°，轨道高度21500km。3颗IGSO卫星分布在3个倾斜同步轨道面上，轨道倾角55°，轨道高度36000km。

地面段包括主控站、监测站、注入站等若干地面站。主控站收集各个监测站的观测数据，进行数据处理，生成卫星导航电文、广域差分信息和完好性信息，完成任务规划与调度，实现系统运行控制与管理等；注入站在主控站的统一调度下，完成卫星导航电文、广域差分信息和完好性信息注入以及有效载荷的控制管理；监测站对导航卫星进行连续跟踪监测，接收导航信号，发送给主控站，为卫星轨道确定和时间同步提供观测数据。

用户段由各类BDS用户终端，以及与其他卫星导航系统兼容的终端组成。

2. 北斗卫星空间信号精度

北斗系统空间信号误差主要包括用户测距误差、用户测距速率误差、用户测距加速度误差、世界协调时补偿误差四个方面。

用户测距误差 URE：瞬时在给定位置上接收机钟差假设已精确校准同步到期望伪距导航信息数据给出的卫星位置与接收机位置的几何距离和该接收机测得的伪距之差。接收机测得的伪距不包含电离层、对流层、噪声等与用户设备有关的误差。因此，瞬时误差实际上是卫星轨道误差和钟误差在用户卫星的视线上的投影。

用户测距速率误差 URRE：北斗系统定义为瞬时 URE 的一阶时间导数。

$$\mathrm{URRE}=\frac{\partial(\mathrm{IURE})}{\partial t}=\lim_{\Delta t\to 0}\frac{(\mathrm{IURE})_{t+\Delta t}-(\mathrm{IURE})_t}{\Delta t} \tag{2.1}$$

用户测距加速度误差 URAE：北斗系统定义为瞬时 URE 的二阶时间导数：

$$\mathrm{URAE}=\frac{\partial^2(\mathrm{IURE})}{\partial t^2}=\frac{\partial(\mathrm{IURRE})}{\partial t}=\lim_{\Delta t\to 0}\frac{(\mathrm{IURE})_{t+\Delta t}-(\mathrm{IURRE})_t}{\Delta t} \tag{2.2}$$

世界协调时补偿误差 UTCOD：世界协调时补偿误差，是北斗统提的时间可由导航星历和钟差传递与时的转换误差。其定义为在北斗空间信号中包含的 BDT 与 UTC 的差值与真实的 BDT 与 UTC 的差值之差。一般采用统计结果作为 UTCOD 的精度。

胡志刚（2013）对北斗 URE 精度的统计公式进行了详细推导，同时详细分析论证了北斗用户距离率误差 URRE 和用户测距加速度 URAE 的计算方法。最后对实测数据进行了评估，分析得出 URE 优于 1.5m，URRE 优于 3.00mm/s，URAE 优于 2.00mm/s^2。同时，统计分析了北斗高精度定位性能，对比分析了相同环境下北斗系统与 GPS 观测数据质量，开展了短基线相对定位和精密单点定位的性能测试。结果表明，北斗系统短基线精度可达 mm 级（使用广播星历），ppp 可达到 cm 级的定位水平（使用精密星历，性能水平与 GPS 基本接近）。

3. 北斗卫星产品与服务

北斗、遥感、GIS 可综合运用于多个领域，其中遥感卫星是提供空间信息的数据源，是信息采集和数据获取的基础；北斗导航系统可获取精确的空间位置信息和时间信息，可对遥感图像显示的信息和内容进行准确定位，二者与地理信息系统有机结合，形成一个动态的、可视的、不断更新的、通过计算机网络能够传输的、三维立体的、不同地域、行业和层次都可以使用的综合信息管理系统。目前可应用于以下三大领域：

（1）大众应用。大众应用包括汽车导航、车辆信息服务、跟踪监控、紧急救援、空间信息显示、地物目标识别等。

（2）行业应用。行业应用包括国土资源调查、森林防火、应急救援、灾害监测与评估、船舶运输、公路交通、铁路运输、石油勘探、海洋海岸测量、地图测绘、地理国情监测、电站选址、地震预测、草原及林区普查、历史文物考古、农业估产、林业调查、土壤、水文、气候地质分析、海洋环境监测、城市规划与土地利用等。

（3）特殊应用。特殊应用包括军工类应用，以及通信电力、铁路网络的精确授时，公安保卫、边防巡逻、海岸缉查、毒品监测和交通管理的导航通信与信息提取等。

2.3.5　移动通信及互联技术

1. 移动通信技术及应用概述

移动通信的发展大致经历了几个发展阶段：第一代移动通信技术主要指蜂窝式模拟移动通信，技术特征是蜂窝网络结构克服了大区制容量低、活动范围受限的问题。第二代移

动通信是蜂窝数字移动通信，使蜂窝系统具有数字传输所能提供的综合业务等种种优点。第三代移动通信的主要特征是除了能提供第二代移动通信系统所拥有的各种优点，克服了其缺点外，还能够提供快带多媒体业务，能提供高质量的视频宽带多媒体综合业务，并能实现全球漫游。真正促进移动互联网应用爆发的是第四代移动通信技术，简称4G技术。4G移动通信技术相对于3G移动通信技术来说，在3G移动通信的基础上，大大提高了网络的传输速率，能够快速地进行视频、音频等数据的传输。从移动通信系统数据传输速率作比较，第一代模拟式仅提供语音服务；第二代数位式移动通信系统传输速率也只有9.6Kbit/s，最高可达32Kbit/s，如PHS；第三代移动通信系统数据传输速率可达到2Mbit/s；而第四代移动通信系统传输速率可达到20Mbit/s，甚至最高可以达到高达100Mbit/s，这种速度会相当于2009年最新手机的传输速度的1万倍左右，第三代手机传输速度的50倍。

4G移动系统网络结构可分为三层：物理网络层、中间环境层、应用网络层。物理网络层提供接入和路由选择功能，它们由无线和核心网的结合格式完成。中间环境层的功能有QoS映射、地址变换和完全性管理等。物理网络层与中间环境层及其应用环境之间的接口是开放的，它使发展和提供新的应用及服务变得更为容易，提供无缝高数据率的无线服务，并运行于多个频带。

随着4G通信技术和智能手机的普及，使用手机App进行的购物、社交、支付、转账、理财、导航、打车、单车租用等行为越来越成为人们日常生活的一部分。4G网络和以手机、平板为载体的移动智能终端，使人们的日常生活变得更便捷的同时，也深刻影响着行业应用。例如，移动电子政务、物流追踪、现场调查、现场执法等。

2.“互联网＋”技术及应用概述

自从政府工作报告中提出“互联网＋”行动计划后，“互联网＋”俨然已成为2015年以来互联网行业最为热门的名词。通俗的说，“互联网＋”就是“互联网＋各个传统行业”，但这并不是简单的两者相加，而是利用信息通信技术以及互联网平台，让互联网与传统行业进行深度融合，创造新的发展生态。

“互联网＋”代表一种新的社会形态，即充分发挥互联网在社会资源配置中的优化和集成作用，将互联网的创新成果深度融合于经济、社会各域之中，提升全社会的创新力和生产力，形成更广泛的以互联网为基础设施和实现工具的经济发展新形态。相当于给传统行业加一双“互联网”的翅膀，然后助飞传统行业。比如互联网金融，由于与互联网的相结合，诞生出了很多普通用户触手可及的理财投资产品，比如余额宝、理财通以及P2P投融资产品等；比如互联网医疗，传统的医疗机构由于互联网平台的接入，使得人们实现在线求医问药成为可能，这些都是最典型的互联网＋的案例。

2.4　生产建设项目水土保持“天地一体化”监管技术路线及关键技术体系

2.4.1　技术路线

生产建设项目“天地一体化”动态监管的主要目的是为生产建设项目水土保持监督管

理提供技术支撑，总体上可分为空天调查分析和地面调查分析两部分，对应监督管理工作的区域（项目）内业管理和现场监督检查。图 2.8 中，结合监管工作主要流程，介绍了“天地一体化”动态监管的基本技术路线。

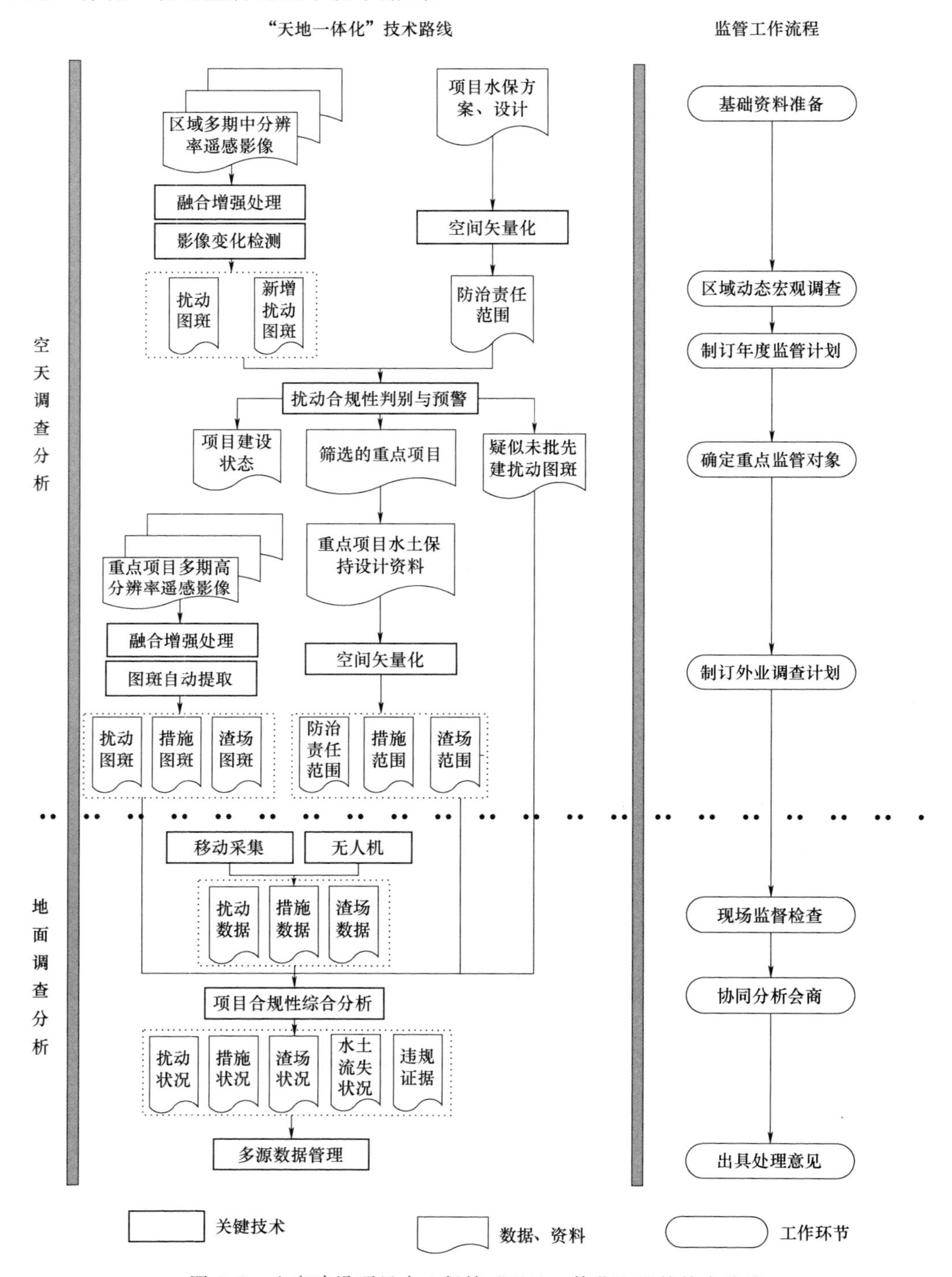

图 2.8　生产建设项目水土保持“天地一体化”监管技术路线

1. 空天调查分析

空天调查分析技术适用区域和项目两个尺度，区域尺度主要针对某个行政区或特定的生产建设项目集中区等具有一定面积规模的空间区域，侧重于区域内生产建设项目造成的整体扰动情况的调查、分析，支撑区域内生产建设项目水土保持的宏观监督管理，包括经水土保持行政许可的生产建设项目建设状态、扰动状况、扰动合规性等，也包括未经行政许可的生产建设项目的建设状态、扰动情况等。项目尺度主要针对监督管理重点关注的单个生产建设项目所在的空间区域，侧重于生产建设项目造成的扰动情况、水土保持措施落实情况等的详查、分析，支撑单个生产建设项目水土保持的监督管理，包括建设扰动状况、水土保持措施实施状况、重点部位（主要是取、弃土场等）水土保持状况等。

在区域尺度上，在 GIS 技术和软件平台支持下对行政许可的生产建设项目水土保持方案关键空间信息进行空间矢量化，建立以防治责任范围为代表的项目位置、范围空间数据。采用大尺度、高频次遥感技术对区域扰动状况进行动态调查，建立以扰动图斑为代表的地表扰动位置、范围空间数据。对两种数据进行空间分析，辅助开展项目开工时间监控、扰动位置范围的合规性预判、重点关注项目的遴选、未批先建行为的筛查等。

在项目尺度上，在 GIS 技术和软件平台支持下对行政许可的生产建设项目水土保持设计的关键空间信息进行空间矢量化，建立以防治措施为代表的项目水土保持设计空间数据。采用多尺度遥感技术对区域扰动状况进行调查，建立以扰动图斑为代表的地表扰动位置、范围空间数据。对两种数据进行空间分析，辅助开展水土流失状况监控、水土保持措施的落实情况与效益调查、违法违规行为的预判与调查等。

2. 地面调查分析

地面调查分析技术主要支撑监督管理工作的现场监督检查环节，主要包括无人机调查、智能移动终端调查、现场移动办公等。

对需要进行更精细调查的重点项目，开展无人机调查，并将无人机调查成果与多尺度、多频次的空天调查成果进行集中统一管理。在基于 GIS 软件平台和智能移动终端设备上集成开发的监管业务信息系统支持下，开展现场调查和监督检查，包括：水土保持措施、扰动地块、重点部位等空间对象的快速绘图、长度、面积、体积的快速测量；违法违规事实的现场快速测量取证；照片、视频信息的快速采集；现场采集信息的无线实时回传；现场检查意见的打印出具等。同时，在监管业务信息系统支持下，可开展现场监督检查后的内业会商，对空天调查、地面调查等多源数据进行现势分析和历史回溯，从而做出业务处理。

在监管业务信息系统支持下，还可进行多级用户的数据共享和任务指派，从而实现生产建设项目监督管理的多级上下协同。

综上所述，生产建设项目“天地一体化”动态监管技术的目标是将当前监督管理工作水土提高到“全覆盖”“精细化”“高频次”“上下协同”的水平。

生产建设项目“天地一体化”动态监管技术路线中的多个工作环节涉及了一些信息处理或数据管理的关键技术，2.4.2 节和 2.4.3 节中进行了归类简述，本书后续章节将对这些关键技术进行详细叙述和探讨，主要内容是著者所在技术团队近年来相关技术研发和应用研究的初步成果，希望能对读者进一步了解生产建设项目“天地一体化”动态监管技术有所帮助。

2.4.2　空天调查涉及的关键技术

1. 遥感数据源的适用性

目前适用于"天地一体化"监管的国内外卫星遥感数据参数、特点和适用范围见表 2.9。由表 2.9 可以看出，不同分辨率的数据源有不同的适用范围，可根据需要选择合适的数据源组合。

表 2.9　多分辨率遥感数据的适用性

尺度	数据源	空间分辨率/m	重访周期/d	幅宽/km	特点	适用范围
中分辨率	Landsat8	15	16	180	覆盖范围广；调查频次高；免费数据；最小识别面状目标为 $1hm^2$	区域（省、市、县级）新增扰动筛查和预警；项目建设状态高频次动态跟踪调查
	高分一号	16	2	800		
	哨兵二号	10	10	290		
高分辨率	资源一号 02C	5	3	60	覆盖范围小；调查频次较高；国产卫星数据免费；最小识别扰动土地目标为 $0.1hm^2$，措施目标为 1～10m	区域（市、县级）新增扰动筛查和预警；重点项目扰动情况调查；部分大型措施调查；部分重点渣场跟踪调查
	资源三号	2.1	5	51		
	高分一号（全色多光谱相机）	2	4	60		
	高分二号	1	5	45		
	SPOT6	1.5	4～5	60		

遥感调查频次由重访周期、幅宽及天气等因素决定，实际应用中很难按理论重访周期获取数据。根据经验，在县域尺度内，例如云雨天气影响较大的南方地区，一般每年可重复获取 4 次以上中分辨率遥感影像，高分辨率遥感影像一般仅能保证获取 2 次。因此，在"天地一体化"技术路线中，为兼顾区域调查的高频次和项目调查的精细化，采用了中分辨率与高分辨率组合使用的方式。

2. 基于遥感技术应用的关键技术

多光谱遥感影像真彩色融合增强技术。利用植被光谱信息丰富的近红外波段和红、绿、蓝波段，采用多光谱融合算法，实现影像真彩色增强。融合增强处理能够减少冗余、增加有效信息量、突出影像层次和细节信息，增强植被、建筑物、水域、土壤、岩石、扰动地表等目标对象的影像特征，并削弱因时相、传感器等造成的影像解译标志特征差异，提高后续目视解译或自动识别的准确率（见第 3 章）。

多期遥感影像变化检测技术。不同分辨率影像采用不同的方法。对中分辨率影像，采用多期影像的 NDVI、土壤指数产品等进行检测计算，可自动获取大范围区域扰动图斑的新增、减少等变化信息。对高分辨率影像，可通过扰动特征自动提取后的矢量图层空间计算，获取项目扰动图斑的精确变化信息，并对图斑距离、面积等进行空间量算（见第 6 章）。

生产建设项目扰动特征自动提取技术。对融合增强后的高分辨率影像，以具有生产建设项目扰动特征的像元集合为分类对象，采用"面向对象"方法自动提取扰动图斑，可以有效减少因光谱信息丰富而产生的"椒盐效应"（见第 6 章）。

3. 基于GIS技术应用的关键技术

生产建设项目空间矢量化（水土流失防治责任范围上图）技术。应用GIS软件的矢量化功能，在统一的坐标系统下，以遥感影像、防治责任范围图件（纸质或电子）的要素特征为参考，通过初步定位、地理配准、边界勾绘及属性数据录入等操作步骤，将生产建设项目防治责任范围进行空间矢量化。该技术也可用于水土保持措施设计、渣场设计图件的空间矢量化（见第4章）。

生产建设项目扰动合规性判别和预警技术。使用GIS空间分析技术，对防治责任范围、扰动图斑（由中分辨率遥感影像变化检测、高分辨率遥感扰动特征自动提取）矢量数据进行叠加分析，根据两类对象的空间位置关系判别扰动的合规性，量算相关图斑的面积、距离等指标，用于定量描述合规性状况，并对违规图斑进行属性标识和预警展示（见第7章）。

2.4.3 地面调查涉及的关键技术

地面调查分析技术主要包括基于移动互联网等技术集成的生产建设项目水土保持监管信息移动采集关键技术、多源数据管理和无人机调查等几项关键技术。

1. 水土保持监管信息移动采集技术

基于移动平台，集成GIS、卫星定位与导航、激光测距仪、陀螺仪、音视频采集、移动通信、互联网、便携打印机等技术和设备，开发水土保持监管信息移动采集系统，可以实现现场多源空间信息采集、定位、导航、快速测量、现场办公、存储管理和分析等功能，为生产建设项目水土保持现场调查提供专业工具。

2. 多源数据管理技术

针对监管涉及的多期遥感影像、设计数据、遥感和现场调查数据、业务分析数据等海量、多结构、多时间版本的空间数据和属性数据，应用GIS、互联网和云计算技术，通过集群应用、网络技术或分布式文件系统等技术，构建从移动采集到云端存储的一体化平台，实现云端与移动采集端实时交互、监管数据库与各业务管理系统之间的数据共享（见第9章）。

3. 无人机调查技术

无人机调查主要是利用摄影测量技术，按照相关测绘规范，对高空连续拍摄一定量重叠度的照片，利用无人机遥感图像处理软件，通过几何处理、多视匹配、三角网（TIN）构建、自动赋予纹理等处理，获取1：500、1：1000、1：2000等比例尺的三维模型、正射影像和DEM数据。对空间数据进行量测、分析，可准确、高效地获取扰动土地情况、取土（石、料）场和弃土（石、渣）场情况、水土流失情况、水土保持措施情况等相关监管指标（见第8章）。

本章参考文献

[1] 赵英时．遥感应用分析原理与方法［M］．北京：科学出版社，2003.
[2] 宫文，周进生．遥感监测技术在土地利用监管中的作用分析［J］．经济研究，2011，5：49-56.
[3] 刘一心．广东城乡规划首次启用遥感监管［J］．中国建设报，2015，1：1.

[4] 李德仁. 论天地一体化的大测绘—地球空间信息学 [J]. 测绘科学，2004，29 (3)：1-2.
[5] 段依妮，张立福，晏磊，等. 遥感影像相对辐射校正方法及适用性研究 [J]. 遥感学报，2014，18 (3)：598-617.
[6] 孙中平，史园莉，曹飞，等. 遥感大数据环境下对生态红线监管方式创新的思考 [J]. 环境与可持续发展，2016，1：65-68.
[7] 霍宏涛. 应用卫星遥感技术进行毒品原植物禁种监测的研究 [J]. 公安大学学报，2003，33 (1)：26-29.
[8] 邬伦，刘瑜，等. 地理信息系统——原理、方法和应用 [M]. 北京：科学出版社，2001.
[9] 中华人民共和国国务院新闻办公室. 中国北斗卫星导航系统 [M]. 北京：人民出版社，2016.
[10] 李克昭，韩梦泽，孟福军. 北斗系统的特色、机遇与挑战 [J]. 导航定位学报，2014，2 (2)：21-25.

第3章 国产卫星遥感影像真彩色增强技术

3.1 常用国产卫星遥感数据源与影像增强的目的

3.1.1 常用国产卫星遥感数据源

随着卫星遥感技术的快速发展，国产遥感影像源日益丰富，尤其是经过“十二五”的跨越式发展，卫星遥感影像获取能力明显增强，影像精度显著提高。针对不同应用需求，中国已有气象、环境、资源、高分等系列遥感卫星，影像空间分辨率涵盖亚米级到千米级，光谱分辨率也日趋精细。本章结合生产建设项目监管的应用需求，重点对GF-1、GF-2和ZY-3三种常用的国产遥感数据源的背景及详细参数进行介绍。

1. 高分一号（GF-1）

GF-1卫星是国家高分辨率对地观测系统重大专项天基系统中的首发星，其主要目的是突破高空间分辨率、多光谱与高时间分辨率结合的光学遥感技术，多载荷影像拼接融合技术，高精度高稳定姿态控制技术，5～8年高寿命可靠低轨卫星技术，高分辨率数据处理与应用等关键技术，推动中国卫星工程水平的提升，提高中国高分辨率数据自给率。GF-1卫星于2013年4月26日发射入轨，卫星平台搭载了两台2m分辨率全色和8m分辨率多光谱相机（表3.1），四台16m分辨率多光谱相机以及配套的高速数传系统，设计寿命5～8年，具备每天8轨成像、侧摆35°成像能力，最长成像时间12min，可广泛应用于国土资源调查与监测、防灾减灾、农业水利以及生态环境监测等国家重大工程领域。

表3.1 GF-1卫星影像参数

技术指数/参数		2m全色/8m多光谱相机	16m多光谱相机
光谱范围/μm	全色	0.45～0.90	
	多光谱	（蓝）0.45～0.52	（蓝）0.45～0.52
		（绿）0.52～0.59	（绿）0.52～0.59
		（红）0.63～0.69	（红）0.63～0.69
		（近红外）0.77～0.89	（近红外）0.77～0.89
空间分辨率/m	全色	2	
	多光谱	8	16
幅宽/km		60（2台相机组合）	800（4台相机组合）
重访周期（侧摆）/d		4	

2. 高分二号（GF-2）

GF-2卫星是中国自主研制的首颗空间分辨率优于1m的民用光学遥感卫星，搭载有两台高分辨率1m全色、4m多光谱相机（表3.2），具有亚米级空间分辨率、高定位精度和快速姿态机动能力等特点，有效地提升了卫星综合观测效能，达到了国际先进水平。GF-2卫星于2014年8月19日成功发射，8月21日首次开机成像并下传数据。GF-2卫星是中国目前分辨率最高的民用陆地观测卫星，星下点空间分辨率可达0.8m，标志着中国遥感卫星进入了亚米级“高分时代”。主要用户为水利部、国土资源部、住房和城乡建设部、交通运输部和国家林业局等部门，同时还将为其他用户部门和有关区域提供示范应用服务。

表3.2　　GF-2卫星影像参数

技术指数/参数		全色多光谱相机
光谱范围/μm	全色	0.45～0.90
	多光谱	（蓝）0.45～0.52
		（绿）0.52～0.59
		（红）0.63～0.69
		（近红外）0.77～0.89
空间分辨率/m	全色	1
	多光谱	4
幅宽/km		45（2台相机组合）
重访周期/d	侧摆	5
	不侧摆	69

3. 资源三号（ZY-3）

ZY-3卫星是中国高分辨率立体测图卫星，主要目标是获取三线阵立体影像和多光谱影像，实现对1：5万测绘产品生产能力以及1：2.5万和更大比例尺地图的修测和更新能力。

ZY-3 01星已于2012年1月9日成功发射，是中国当时第一颗民用高分辨率光学传输型测绘卫星，搭载了四台光学相机，包括一台地面分辨率2.1m的正视全色TDI CCD相机、两台地面分辨率3.5m的前视和后视全色TDI CCD相机、一台地面分辨率5.8m的正视多光谱相机（表3.3）。01星自发射以来，已经稳定运行四年，获取了大量卫星数据，圆满实现了ZY-3首颗卫星工程的各项任务，技术指标达到国际同类领先水平，为中国测绘地理信息事业提供了可靠的数据保障，极大地推动了地理信息产业的发展和航天遥感技术的应用，为国民经济和社会发展做出重要贡献。

表3.3　　ZY-3卫星影像参数

卫星标识	01星	02星
相机模式	全色正视；全色前视；全色后视；多光谱正视	全色正视；全色前视；全色后视；多光谱正视
分辨率	星下点全色：2.1m；前、后视22°全色：3.5m；星下点多光谱：5.8m	星下点全色：2.1m；前、后视22°全色：2.5m；星下点多光谱：5.8m

续表

卫星标识	01 星		02 星	
光谱范围/μm	全色：0.45～0.80		全色：0.45～0.80	
	多光谱	（蓝）0.45～0.52	多光谱	（蓝）0.45～0.52
		（绿）0.52～0.59		（绿）0.52～0.59
		（红）0.63～0.69		（红）0.63～0.69
		（近红外）0.77～0.89		（近红外）0.77～0.89
幅宽	星下点全色：50km，单景 $2500km^2$；星下点多光谱：52km，单景 $2704km^2$		星下点全色：50km，单景 $2500km^2$；星下点多光谱：52km，单景 $2704km^2$	
重访周期/d	5		5	
影像日获取能力	全色：近 $1000000km^2/d$；融合：近 $1000000km^2/d$		全色：近 $1000000km^2/d$；融合：近 $1000000km^2/d$	

为了更好地满足国民经济和社会发展对地理信息的迫切需求，ZY-3 02 星已于 2016 年 5 月 30 日发射。发射后，它与在轨工作的 01 星形成有效互补，实现双星在轨稳定运行，及时获取高分辨率影像数据，实现覆盖全国的高分影像数据获取能力，并按需求完成境外重点关注区域数据获取。同时，将进一步满足国家基础测绘、地理国情监测等一系列重大测绘工程的需要，全面提高服务经济全球化、“一带一路”战略的测绘地理信息保障服务能力，形成卫星测绘业务能力的延续和提升。

3.1.2 卫星遥感影像增强的目的

目前，遥感技术在生产建设项目监管、水利遥感应用等工作中发挥着重要作用。常用国产卫星遥感数据源（如 GF-1、GF-2、ZY-3 等）的多光谱影像一般只有近红外、红、绿、蓝四个光谱波段，遥感影像的彩色合成方式通常采用真彩色组合（RGB 分别为红、绿、蓝波段）、标准假彩色组合（RGB 分别为近红外、红、绿波段）和假彩色组合（RGB 为上述两种组合以外的其他组合方式，如 RGB 分别为红、近红外、蓝波段等）。

遥感影像的不同彩色组合方式各有优势和不足。如附图 1 所示，左图真彩色组合影像中，土壤、建筑物、生产建设项目扰动地表等地物纹理与细节表现清晰，色彩显示自然符合人的视觉习惯，但植被、水体等地物色彩显示不自然，影像的层次感和清晰度较差；中图和右图的假彩色组合影像中，植被信息丰富，水体目标明显，但土壤、建筑物、生产建设项目扰动地表等地物色彩显示不自然，与地物实际色彩不符，对分析人员的技术要求高，且影像的纹理细节等信息表现不够好。

就生产建设项目扰动遥感识别的应用需求而言，真彩色遥感影像的色彩表达自然，地物细节和纹理信息丰富，对生产建设项目扰动地表、裸露土壤、裸露岩石、建筑物等地物目标可视化和特征信息表达上，优于其他彩色组合方式。但真彩色影像在应用中也存在的一些不足和缺陷（附图 2），导致难以直接利用原始真彩色遥感影像进行典型地物遥感分析与信息提取：

（1）真彩色影像组合的 3 个可见光波段（红、绿、蓝）之间相关性高，其信息冗余量很大，导致真彩色遥感影像信息不够丰富，地物信息层次感不强，影像亮度和清晰度不高，地物之间影像特征差异较小［附图2（a）］。

（2）由于蓝波段容易受大气中水汽的干扰，导致地物光谱不稳定，蓝色波段的亮度值较实际地物实测光谱值偏大，使得真彩色合成影像蒙上一层蓝色，影像整体偏蓝［附图2（b）］。

（3）真彩色影像中植被、水体、阴影的影像特征暗淡，相互之间特征差异小难以识别，导致生产建设项目后期扰动边界难以有效界定［附图2（c）、（d）］。

真彩色影像的固有缺陷、外在缺点严重影响了其应用效果。而直接采用传统直方图调节等一般增强技术可以在一定程度上克服其外在缺点，但难度大，效率低，且与操作人员的经验和认知有很大关系；而要用来克服其固有缺陷则几乎不可能。从生产建设项目监管的应用角度，有必要研究一种信息丰富、特征一致、可对比性强、色彩自然的遥感影像处理技术，使增强处理后的遥感影像据结构优化，影像层次感和清晰度增强，地物色彩表达真实，影像信息量增加、波段相关性变小的真彩色影像增强技术。

3.2　常用遥感影像增强技术和影像质量评价方法

遥感影像增强的主要着眼点在于改进影像显示，提高遥感影像的视觉效果和可解译性，使遥感应用者易于从经过增强处理的遥感影像上获得有用的信息，快速、准确实现从遥感数据向有用信息的转化。它是为特定的目的，用各种数学方法和变换算法提高影像某灰度区域的反差、对比度与清晰度，从而提高影像显示的信息量，使遥感影像更易判读。遥感影像增强过程中，要遵循以下基本原则：

（1）差异性原则。影像增强处理以突出不同地物间的差异为基本原则。

（2）清晰性原则。根据影像的分辨率，制作的相应比例尺的遥感影像图不发虚。

（3）适中性原则。在改善高亮地物和黯淡地物反差的基础上，尽可能多地保留原有色彩、纹理、对比度，尤其是高亮地物的细节和黯淡地物的层次差异，在色彩、亮度、对比度之间寻求整体平衡。

整体上，遥感影像增强技术可以分为基于影像光谱的增强技术和基于影像空间的增强技术两类。其中，前者主要是通过一定的算法加大不同地物之间的光谱差异；后者主要是通过数据融合技术提升影像波段的分辨率，使得地物的清晰度更高，以达到区分不同地物的目的。

3.2.1　遥感影像光谱增强技术

光谱增强从本质上说是对遥感影像上特定目标光谱特征的增强技术，既可以是对影像整体的光谱特征增强，也可以是对影像局部或某一类地物的光谱增强。光谱增强技术具有分类分析的涵义，是遥感影像应用的基础技术，它广泛地应用在遥感定量反演模型和遥感影像处理之中。其中，定量反演模型如地表温度、土壤湿度、植被盖度、岩性特征、水质等都用到光谱增强技术。

目前，光谱增强方法很多，遥感软件ENVI中集成的直方图拉伸、直方图匹配、波段比的计算、主成分分析、色彩空间变换、色彩拉伸和傅里叶变换等工具都可以用于光谱增强，常见的方法如图3.1所示。

1. 直方图拉伸

对象元灰度值进行变换可使影像的动态范围增大，影像的对比度扩展，影像变得清晰，特征明显。如果变换函数是线性或分段线性的，这种变换即为线性变换，通过线性变换的方法可实现直方图拉伸，使拉伸后影像的直方图的两端达到饱和，能充分利用显示设备的动态范围。

2. 直方图匹配

直方图匹配可以自动地把一幅显示影像的直方图匹配到另一幅上，从而使两幅影像的亮度分布尽可能接近。直方图匹配经常作为相邻影像镶嵌或者应用多时相影像进行动态监测的预处理，还可以应用在自定义主成分融合中全色波段与第一主成分的匹配。

3. 波段比的计算

用一个波段除以另一个波段生成一幅能提供相对波段强度的影像，该影像增强了波段之间的波谱差异，减少地形的影响。因此，这种算法对于增强和区分在不同波段的比值差异较大的地物有明显的效果。

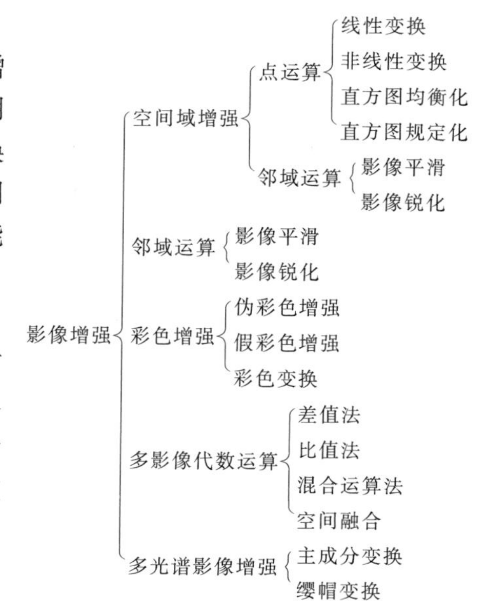

图 3.1 主要遥感影像光谱增强方法

4. 主成分分析

多光谱影像的各波段之间经常是高度相关的，它们的 DN 值及显示出来的视觉效果往往很相似。主成分分析能够去除波段之间的多余信息，将多波段的影像信息压缩到比原波段更有效的少数几个转换波段。主成分分析数据波段互不相关并且独立，常比原始数据更易于解译。

5. 色彩空间变换

计算机彩色显示器的显示系统采用的是 RGB 色彩模型，即影像中的每个像素是通过红、绿、蓝三种色光按不同的比例组合来显示颜色的，由多光谱影像的三个波段合成的彩色影像实际上是显示在 R、G、B 空间中。除此之外，遥感影像处理系统中还经常会采用 IHS 模型。亮度、色度、饱和度称为色彩的三要素，IHS 模型表示的色彩与人眼看到的更为接近。

6. 色彩拉伸

色彩拉伸可分为去相关拉伸、饱和度拉伸和 photographic 拉伸。去相关拉伸处理可以消除多光谱数据中各波段间的高度相关性，它首先是对影像进行主成分分析，并对主成分影像进行对比度拉伸，然后再进行主成分逆变换，将影像恢复到 RGB 彩色空间，达到影像增强的目的。饱和度拉伸是对输入的三个波段影像进行彩色增强，生成具有较高颜色饱和度的波段，将红、绿、蓝空间变换为色度、饱和度和颜色亮度值空间。对饱和度波段进行了高斯拉伸，从而使数据分布到整个饱和度范围，然后逆变换回 RGB 空间，完成增强处理。photographic 拉伸可以对一副真彩色影像的波段进行非线性缩放，然后将它们叠加，从而生产一副与目视效果良好吻合的RGB影像。

7. 傅里叶变换

傅里叶变换是将影像从空间域转换到频率域，首先，把影像波段转换成一系列不同频率的二维正弦波傅里叶影像；其次，在频率域内对傅里叶影像进行滤波、掩膜等各种操作，减少或者消除部分高频或者低频成分；最后，把频率域的傅里叶影像变换为空间域影像。可以消除周期性噪声，还可以消除由于传感器异常引起的规律性错误。

3.2.2　遥感影像空间增强技术

遥感影像空间分辨率是指影像目标的空间细节在影像中可以分辨的最小尺寸，能直接影响对于感兴趣目标的检测和识别结果。遥感影像空间增强技术本质上就是为了提升遥感影像的空间分辨率。目前，国产高分辨率卫星遥感影像通常能提供分辨率较高的全色波段和分辨率较低的多光谱波段，而利用影像融合处理技术可以获取分辨率与全色波段分辨率一致的多光谱影像。

影像融合是把不同时相、不同空间分辨率、不同光谱分辨率、不同平台的两个或多个遥感数据源信息加以综合，形成兼具多种数据源影像特征的新影像的过程和技术。它是影像空间增强的一门专门技术，既是对传统影像增强技术的继承，更是对传统影像增强技术的发展。它同传统的影像增强方法一样，其本质特点是使原始影像向着有更加利于影像应用的方向改变。

近十多年来，遥感影像处理研究人员发展了大量实用的融合方法，并据此开展大量的应用案例研究和融合效果评价，目前已经形成了较为丰富的融合原理、方法、效果评价技术体系，并继续处于发展完善之中。有许多方法已经成为遥感专业软件的新模块，为本研究开展影像空间增强试验提供了优良的实验平台。

1. 以融合原理与方法为基础的融合方法分类

从融合原理与方法来看，大致可以分成以下三个基本类别：

（1）基于信号分析原理的融合方法。这类融合方法，将遥感影像作为一种信号，从信号分析原理出发，把高通滤波、主成分分析（PCA）、傅里叶变换（FFT）、小波（Wavelet）变换、Gram-Schmidt变换、Curvelet变换等信号处理技术方法应用到数据融合中来，形成相应的融合技术和方法。这些技术方法大多在很早就应用于遥感影像处理，随着遥感影像处理从一般增强阶段发展到数据融合增强阶段，很自然地，人们就将用于前者的技术加以适当扩展移植到数据融合中来。

（2）基于色彩空间理论的融合方法。这类融合方法，把遥感影像作为一种特殊的信号，即具有从黑白到彩色各种色调的信号，同样很早人们就从色彩空间理论出发，将许多色彩空间数学模型及其转换技术用于影像处理，以改善影像的目视效果。随着影像处理技术的发展，人们又将其移植扩展应用到数据融合中来，形成基于色彩空间理论的融合法方法。从理论上讲，对RGB三原色影像进行转换的色彩模型都对应着一种融合方法。目前主要的色彩模型有RGB、CMYK、Lab、HIS（HSB）、HSV等，且融合方法至少有CMYK、Lab、HIS（HSB）和HSV四种。

（3）基于数理统计分析、四则运算的融合方法。基于数理统计分析的融合方法，是将遥感影像作为具有随机分布特点的数据，用数理统计的办法进行影像的增强。这类办法主

要有回归分析融合。

基于四则运算的融合方法，主要包括比值法、差值法、加权叠加、倍数放大和四则混合运算法。这类方法中，经典的方法是 Brovey 融合方法和 CN 融合方法，都是色彩均一化的办法，前者用于三波段影像的增强，后者用于多波段影像的增强。

这类方法，不是从影像的物理意义出发，而是从应用影像的目的出发。如比值法、差值法一般用来进行变化增强，乘积方法常用来模拟真彩色制图，Brovey 融合方法、CN 融合方法常用于获取色调鲜明的目视解译影像等。

CN 融合方法在融合过程中必须给出被融合波段（低空间分辨率但光谱分辨率较高）的中心波长和用于增强的影像（高空间分辨率且光谱分辨率较低）中心波长和谱宽半径，并据此判断哪些多光谱波段光谱落在高分辨率影像光谱区间，哪些落在外边，而只有那些光谱落在高分辨影像光谱段内的低分辨率影像波段得到增强，其他波段仅重采样。因此，也常称之为能量分配转换方法。

2. 以数据对象为基础的融合方法分类

融合技术应用研究的数据对象大致包括以下几种类型：

（1）高分辨率全色影像和多光谱影像融合。这是目前遥感影像融合处理应用当中最为常见的应用之一，用于同时保持影像的高空间分辨率和多光谱特性。

（2）光学影像和 SAR 影像融合。光学影像具有较高空间分辨率和地物的光谱信息，SAR 影像具有全天候、反映阴影区细节的能力，这种融合方式综合利用了两类传感器各自的优点，有利于目标的判读解译。

（3）高光谱或多光谱影像融合。与高空间分辨率遥感数据源相比，高光谱或多光谱影像具有波段多、光谱分辨率高的特点。融合高光谱或多光谱影像有利于综合利用多个波段的影像，保持目标的诸多精细特征，使融合影像具有更好的光谱特性。

（4）多时相影像融合。利用传感器在不同时间内对同一地区所产生的影像进行融合，以达到增强影像、变化检测应用的目的。

3.2.3 影像质量评价方法

对遥感影像融合增强成果质量评价方法，主要分为两类：

1. 目视定性评价

目视定性评价实际上是将单幅影像的目视评价标准运用到两幅影像的比较。一般认为目视评价因人而异，没有统一的标准。

由于遥感影像具有科学与艺术的双重色彩，其处理目标也具有科学和审美的双重目标，处理成果的评价也有其科学指标和审美指标。当人们谈论影像的目视评价没有标准的时候，实际上是指影像的审美指标，而不是指其科学指标，审美标准主要用影像的几个基本目视特征来衡量，即影像的色彩、层次、细节的丰富程度和清晰程度，确实因人而异。这一标准虽然是定性的，但不能因为是定性的就弃而不用，最终把目视评价变成毫无标准可言的不评价。

实际上，这些定性指标分别有其对应意义：色彩对应着光谱信息，层次对应着边缘信息、细节对应着纹理信息等影像特征。对影像的色彩、层次、细节等影像质量指标的目视评价过程也就是对影像特征的目视分析过程。而这正是影像处理的一个基本应用目标——有利于影像的目视分析。因此，将这些指标作为目视评价的指标是合适的。

当把单幅影像处理质量的上述评价指标应用到融合前后两幅影像的对比分析时，就成为融合效果评价的一个目视标准：融合后的影像其色彩、层次、细节的丰富程度和清晰程度是否改变了，是朝着提高的方向改变，还是朝着降低的方向改变？这一评价标准较之单幅影像其操作性更强，结论会更一致。

事实上，影像质量的定量评价方法也是依据色彩、层次、细节等目视评价标准仰仗的基本特征展开的，因此，目视评价标准能够很好地与定量评价标准衔接，目视评价的结果应该与定量评价的结果一致，目视评价应能预知定量评价的成果，也能对融合成果的定量应用效果做出定性的推断。

2. 统计定量评价

与目视评价一样，融合效果的定量评价指标是从单幅影像特征评价指标扩展而来。要弄清楚影像融合的评价指标，首先得弄清楚单幅影像特征的评价指标。

一般来说，单幅影像整体信息的丰富程度，用熵、联合熵度量；色调（光谱）的丰富程度可以通过像元、波段之间的相关性指标——相关系数、方差、均方差、协方差、均值等衡量；层次（边缘）、细节（纹理）和影像的清晰程度可以用平均梯度等衡量。

比较融合前后影像各自指标的差异，就能对光谱（色调）信息、边缘（层次）信息、纹理（细节）信息的变化方向进行分析。

在当前的融合研究中，光谱保持作为一个重要目标得到广泛研究。因此，融合效果评价，扩展了单幅影像的评价标准，引入了两幅影像的偏差、相对偏差、协方差、标准偏差、相关系数等指标。直接计算这些指标，可以判断融合前后遥感影像的光谱特征保持效果。

上述融合效果评价指标都有相应的计算方法，这里就不再赘述。

值得指出的是，由于融合效果采用的评价指标多为影像的统计指标，评价结果与样本（影像）大小和质量相关，即使融合效果很好也只能说明该融合方法适合实验数据，并不代表该融合方法的普适性，也不能代替对融合方法的全面评价。

3.3　基于光谱融合的真彩色影像增强技术及影像质量评价

由于国产卫星遥感数据波段较少，一般只有近红外、红、绿、蓝四个多光谱波段，导致彩色合成影像的波段组合方式有限。在影像彩色合成的各种组合方式当中，虽然真彩色影像的色彩表达自然，地物细节和纹理信息丰富，对生产建设项目扰动地表、裸露土壤、裸露岩石、建筑物等目标地物较其他彩色合成具有明显的优势，但是真彩色影像的固有缺陷和外在缺点严重影响了其应用效果。直接采用传统直方图调节等一般增强技术可以在一定程度上改善其不足，但难度大，效率低，且与操作人员的经验和认知有很大关系，真正地克服其固有缺陷则几乎不可能。因此，如何获取色彩协调、层次分明、细节丰富的真彩色增强影像成为后续影像处理的一个关键步骤。

针对生产建设项目监管中对彩色影像的应用需求，迫切需要提供一类改善真彩色遥感影像数据结构、植被光谱响应特征，降低真彩色影像增强处理难度，提高影像增强处理效

率，改善真彩色影像中裸露岩石、裸露土壤、植被、水体、生产建设项目扰动地表等地物影像特征色彩与地物地面实际色彩的一致性，提高真彩色卫星遥感影像的解析力的简便技术方法，为遥感影像定量分析提供光谱融合数据，为遥感影像解译分析提供优良的真彩色影像底图，为专家和大众、目视分析用户和定量解析用户等不同的真彩色遥感影像用户及计算机网络平台、手机平台、GPS 平台、打印机输出平台等不同的真彩色遥感影像应用平台提供一种新选择，推动国产卫星遥感影像商业化、大众化及遥感技术的普及应用。

对于多光谱数据而言，传统光谱增强方法侧重于遥感影像增强的外在效果，多采用人机交互方式实现，其成果一般不适用于光谱定量分析应用。融合增强方法一般具有明确的算法，适于计算机自动处理，增强成果也有利于后续的光谱定量分析应用。针对卫星遥感应用对影像增强的具体需求，通过开展大量研究和试验，逐渐形成了一种基于光谱融合的真彩色影像增强技术。该技术实现了将多光谱遥感影像的近红外波段信息融合到真彩色影像的红、绿、蓝三个波段中，从而达到原始真彩色影像信息量增加和数据结构优化的目的，适用于所有的常用多光谱卫星遥感影像。增强后的真彩色影像亮度标准差明显扩大、信息熵增加、平均梯度增大、波段相关系数降低，减少了波段间的信息冗余，优化了影像数据结构，增强了影像信息量、层次感和清晰度，能有效解决真彩色影像地物特征差异不明显、季相特征不一致等问题。

3.3.1　基于光谱融合的真彩色影像增强算法

真彩色影像增强算法针对真彩色组合影像各波段之间的相关性高，信息冗余量大等结构缺陷，引入外部增强源近红外波段作为增强处理的数据源，对真彩色组合影像进行光谱波段融合增强。针对传统增强技术不利于后续定量分析应用，直接应用现有融合方法又容易造成水域等特征地物自然色不自然、真彩色不真实的缺点。基于光谱融合的真彩色影像增强算法借鉴 IHS 等图像融合方法的表达形式，设计了一个基本增强算子 k_1。针对真彩色影像层次感不强、清晰度不高、植被等特征地物自然色不自然、真彩色不真实等外在缺陷，参照传统增强技术中的分段线性拉伸的核心思想，设计了一个用于影像特征选择的增强算子 k_2。同时，为了消除特征选择造成的影像噪声增加，设计了一个用于影像色彩平滑的增强算子 k_3。最终，通过计算光谱综合补偿系数，获得光谱融合成果。

基于光谱融合的真彩色影像增强通过以下的技术方案实现：对于一幅具有近红外波段（NIR 波段）、红波段（R 波段）、绿波段（G 波段）、蓝波段（B 波段）的多光谱遥感影像，依次计算真彩色波段组合强度 I、近红外波段强度与真彩色波段组合强度 I 的强度比值 R、归一化植被指数 NDVI，然后根据强度比值 R 建立一个基本增强算子 k_1，根据 NDVI 建立一个特征选择算子 k_2 和一个特征平滑算子 k_3，k_1、k_2 和 k_3 的乘积构成光谱综合补偿系数 S，然后将影像中各波段值均乘以 $(1+S)$，则得到的结果即为各波段融合后的结果。各算子计算方法如下：

（1）真彩色波段组合强度为

$$I=\frac{b_R+b_G+b_B}{3} \tag{3.1}$$

式中　I——真彩色波段组合强度；

b_R——多光谱影像红光波段强度；

b_G——多光谱影像绿光波段强度；

b_B——多光谱影像蓝光波段强度。

（2）强度比值为

$$R=\frac{b_{NIR}}{I} \tag{3.2}$$

式中 R——近红外波段强度与真彩色波段组合强度 I 的比值；

b_{NIR}——多光谱影像近红外波段强度；

I——真彩色波段组合强度。

（3）归一化植被指数为

$$NDVI=\frac{b_{NIR}-b_R}{b_{NIR}+b_R} \tag{3.3}$$

式中 NDVI——归一化植被指数；

b_{NIR}——多光谱影像近红外波段强度；

b_R——多光谱影像红光波段强度。

（4）基本增强算子为

$$k_1=R-c_1 \tag{3.4}$$

式中 k_1——基本增强算子；

R——近红外波段强度与真彩色波段组合强度 I 的比值；

c_1——R 的一个特征值。

（5）特征选择算子为

$$k_2=\delta \tag{3.5}$$

式中 k_2——特征选择算子；

δ——当 NDVI 的值大于植被与非植被的分类阈值 c_2 时，则 δ 取值为 1，否则 δ 取值为 0。

（6）特征平滑算子为

$$k_3=NDVI \tag{3.6}$$

式中 k_3——特征平滑算子；

NDVI——归一化植被指数。

3.3.2 增强后影像质量定性评价

下面分别利用国产 GF-1、GF-2 和 ZY-3 卫星遥感影像为例，开展基于光谱融合的真彩色影像增强试验，并通过目视对比分析增强前、增强后的真彩色遥感影像以及典型地物的影像特征，定性评价遥感影像真彩色增强效果。通过采用国产卫星多光谱遥感影像进行增强实验和对比分析，基于光谱融合的真彩色影像增强效果主要表现在以下几个方面：

（1）优化影像数据结构，降低波段相关性，增强影像地物层次感、亮度和清晰度，扩大地物影像特征差异。通过利用近红外波段信息，对原始真彩色影像组合的三个可见光波段（红波段、绿波段、蓝波段）进行光谱融合信息增强，能够有效地优化真彩色影像三个可见光波段的数据结构，降低可见光影像数据之间的相关性，增强真彩色遥感影像的亮度

和标准差，提升遥感影像的清晰度，扩大地物的影像特征差异，增强真彩色遥感影像中各类地物的层次感和信息丰富度（附图 3）。

（2）改善原始真彩色遥感影像蓝波段容易受到大气中水汽干扰的缺陷，使蓝波段的亮度值接近实际地物实测光谱值，增强地物影像光谱与实测光谱的一致性（附图 4）。

（3）能够有效增强真彩色遥感影像的植被信息，优化植被光谱响应特征，减弱植被季相特征和区域特征，改善水体的影像特征和显示效果，通过实现对真彩色影像的亮度、清晰度和层次感的增强，达到增大植被、水体、阴影的影像特征差异的作用，从而解决真彩色遥感影像中植被、水体、阴影影像特征总体暗淡导致难以目视识别的难题，使地物色彩显示自然且特征差异明显（附图 5）。

（4）增强后的真彩色遥感影像在保持高亮地物的亮度、光谱、色彩和纹理特征的同时，通过提高植被等低亮度地物的影像亮度和层次感，扩大低亮地物的影像特征差异，达到植被、水体、建筑物、生产建设项目扰动地表、裸露土壤、裸露岩石等不同类型的地物影像特征和谐统一、层次分明、细节丰富、特征各异、色彩自然符合人的视觉习惯的目的（附图 6）。

（5）利用遥感影像的全色波段对真彩色影像进行空间增强，既能提高真彩色遥感影像对目标地物的空间识别能力，丰富目标地物的纹理和空间细节信息，又能保留真彩色增强影像优异的色彩信息，得到的遥感影像纹理和细节信息量大，色彩丰富、层次清晰、边界明显且符合人的视觉习惯。空间增强后的真彩色遥感影像特别是针对生产建设项目扰动地表、渣料场、挖填边坡及其水土保持措施的信息识别能力有很大改善（附图 7）。

3.3.3 增强后影像质量定量评价

1. 定量评价指标体系

本试验采用均值、标准差、信息熵、平均梯度和相关系数五个指标，对经光谱融合增强后的真彩色遥感影像质量进行定量评价。

（1）均值。均值是遥感影像各波段像素的灰度平均值，为各波段的平均亮度。如果影像均值适中，则视觉效果良好。

$$\overline{\mathrm{DN}} = \sum_{i=1}^{n} i p_i \tag{3.7}$$

式中 p_i——$\mathrm{DN}=i$ 的概率；

n——某影像波段总像素个数。

（2）标准差。标准差反映了影像像素灰度相对于灰度均值的离散状况，标准差越大，灰度分布越分散，影像所包含的信息量越大。

$$D_\sigma = \sqrt{\frac{1}{n}\sum_{i=1}^{n}(\mathrm{DN}-\overline{\mathrm{DN}})^2} \tag{3.8}$$

式中 $\overline{\mathrm{DN}}$——影像某波段的均值；

D_σ——影像某波段的标准差。

（3）信息熵。信息熵是衡量遥感影像信息量的指标。根据 Shanon 信息理论，影像信息熵计算为

$$EN = -\sum_{\text{min value}}^{\text{max value}} p_i \log p_i \tag{3.9}$$

式中　EN——影像信息熵；

min value——像素的最小值；

max value——像素的最大值。

(4) 平均梯度。平均梯度能够敏感地反映遥感影像对微小细节反差的表达能力，梯度值越大则影像反差越大，影像对比度越大，影像越清晰。

$$g = \frac{1}{(m-1)(n-1)} \sum_{i=1}^{(m-1)(n-1)} \sqrt{\frac{[\Delta F_x(x,y)/\Delta x]^2 + [\Delta F_y(x,y)/\Delta y]^2}{2}} \tag{3.10}$$

式中　g——影像平均梯度；

m、n——影像的宽和高；

$\frac{\Delta F_x(x,y)}{\Delta x}$——影像对 x 偏导；

$\frac{\Delta F_y(x,y)}{\Delta y}$——影像对 y 偏导。

(5) 相关系数。相关系数能反映各波段遥感影像特征的相似程度，相关系数越小，则波段之间的相似程度越小，信息冗余越少，信息量越大。

$$\rho = \frac{\sum_{x=1}^{m}\sum_{y=1}^{n}(DN_{bi} - \overline{DN_{bi}})(DN_{bj} - \overline{DN_{bj}})}{\sqrt{\sum_{x=1}^{m}\sum_{y=1}^{n}(DN_{bi} - \overline{DN_{bi}})^2 \sum_{x=1}^{m}\sum_{y=1}^{n}(DN_{bj} - \overline{DN_{bj}})^2}} \tag{3.11}$$

式中　ρ——影像 bi 波段与 bj 波段的相关系数；

DN_{bi}、DN_{bj}——bi 波段与 bj 波段影像的像素值；

$\overline{DN_{bi}}$、$\overline{DN_{bj}}$——bi 波段与 bj 波段影像的像素平均值；

m、n——影像的宽和高。

2. 影像质量定量评价

为了客观评价基于光谱融合的真彩色影像增强效果，在考虑不同地域对基于光谱融合的真彩色增强技术的影响基础上，限于篇幅，本部分的定量评价实验在目视定性评价的影像中选取了三景 GF－1、GF－2 影像，分别为 2016 年 5 月 8 日北京怀柔地区的 GF－1_PMS1（8m 分辨率）多光谱数据［附图 5（b）］、2016 年 3 月 30 日云南牟定地区的 GF－1_PMS2（8m 分辨率）多光谱数据（附图 4）、2016 年 8 月 4 日宁夏吴忠地区的 GF－2_PMS2（4m 分辨率）多光谱数据［附图 5（d）］。定量评价主要采用均值、标准差、信息熵、平均梯度和相关系数五个指标，对经光谱融合增强后的真彩色遥感影像质量进行定量评价。

三景增强后真彩色影像的视觉效果和定量评价指标参数均大幅优于增强前的遥感影像（表 3.4）。其中，在相关性方面，相比原始真彩色影像，光谱融合增强后的真彩色影像各波段相关性显著减小。其中，北京怀柔红、绿、蓝三个波段的相关系数均值由原始影像的 0.94 降为增强后的 0.65，云南牟定的影像由 0.94 降为 0.78，宁夏吴忠的影像由 0.97 降为 0.80。增强后的影像在影像信息量增加的同时，大幅度减小了波段间信息冗余，优化

了影像数据结构、增强了影像色彩层次感，色彩显示自然符合人的视觉，提高了影像对不同地物可辨识能力。

表 3.4　增强前、后真彩色影像质量定量评价

影像源	波段组合		影像亮度		信息熵		平均梯度（7×7）		相关系数均值
			均值	标准差	波段熵	联合熵	波段值	平均值	
GF-1_PMS1（8m分辨率）北京怀柔	原始影像	red	288	72	0.43	10.00	1.44	1.11	0.94
		green	349	55	0.82	10.25	1.15		
		blue	335	45	0.52	9.76	0.73		
	增强影像	red	624	107	1.15	10.58	2.43	1.80	0.65
		green	763	83	0.54	10.86	2.24		
		blue	335	45	0.52	10.99	0.73		
	指标改善/%			36.63	24.86	8.06		62.16	−30.85
GF-1_PMS2（8m分辨率）云南牟定	原始影像	red	220	72	0.35	9.43	1.53	1.17	0.94
		green	253	57	0.19	9.66	1.23		
		blue	239	44	0.10	9.03	0.74		
	增强影像	red	508	125	1.19	10.49	2.80	2.03	0.78
		green	590	97	0.93	10.33	2.54		
		blue	239	44	0.10	10.33	0.74		
	指标改善/%			53.76	246.88	8.80		73.50	−17.02
GF-2_PMS2（4m分辨率）宁夏吴忠	原始影像	red	402	159	1.34	10.77	2.08	1.70	0.97
		green	446	122	1.28	11.01	1.73		
		blue	503	110	0.96	10.31	1.3		
	增强影像	red	797	218	1.90	10.60	3.31	2.49	0.80
		green	903	157	1.45	11.59	2.86		
		blue	503	110	0.96	11.26	1.30		
	指标改善/%			24.04	20.39	4.24		46.47	−17.53

注　评价指标“联合熵”中，按顺序为 red～green，red～blue，green～blue。

由表 3.4 可知，与原始真彩色影像相比，增强后的北京怀柔、云南牟定和宁夏吴忠地区的 GF-1 卫星 PMS 和 WFV 传感器与 GF-2 卫星 PMS 传感器的真彩色影像红、绿、蓝三个可见光波段的标准差分别提高 36.63%、53.76%和 24.04%，影像层次感更突出，不同地物的影像特征差异更明显；三个可见光波段的信息熵平均提高 24.86%、246.88%和 20.39%，波段联合信息熵提高 8.06%、8.80%和 4.24%，真彩色影像的信息量更加丰富；平均梯度（7×7）值提高 62.16%、73.50%和 46.47%，影像更清晰，地物的纹理细节更突出，影像层次更分明。

基于以上分析评价可知，基于光谱融合的真彩色影像增强技术是一种优异的遥感影像增强技术，采用该技术增强后的真彩色遥感影像可广泛地应用于各行各业的卫星遥感应用工作当中。

3.3.4 增强影像特点分析

利用基于光谱融合的真彩色影像增强技术增强后的真彩色影像地物信息丰富、层次分明、细节突出、色彩自然，符合人的视觉习惯，能够突出植被、建筑物、生产建设扰动、水体、岩石和土壤等目标对象的影像特征，可作为生产建设项目水土保持“天地一体化”监管等遥感应用工作的基础遥感影像，用于遥感解译标志建立、生产建设项目识别、遥感解译分析和成果制图等工作。经分析，真彩色增强影像主要具有以下几个方面的特点或优点：

（1）提高了真彩色影像的信息量。对于仅具有近红外、红、绿、蓝波段的卫星遥感影像，由于其缺少“热度”信息，较之TM、ETM一类的数据的“热度、亮度、绿度、湿度”四维结构少一维，只有“亮度、绿度、湿度”的三维结构，并且其真彩色组合的三个可见光波段（红波段、绿波段、蓝波段）之间相关性很高，信息冗余量很大，信息不丰富。基于光谱融合的真彩色影像增强技术的融合对象为多光谱数据，融合层次为特征级融合，融合方法为基于色彩空间理论的融合方法与基于统计分析的四则运算融合方法的综合，同时借鉴了常规增强处理中的分段线性增强的思想。同时，考虑到近红外波段与红、绿、蓝三个波段的相关性都很低，其信息有很大的独立性，因此基于光谱融合的真彩色影像增强技术以近红外波段为增强处理的数据源，设计了物理意义明确的基本增强算子、特征选择算子和特征平滑算子，对真彩色影像进行有选择的特征融合增强，方法简单，运算快捷，适用于所有具有近红外、红、绿、蓝四个光谱波段的多波段卫星遥感影像，特别是适用于国产卫星遥感多光谱影像，也适用于通过各种几何增强融合方法［如主成分分析（PCA）、傅里叶变换（FFT）、小波（Wavelet）变换、Gram-Schmidt变换、Curvelet变换］得到的近红外、红、绿、蓝多波段卫星影像。

（2）缓解了蓝波段因受大气中水汽的干扰，造成的整体影像偏蓝的现象。真彩色影像由于蓝波段很容易受到大气中水汽的干扰，使其获得的地物光谱不稳定，根据相关研究，蓝色波段的亮度值较实际地物实测光谱值偏大，导致影像蒙上一层蓝色，使得整体影像偏蓝。同时影像的植被总体暗淡，而有些地物如建筑物、裸露岩石和土壤、生产建设项目等地物的镜面反射强烈，亮度很高，暗淡地物与高亮地物两者形成强烈反差，影像色彩与地物实际色彩一致性较差，一些特征地物自然色不自然，真彩色不真实。基于光谱融合的真彩色影像增强技术所得到的增强成果为光谱融合影像，增强效果显著，有效改善了真彩色影像数据结构，提高了真彩色影像的清晰度、层次感、色彩平衡性和信息丰富度。

（3）既提升了影像整体特征，又保证了局部细节特征。真彩色影像的波段特征和地物结构特征，决定了直接用传统的增强技术如直方图调节等进行处理很容易顾此失彼。在整体特征差异增强时，某些局部特征差异可能因增强而消失了；增强了暗淡地物，则损失了高亮地物的细节；保留了暗淡地物的细节，又会造成暗淡地物的混沌不清。在整体特征差异增强的同时能否保持局部细节特征，传统理论和一些成熟的应用软件提供了分段线性拉伸思路和手段，但处理难度大。因而一般的真彩色影像处理，主要还是以保留暗淡地物为主，实际上是不作过多的影像增强，增强效果有限。基于光谱融合的真彩色影像增强技术通过光谱补偿运算，对真彩色组合影像进行特征融合增强，且与融合增强前的影像相比，改善了其数据结构，降低了其后处理的难度，大大提高了其处理效率。

（4）提升了真彩色影像的可辨识度、拓展了应用范围。基于光谱融合的真彩色影像增

强所得融合结果既可以进一步通过常规图像处理（如直方图调节）获取优质真彩色影像，为遥感影像目视解译提供优良的真彩色影像底图，也可以为真彩色影像的定量分析提供光谱融合数据，有利于进一步通过光谱分析定量获取多种专题信息。从应用角度而言，真彩色影像增强技术拓展了卫星遥感真彩色影像目视分析和定量分析等多目标应用空间，为专家和大众、目视分析用户和定量解析用户等不同的遥感影像用户，为计算机网络平台、手机平台、GPS平台、打印机输出平台等不同的遥感影像应用平台提供一种新选择，有助于推动遥感影像商业化、大众化应用及遥感技术的普及应用，特别是能够有效推动国产卫星数据的广泛应用。

3.3.5　影像增强模块构建

本书针对大范围数据处理推荐了真彩色影像的光谱增强和几何增强方案，但真彩色影像增强用于其他多种情况时，不必拘泥于推荐方案。按照几何-多光谱联合增强的策略，至少有先光谱增强后几何增强、先几何增强后光谱增强的两种方案。仅就ENVI平台的几种融合增强方法而言，光谱增强有Brovey、HIS、Gram－Schmidt、PC等多种方法，而几何增强除了可以用上述方法之外，还有CN（多波段的Brovey方法）可以选择。这样在增强策略与增强方法之间，存在这很多种组合应用，可选方案十分丰富。

为了方便选择真彩色增强技术应用，结合ENVI二次开发平台，进行了真彩色增强插件开发。该插件程序采用IDL语言编写，具有强大的数组处理能力，并且有很好的平台可移植性，可以在Windows、Tiger、UNIX等操作系统平台下运行。其结构、功能、开发要点简要介绍如下：

1. 模块结构

真彩色影像增强模块包括多光谱影像谱间增强、谱宽对应几何增强、几何-多光谱联合增强、几何-多光谱交错增强等一级子模块和影像分块、奇异点分析、影像拉伸、数据类型转换、读数据、写数据、谱间增强、ENVI常用融合方法的调用模块等二级子模块，其结构图如图3.2所示。

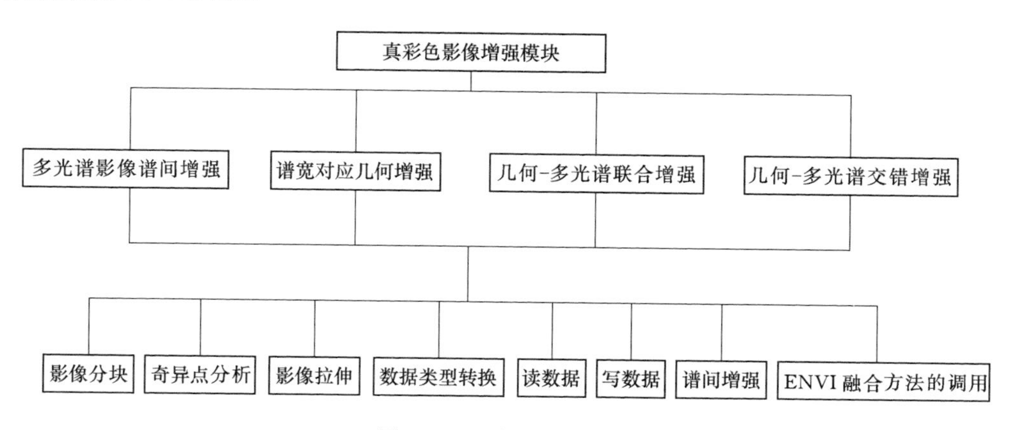

图3.2　程序模块结构图

2. 模块功能简介

真彩色影像增强模块的界面如图3.3所示。其四个子模块间功能如下：

（1）多光谱影像谱间增强模块的功能是增强影像的光谱特征，使影像在真彩色组合的情况下植被、土壤、岩石、水体等大类地物特征清晰。

（2）谱宽对应几何增强模块的功能是增强影像的几何特征，处理常用融合方法——Brovey、CN、HIS、PCA、Gram－Schmidt 等融合失败的数据。

（3）几何-多光谱联合增强模块的功能是同时增强影像的几何特征和色彩特征，某些特殊的数据在采用几何-多光谱联合增强时会出现异常，这时可使用几何-多光谱交错增强进行处理。一般推荐用户使用几何-多光谱联合增强模块进行影像的融合处理。

（4）几何-多光谱交错真彩色影像增强模块的功能是同时增强影像的几何特征和色彩特征，某些特殊的数据在采用几何-多光谱联合增强时会出现异常，这时可使用几何-多光谱交错增强模块进行处理。

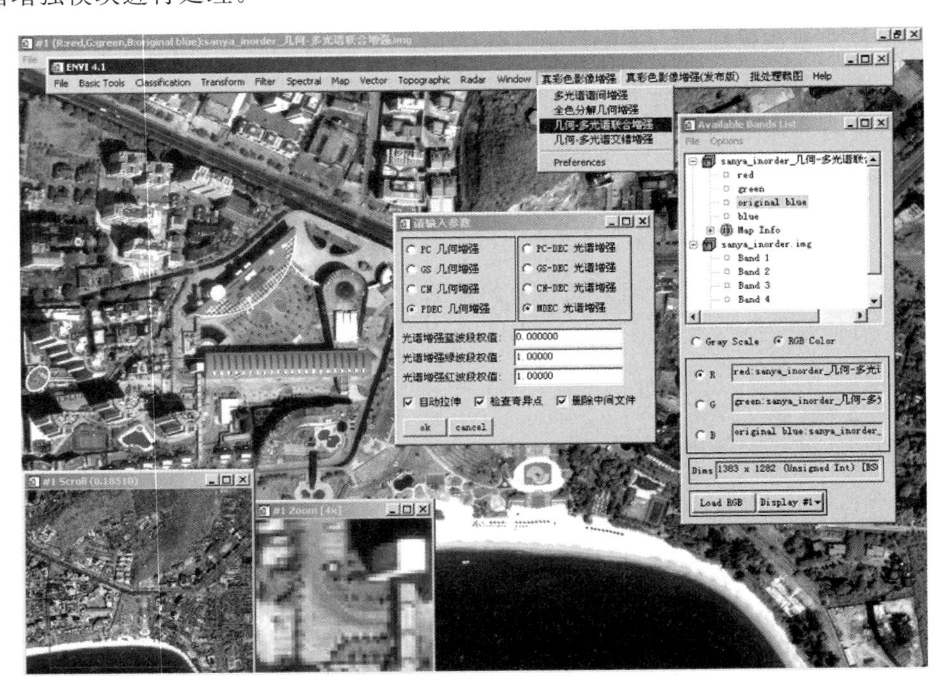

图 3.3　真彩色影像增强模块总体浏览图

3.4　本章小结

本章在详细介绍了 GF－1、GF－2、ZF－3 三种常用国产卫星数据源及其基本特征参数的基础上，分析了国产卫星遥感影像的不同彩色组合方式的优势和不足，指出：原始真彩色影像较其他彩色合成影像的色彩表达自然，地物细节和纹理信息丰富，对生产建设项目扰动地表、裸露土壤、裸露岩石、建筑物等地物目标在遥感影像上的特征信息表达清晰。但真彩色影像有波段相关性高，信息冗余量大，地物层次不分明，部分地物（植被、水体、阴影）的亮度和清晰度不高，不易区分，造成原始真彩色遥感影像难以直接进行典型地物遥感分析与信息提取。

针对卫星遥感应用对影像增强的具体需求和原始真彩色影像的不足和缺陷，研究团队通过开展大量研究和试验，提出了一种基于光谱融合的真彩色遥感影像增强技术，实现了将多光谱遥感影像的近红外波段信息融合到红、绿、蓝三个波段中，从而达到增加原始真彩色影像信息量和优化数据结构的目的。该技术适用于所有的常用多光谱卫星遥感影像，增强后的真彩色影像各波段之间的相关系数降低，减少了波段间的信息冗余，优化了影像数据结构，增强了影像信息量、层次感和清晰度，能有效解决真彩色影像地物特征差异不明显、季相特征不一致等问题。增强后的真彩色遥感影像在保持裸露岩石、土壤等高亮地物的亮度、光谱、色彩和纹理特征的同时，通过提高植被等低亮度地物的影像亮度和层次感，扩大低亮地物的影像特征差异，达到植被、水体、建筑物、生产建设项目扰动地表、裸露土壤、裸露岩石等不同类型的地物影像特征和谐统一、层次分明、细节丰富、特征各异、色彩自然、符合人的视觉习惯的目的，增强后的真彩色影像可作为生产建设项目水土保持"天地一体化"监管工作的基础影像，用于遥感解译标志建立、生产建设项目识别、遥感解译分析和成果制图等工作。

基于光谱融合的真彩色影像增强技术适用于不同多光谱数据源、不同区域、不同时相的卫星遥感数据，适用范围广泛，应用效果佳。该技术拓展了卫星遥感真彩色影像目视分析和定量分析等多目标应用空间，为专家和大众、目视分析用户和定量解析用户等不同的遥感影像用户，为计算机网络平台、手机平台、GPS平台、打印机输出平台等不同的遥感影像应用平台提供一种新选择，有助于推动遥感影像商业化、大众化应用及遥感技术的普及应用，特别是能够有效推动国产卫星数据的广泛应用。

本章参考文献

[1] 陈春华，苏逸平，邹崇尧. WorldView-2遥感影像融合方法实验研究[J]. 地理空间信息，2013，11(6).

[2] 陈冬林，李勤爽. 知识型遥感图像光谱特征融合探讨[J]. 遥感信息，2001(2).

[3] 陈述彭，鲁学军，周成虎. 地理信息系统导论[M]. 北京：科学出版社，1999.

[4] 陈述彭，赵英时. 遥感地学分析[M]. 北京：测绘出版社，1990.

[5] 戴昌达，姜小光，唐伶俐. 遥感图像应用处理与分析[M]. 北京：清华大学出版社，2004.

[6] 戴昌达，雷莉萍. TM图像的光谱信息特征与最佳波段组合[J]. 中国遥感卫星地面站第二届用户会议论文集，1994.

[7] 党安荣，王晓栋，陈晓峰，等. ERDAS IMAGINE遥感图像处理方法[M]. 北京：清华大学出版社，2003.

[8] 邓磊，李京，陈云浩，等. 几种小波融合方法在遥感影像融合中的应用与比较[J]. 遥感应用，2007(6).

[9] 樊旭艳，付春龙，石继海，等. 基于主成分分析的遥感图像模拟真彩色融合法[J]. 测绘科学技术学报，2006(4).

[10] 韩玲，吴汉宁. 像素级多源遥感影像信息融合的客观分析与质量评价[J]. 遥感信息，2005(5).

[11] 胡娟，熊康宁，安裕伦，等. CBERS02数据在喀斯特石漠化遥感调查中的应用[J]. 贵州师范大学学报(自然科学版)，2008，26(2).

[12] 胡珂，陈映鹰. 一种基于特征提取的遥感影像融合法[J]. 山东建筑工程学院学报，2005，20(4).

[13] 李存军，刘良云，王纪华，等．两种高保真遥感影像融合方法比较［J］．中国图象图形学报，2004，9（11）．
[14] 李国，张俊，龚志辉．彩色遥感影像色彩保持直接线性增强方法［J］．地理空间信息，2012，10（5）．
[15] 李均力，毛曦，孙家柄，等．土地利用遥感变化监测中影像融合方法的研究［J］．自然杂志，2004，26（5）．
[16] 廖章志．开发建设项目水土保持遥感监测［J］．水土保持应用技术，2009，48（2）．
[17] 林卉，杜培军，肖剑平，等．利用小波变换进行遥感多光谱图像融合的算法及实现［J］．地球科学与环境学报，2006，28（1）．
[18] 刘超群，余顺超，张广分，等．真彩色增强影像在“天地一体化”监管中的应用［J］．中国水土保持，2016（11）．
[19] 刘哲，郝重阳，冯伟，等．一种基于小波系数特征的遥感图像融合算法［J］．测绘学报，2004，33（1）．
[20] 陆春玲，王瑞，尹欢．“高分一号”卫星遥感成像特性［J］．航天返回与遥感，2014，35（4）．
[21] 齐清文，裴新富．多源信息的集成与融合及其在遥感制图部的优化利用［J］．地理科学进展，2001，20（1）．
[22] 邱永红，谭永忠，周国华．一种遥感影像裸土地特征增强方法［J］．计算机工程与应用，2012，48（2）．
[23] 唐新明，王鸿燕．资源三号卫星应用分析与展望［J］．航天器工程，2016，25（5）．
[24] 王广杰，周介铭，杨存建，等．基于不同算法的遥感影像融合分析［J］．四川师范大学学报（自然科学版），2011，34（2）．
[25] 王文君，秦其明，陈思锦，等．一种基于特征的遥感影像融合新方法［J］．遥感技术与应用，2004，19（2）．
[26] 翁永玲，田庆久，惠凤鸣，等．IKONOS高分辨率遥感影像自身融合效果分析［J］．东南大学学报（自然科学版），2004，34（2）．
[27] 吴连喜，王茂新．一种光谱保持型的图像融合方法［J］．遥感学报，2004，8（4）．
[28] 夏琴，邢帅，马东洋，等．一种遥感卫星影像的自适应色彩增强算法［J］．测绘科学技术学报，2016，33（1）．
[29] 徐丰，曹宏，廖章志．遥感技术在开发建设项目水土保持监测中的应用——以洪家渡水电站为例［J］．中国水土保持，2008，42（3）．
[30] 徐异凡，杨敏华．GF-2卫星数据影像融合方法的比较研究［J］．国土资源导刊，201613（1）．
[31] 杨雪，魏艳旭，杨丽君．多源空间数据集成与共享探讨［J］．科协论坛，2007（11）．
[32] 余顺超，余文波．高分辨率影像融合及真彩色处理对Landsat ETM＋图像处理的启示［M］//庄逢甘，陈述彭．遥感科技论坛中国遥感应用协会2005年年会论文集．北京：中国宇航出版社，2005．
[33] 岳天祥，刘纪远．多源信息融合数字模型［J］．世界科技研究与发展，2001，23（5）．
[34] 赵景强，张祖敏．Quickbird遥感影像融合技术对比研究［J］．江西测绘，2016（4）．
[35] 周成虎，骆剑承，杨晓梅，等．遥感影像地学理解与分析［M］．北京：科学出版社，1999．
[36] 周嘉男，艾海滨，张力．高分一号遥感影像融合方法比较研究［J］．地理空间信息，2016，14（2）．
[37] 周强，吴一戎，李立钢，等．多源遥感图像融合的数据对象选择［J］．测绘通报，2006（1）．
[38] 周子勇．基于分形信号的高光谱影像增强方法［J］．遥感技术与应用，2011，26（4）．
[39] 朱红，宋伟东，谭海，等．多尺度细节增强的遥感影像超分辨率重建［J］．测绘学报，2016，45（9）．
[40] 朱瑞芳，宋伟东，于欢．多源空间数据的融合技术［J］．辽宁工程技术大学学报，2005，24．

第4章　生产建设项目水土流失防治责任范围矢量化技术

根据水利部办公厅印发的《全国水土保持信息化工作2015—2016年实施计划》（办水保〔2015〕88号）和《全国水土保持信息化工作2017—2018年实施计划》（办水保〔2017〕39号）的总体部署，各流域机构和省级水行政主管部门要组织开展生产建设项目水土保持“天地一体化”监管示范试点及推广应用工作。根据生产建设项目水土保持“天地一体化”监管技术规定和实施方案，“天地一体化”监管包括前期准备、遥感调查、审核入库、成果应用等四个阶段，遥感调查为核心阶段，包括生产建设项目水土流失防治责任范围矢量化、扰动地块或者图斑的遥感解译、扰动合规性初步分析、现场复核和遥感调查结果修正等主要内容，其中防治责任范围矢量化是遥感调查的一个关键环节，是判定扰动合规性的基础。

本章在简要阐述生产建设项目水土流失防治责任范围概念的基础上，重点阐述了防治责任范围矢量化技术流程、要求和主要方法，以及无法精确矢量化的生产建设项目位置及敏感点示意性标示方法，以供各级水行政主管部门开展生产建设项目水土保持“天地一体化”监管工作时参考借鉴。

4.1　防治责任范围的概念

根据《开发建设项目水土保持技术规范》（GB 50433—2008），生产建设项目水土流失防治责任范围（简称防治责任范围）是指项目建设单位依法应承担水土流失防治义务的区域，由项目建设区和直接影响区组成。项目建设区是指开发建设项目建设征地、占地、使用及管辖的地域；直接影响区是指在项目建设过程中可能对项目建设区以外造成水土流失危害的地域。各级水行政主管部门批复的防治责任范围是项目建设单位对生产建设行为可能造成水土流失而必须采取有效措施进行预防和治理的范围，也是各类建设施工活动和扰动影响严格限定的范围或者不允许超出的范围。

项目建设区主要包括项目永久征地、临时占地、租赁土地以及其他属于建设单位管辖范围的土地，需由项目法人对其区域内的水土流失进行预防或治理的范围。其主要特点是必然发生、与建设项目直接相关，在施工过程中必然被扰动或者埋压。项目建设区范围一般包括建（构）筑物占地，施工临时生产、生活设施占地，施工道路（公路、便道等）占地，料场（土、石、砂砾、骨料等）占地，弃渣（土、石、灰等）场占地，对外交通、供水管线、通信、施工用电线路等线型工程占地，水库正常蓄水位淹没区等永久和临时占地面积。改建、扩建工程项目与现有工程共用部分也属于项目建设区。填海造地面积也应计入项目建设区范围，占用海域但不形成陆域的面积则不计入防治责任范围。此外，风沙区为了维护工程安全进行的治沙措施占地，可作为特殊用地计入防治责任范围。

项目建设区需根据整个项目的施工活动来确定，不得肢解转移。建设单位一般不会直接施工，所有的施工均需外委，但防治责任均应由建设单位负责，不能无限转包最终至个人。在外购土、石料时，合同中应予明确水土流失防治责任，并报当地县级水行政主管部门备案。

直接影响区指因项目生产建设活动可能造成水土流失及危害的项目建设区以外的其他区域，其主要特点是由项目建设所诱发、可能加剧水土流失的范围，如若加剧水土流失应由建设单位进行防治的范围。直接影响区一般包括规模较小的拆迁安置和道路等专项设施迁建区，排洪泄水区下游，开挖面下边坡，道路两侧，灰渣场下风向，塌陷区，水库周边影响区，地下开采对地面的影响区，工程引发滑坡、泥石流、崩塌的区域等。

直接影响区需依据区域地形地貌、自然条件和主体工程设计文件，结合对类比工程的调查，根据风向、边坡、洪水下泄、排水、塌陷、水库水位消落、水库周边可能引起的浸渍，排洪涵洞上、下游的滞洪、冲刷等因素，经分析后确定，不应简单外延。当类比工程极少时，直接影响区可参考下列范围研究确定：

线型工程：山区上边坡5m，下边坡50m；桥隧上边坡5m，下边坡8m；管道两侧各5～10m；丘陵区上边坡5m，下边坡20m；风沙区两侧各50m；平原区两侧各2m。

点式工程：有坡面开挖的两侧各2m，塌陷区面积按有关行业技术标准的规定确定。

4.2　防治责任范围矢量化技术流程与要求

4.2.1　防治责任范围矢量化及其技术流程

水土流失防治责任范围图是表达某个生产建设项目水土流失防治责任范围所处地理位置和空间分布的一种图件，是生产建设项目水土保持方案报告书的主要附图之一。2016年以前，对生产建设项目水土流失防治责任范围图没有明确的技术规定和要求，建设单位报给水行政主管部门的防治责任范围图往往只有纸质图件，即使提交电子文档，一般也是PDF或者JPG等栅格/位图文件，上述形式的防治责任范围图成果造成水行政主管部门难以从空间上管理项目，根据水利部办公厅印发的《全国水土保持信息化工作2015—2016年实施计划》（办水保〔2015〕88号），流域管理机构和各省（自治区、直辖市）需选取1个示范县利用高分辨率遥感影像，开展生产建设项目活动遥感调查，将防治责任范围和活动状况在空间上进行对比分析，掌握生产建设项目动态状况。因此，为满足生产建设项目监管示范工作要求，对于历年批复的生产建设项目，需开展防治责任范围图矢量化工作，获取防治责任范围的地理空间位置和分布。为规范后续批复的生产建设项目水土流失防治责任范围电子文件格式和内容，水利部水土保持司制定了《生产建设项目水土流失防治责任范围矢量数据要求（征求意见稿）》（水保监便字〔2016〕第48号），对申请审批的水土保持方案应附的水土流失防治责任范围矢量数据的内容、坐标系统、格式等进行了要求。

所谓防治责任范围矢量化，是指将生产建设项目水土流失防治责任范围图进行空间化和图形化并最终获得具有既定地理空间坐标的防治责任范围矢量图的过程。其中，空间化是指将不具有明显地理空间坐标信息的图件，采用空间定位、地理配准、几何校正等方

法，配准到正确地理位置上并使其具有相应地理空间坐标信息的过程；图形化是指采用人机交互勾绘防治责任范围边界线、利用拐点坐标自动生成防治责任范围折线图或者通过缓冲分析自动生成面状图形，并添加录入相关属性信息的过程。最终获得的防治责任范围矢量图既具有空间图形信息、准确或者示意性的表达防治责任范围或其重要组成部分的地理空间位置和分布信息，也具有对应生产建设项目或者重要组成部分的相关属性信息。

通过对2015—2016年全国生产建设项目水土保持“天地一体化”监管示范工作的总结，可以将防治责任范围图精准矢量化概括归纳为以下四种情况：

（1）防治责任范围图为纸质图或者扫描栅格图，且图上附有防治责任范围边界三个以上拐点的准确坐标值。其矢量化过程比较简单，可以利用GIS软件直接生成由这些拐点构成的多边形或者面状Shapefile格式矢量数据文件，再根据需要进行坐标投影转换，并录入相关属性信息即可（图4-1）。

西乌旗沁旺采砂场储量估算范围
拐点坐标表

拐点 编号	X	Y
1	4959340.00	20610115.00
2	4959660.00	20610015.00
3	4959620.00	20609910.00
4	4959295.00	20609995.00

图4.1　利用拐点坐标信息直接生成防治责任范围矢量图示例

（2）防治责任范围图为纸质图或者扫描栅格图，且图上有足够多具有地理空间信息的明显地物点或者特征点。例如，图上有许多公里网交叉点且可以得知这些公里网交叉点的坐标值，或者有道路交叉点、道路与河流交叉点、河流汇流点、建筑物角点、城市街道交叉点等明显特征点，或者有城市街道名称和街道边界线等明显特征地物。这几种情况下防治责任范围图也可以矢量化，但其矢量化过程比较复杂，包括扫描、初步定位、地理配准、防治责任范围边界勾绘、坐标转换、属性信息录入等多个步骤。

（3）防治责任范围图为DWG或DXF格式的CAD矢量图，且具有准确地理坐标信息，或者其底图为具有明显坐标值的地形图。其矢量化过程较简单，包括格式转换、坐标转换、属性信息录入等步骤（图4.2）。

（4）防治责任范围图为CAD矢量图，但没有准确地理坐标信息，底图也不是具有明显坐标值的地形图，但底图（如遥感影像图或者其他地图）上有明显地物点、特征点或地名（如村名、街道名、河流名、山名等）。其矢量化过程比较复杂，需要先将防治责任范围CAD矢量图与其底图一起进行栅格化，然后再按照上述第（2）种情况所列步骤进行处理。

上述四种情况均属于防治责任范围能够精准矢量化的情况，其一般技术流程如图4.3所示，可能包括扫描、栅格化、初步定位、精确配准、边界勾绘、自动生成矢量图、格式

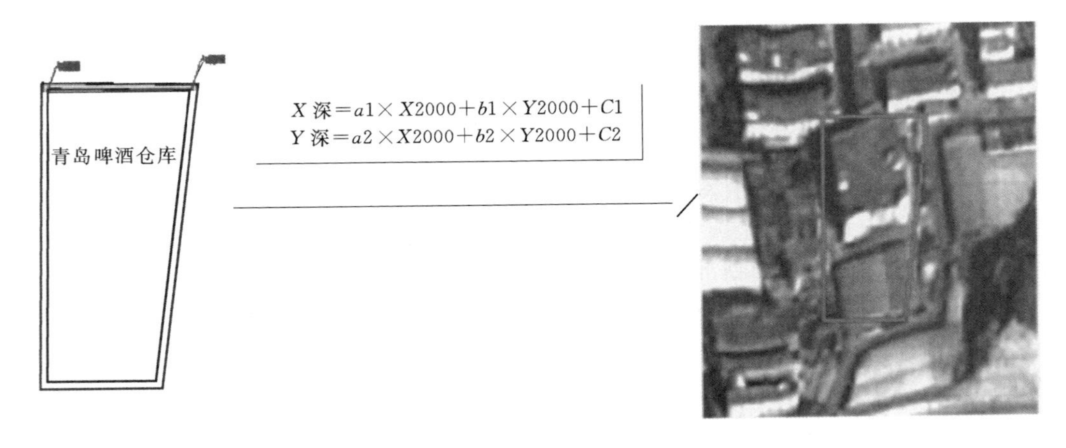

图 4.2　带坐标信息的 CAD 防治责任范围图矢量化示例

转换、坐标转换、属性信息录入等步骤。不同情况下其矢量化过程有所区别，具体如图 4.3 所示，具体矢量化方法与操作步骤见 4.3 节内容。

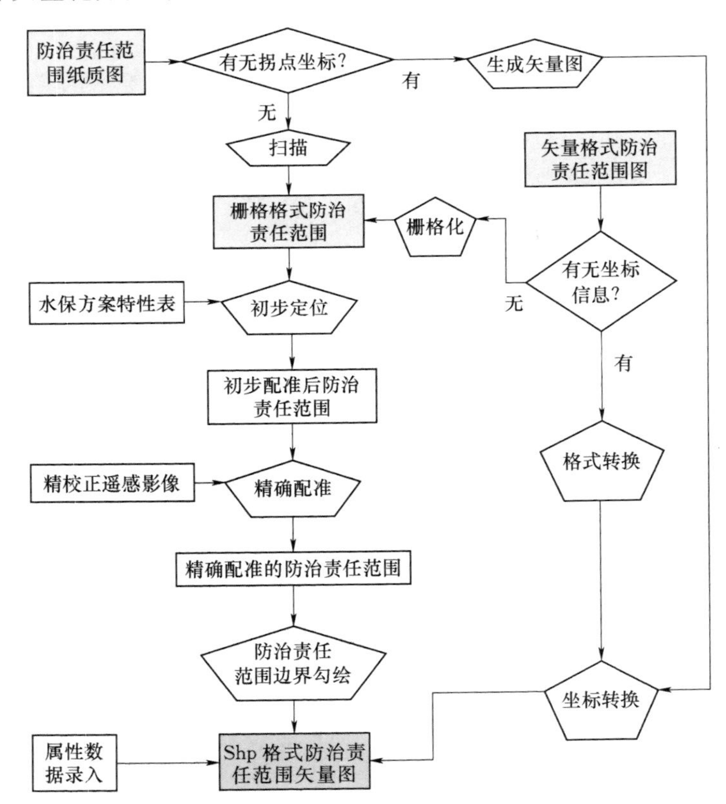

图 4.3　防治责任范围图矢量化技术流程

需要说明的是，第（2）和（4）种情况下，可以采用以下三种途径获得明显地物点或者特征点的准确地理坐标信息：一是基于地形图获得，通过对地形图进行校正或者地理空间配准到正确地理位置上，就可以获得这些点的准确地理坐标信息；二是基于遥感影像获

得，既可以在具有准确地理空间坐标的遥感影像图（包括谷歌地图、高德地图、百度地图等平台上的遥感影像或者自行收集的遥感影像）上直接找到这些点的同名点来获得坐标信息，也可以用具有准确地理空间坐标的遥感影像对防治责任范围图进行空间配准，然后再获得这些点的准确坐标信息；三是利用GPS等工具现场测得这些点的准确地理坐标信息。在实际工作中，为提高工作效率和节省成本，尽可能采用途径一或者途径二来获得这些特征点的地理坐标信息，只有在采用途径一和途径二都无法获得特征点准确坐标信息的情况下，才使用途径三。

通过精准矢量化后获得的防治责任范围矢量图，可以用于与扰动图斑矢量图进行空间叠加分析，并可比较准确地判定其扰动合规性。此外，还有一些生产建设项目的防治责任范围图很不规范，没有任何地理坐标信息，也没有任何明显地物或者特征点，对于这种情况，无法将防治责任范围精准矢量化，只能进行示意性标示或者上图，其结果只能用于粗略分析项目或者敏感区域的合规性，而不能作为监管的直接依据。示意性标示的具体方法参见4.4节内容。

4.2.2 防治责任范围矢量化技术要求

生产建设项目水土流失防治责任范围矢量化的总体技术要求包括以下四个方面。

1. 数据内容要求

防治责任范围矢量化的成果是防治责任范围矢量图，因此数据内容要求就是对防治责任范围矢量图或矢量数据的要求，包括对空间图形数据要求和属性数据要求。

（1）空间图形数据要求。主要包括：①一致性，即勾绘或者生成的矢量边界必须与水土保持方案中的水土流失防治责任范围图边界保持一致；②完整性，即应完整勾绘或者生成项目各个组成部分的边界，应注意不要遗漏离主体工程较远的一些临时工程的边界勾绘，如取土场、施工临时道路等；③面状化，每个生产建设项目的水土流失防治责任范围矢量图都是由一个或者多个面状图形构成的，均存储在一个面状Shapefile文件中，包括线型工程面状化勾绘，即对于主体设计只有线路走向单线图的线型工程，要求以该线路走向单线为中心轴线、以设计扰动宽度为缓冲距离，通过缓冲区分析方法来生成平行条带多边形或“面”状图形，不能简单地勾绘成一条线；④弃渣场单独勾绘，即对于各个弃渣（砂、石、土、矸石、尾矿、废渣）场，如果有明确边界，无论是否与其他组成部分相邻，均要求单独勾绘成一个多边形或者“面”状图形；⑤面状工程不确定边界，即对于不能确定具体边界的面状临时工程或者组成部分，如取土场、弃渣（砂、石、土）场、施工营地等，可以用一个圆、长方形或者正方形等规则面状图形来示意性勾绘，勾绘的面状图形其面积要与该临时工程或者组成部分的设计面积一致，其空间位置也要与报告书保持基本一致；⑥线状工程不确定边界，即对于不能确定具体边界的线状临时工程或者组成部分，如施工便道等，可以用一个条带多边形或面状图形示意性勾绘，其位置、走向和面积均要与报告书中的设计保持基本一致。

（2）属性数据要求。主要包括：①防治责任范围矢量图的属性数据应包括生产建设项目的编码、名称、组成部分、面积、备注等相关属性数据。②项目编码字段要填写生产建设项目的正式编码，即生产建设项目在申报水土保持方案时行政受理大厅正式受理时给予的编码，每个生产建设项目的编码是唯一的，对于以前没有正式编码的生产建设项目，由全国水土保持监督管理系统自动生产唯一的编码，该字段作为主键和外键，用于与生产建设项目水土保持方案其他相关属性数据表进行关联；③项目名称字段要填写水土保持方案批复文件中的生产建设项目正式名称；④组成部分要填写项目各个组成部分的名称，如“路基区”“桥梁区”“施工便道区”“取土场”“弃渣场”“尾矿库”“储灰场”等，若某个组成部分由多个多边形或者面状图形表示，则应进行编号，例如“弃渣场 1 号”“弃渣场 2 号”；⑤面积要填写该多边形表示的相应组成部分的设计面积值，单位为公顷（hm^2）；⑥备注主要填写弃渣场的设计弃渣量、取土场的设计取土量，以及其他需要特别说明的相关内容。属性数据表的各个字段要求信息填写正确、完整，不能遗漏。生产建设项目水土保持方案的其他属性，如批复文号、批复时间和批复机构等，则可以通过与其他属性数据表建立关联关系后查询获得。

2. 精度要求

矢量化后的防治责任范围图应选取不少于两个同名点或者特征点作为检查点进行坐标精度检查，各检查点坐标误差均要求小于 10m（示意性勾绘的图形除外）。否则不合格，要求重新进行矢量化。

3. 数据格式要求

数据格式统一采用通用的 Shapefile 矢量数据文件格式，以便于数据交换。

4. 坐标系统要求

坐标系统统一采用国务院批准自 2008 年 7 月 1 日启用的地心坐标系——CGCS2000 国家大地坐标系和高斯-克吕格投影（3 度分带）。

4.3　防治责任范围矢量化方法

对于有拐点精确坐标值或有准确地理坐标信息的 CAD 矢量防治责任范围图而言，其矢量化过程比较简单，可以先生成矢量格式的防治责任范围图，然后再进行文件格式转换和坐标转换，将其他坐标系统转换为 CGCS2000 坐标系、高斯-克吕格投影（3 度分带），将 CAD 等其他文件格式转换成 shapefile 矢量数据文件格式即可。利用拐点坐标生成矢量图及矢量数据坐标转换和文件格式转换的具体方法可以参考有关文献，在此不再赘述。由于防治责任范围纸质图和没有坐标的 CAD 矢量防治责任范围图，都需要扫描或者栅格化成栅格格式的防治责任范围图后才能进行矢量化。本节重点对栅格格式防治责任范围图的矢量化方法及其具体步骤进行介绍。

栅格防治责任范围图的矢量化可以概括为三个环节，即地理配准、边界勾绘和属性数据录入，其中地理配准就是空间化过程，使得防治责任范围图具有正确的地理空间坐标信息，而边界勾绘就是图形化过程，使得防治责任范围具有正确的几何图形信息。

根据特征地物是否具有显性的地理坐标，可以将地理配准归纳为两类方法：一类是基于特征地物显性地理坐标值的配准方法，即直接利用特征地物的准确地理坐标值进行配准，可获取准确地理坐标值的方式有国家基本比例尺地形图上的公里网格交叉点，谷歌地图、百度地图、高德地图等平台提供，或者通过现场测量；另一类是基于特征地物隐性地理空间信息的配准方法，即需要以具有准确地理空间信息的遥感影像或者地形图作为参

照，通过在防治责任范围图和参照图像上找到同名地物并建立链接来间接配准。

4.3.1　基于特征地物显性地理坐标值的配准方法

基于特征地物显性地理坐标值的配准方法，就是直接利用国家基本比例尺地形图上的公里网格交叉点，谷歌地图、百度地图、高德地图等电子地图平台，或者在现场利用 GPS 等工具测量提供的特征地物的准确地理坐标值，对栅格防治责任范围图的空间位置配准。

以公里网格交叉点的地理空间配准为例，该方法不需要以经过几何精校正的遥感影像作为参考，可以直接以公里网格交叉点的 X、Y 坐标对防治责任范围栅格图进行空间配准，然后再勾绘防治责任范围矢量边界，完成矢量化工作，以 ArcGIS 软件为工具，其具体的操作步骤如下：

（1）在 ArcMap 软件中加载待配准的防治责任范围栅格图。

（2）在该栅格图上找到生产建设项目防治责任范围内及其周边的所有公里网交叉点，对这些公里网交叉点进行编号，并查找或者推算和列表记录各个公里网交叉点的实际地理坐标 X、Y 值，至少要找到 7 个或者更多公里网格交叉点。

（3）打开"地理配准 Georeferencing"工具条，选择需要配准的栅格防治责任范围图，并将"Georeferencing"下拉菜单下的"Auto Adjust"不选择，然后单击"Add Control Points"工具按钮。

（4）使用"Add Control Points"工具在栅格图上精确找到一个公里网格交叉点作为控制点，单击该交叉点，然后鼠标右击输入该点的实际地理坐标值（X,Y），坐标值的单位一般为 m。

（5）重复步骤（4），依次点击步骤（2）中找好的公里网格交叉点，并右击鼠标输入其地理坐标 X、Y 值，直到将步骤（2）中找到的所有公里网格交叉点添加为控制点。

（6）单击查看链接表按钮，查看链接表中每个链接的残差及 RMS 误差。如果满意则配准完成，若不满意则删除误差大的链接，并可以再重新添加控制点，直到满意为止。

（7）单击地理配准工具下拉菜单下的"Update Display"工具，进行显示更新；然后再单击"Rectify"工具，就会对该栅格防治责任范围图进行校正，校正后该栅格防治责任范围图已经具有与地形图底图一致的地理坐标，完成了地理配准（图 4.4）。

4.3.2　基于特征地物隐性地理坐标值的配准方法

基于特征地物隐性地理空间信息的配准方法是以具有准确地理空间信息的遥感影像或者地形图作为参照，通过同名地物并建立防治责任范围栅格图和参照图像之间的位置匹配。以参照遥感影像为例，这种方法首先需要获取经过几何精校正的遥感影像，在栅格防治责任范围图和遥感影像上找到同名地物点或者特征点（如道路交叉点、道路与河流的交叉点、道路或者河流的转弯点、建筑物的角点等），在遥感影像的参考点和栅格防治责任范围图的控制点之间建立一一对应关系，然后通过平移、旋转和缩放，将栅格防治责任范围图配准到遥感影像给定的平面坐标系统中，使栅格防治责任范围图具有与遥感影像一致的地理坐标；然后再勾绘防治责任范围边界线，完成矢量化工作。利用 ArcGIS 软件，其具体操作步骤如下：

（1）在 ArcMap 软件中加载待配准的防治责任范围栅格图和已经几何校正的遥感

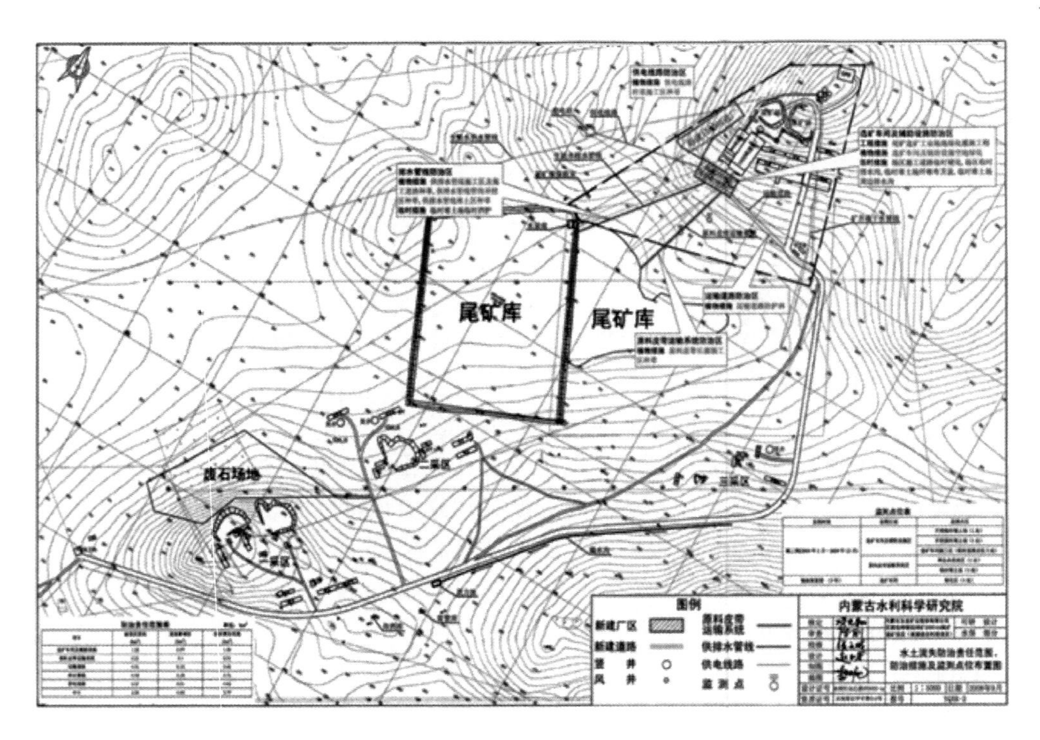

图 4.4　具有公里网格交叉点的防治责任范围图示例

影像。

(2) 打开“地理配准 (Georeferencing)”工具条，选择需要配准的栅格防治责任范围图，并不选择“Georeferencing”下拉菜单下的“Auto Adjust”，然后单击“Add Control Points”工具按钮。

(3) 使用“Add Control Points”工具在栅格图上精确找到一个特征地物点作为控制点，单击该特征地物点，然后再在遥感影像上找到该特征地物点的同名点，单击该同名点作为参考点，则建立了一个控制点——参考点的链接。

(4) 可以先在栅格防治责任范围图靠近四个角寻找特征地物点，重复步骤 (3)，建立四个控制点—参考点链接，完成初步定位。

(5) 在初步定位基础上，再在防治责任范围内及其周边寻找更多的特征地物点，并在遥感影像上找到对应的同名地物点，重复步骤 (3)，建立多个控制点—参考点的链接，特征地物点至少要 7 个，且尽量均匀分布。

(6) 单击查看链接表按钮，查看链接表中每个链接的残差及 RMS 误差。如果满意则配准完成，如果不满意则删除误差大的链接，并可以再重新添加控制点，直到满意为止。

(7) 单击地理配准工具下拉菜单下的“Update Display”工具，进行显示更新；然后再单击“Rectify”工具，就会对该栅格防治责任范围图进行校正，校正后该栅格防治责任范围图已经具有与参考的遥感影像一致的地理坐标，完成了精确的地理配准。

图 4.5 为某博物馆建设项目水土流失防治责任范围基于参照遥感影像的地理配准效果。

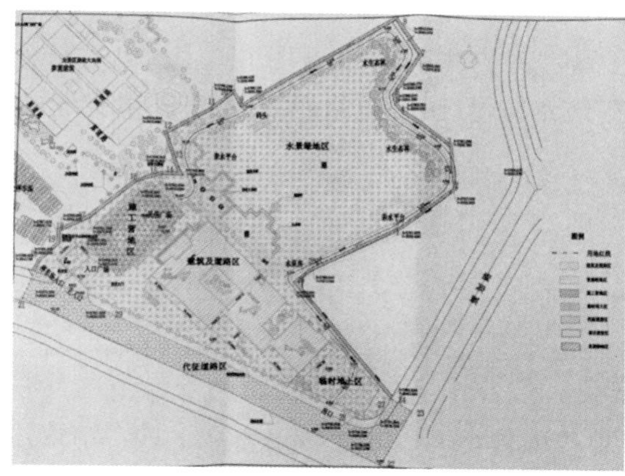

(a) 项目防治责任范围扫描图

(b) 项目区及周边遥感影像图

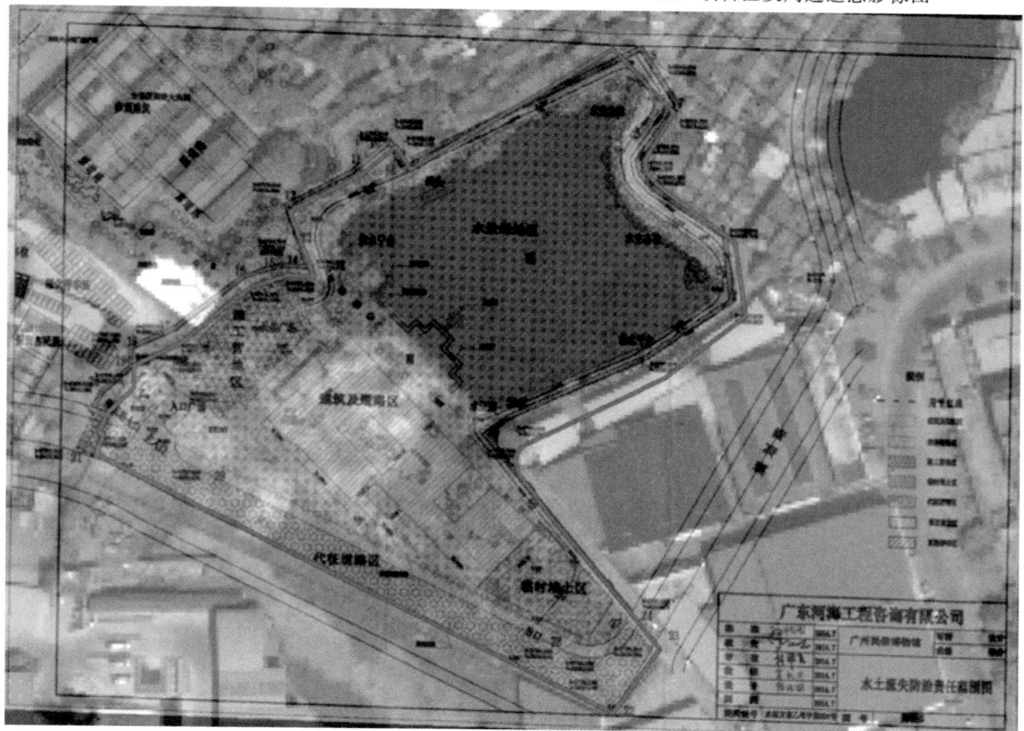

(c) 防治责任范围图地理配准后效果（粗线代表防治责任范围边界）

图 4.5 某博物馆建设项目水土流失防治责任范围基于参照遥感影像的地理配准效果

4.3.3 防治责任范围边界勾绘与属性数据录入

完成栅格防治责任范围图的地理配准后，栅格防治责任范围图就具有地理坐标，就可以进行防治责任范围边界勾绘和属性数据录入工作，生成防治责任范围矢量图。

以 ArcGIS 软件为例，防治责任范围边界勾绘与属性数据录入的具体操作步骤如下：

(1) 在 ArcCatalog 中新建一个面状的 Shapefile 格式的矢量数据文件，用于存储防治责任范围矢量图，定义坐标系统和投影信息（可以直接引用配准好的防治责任范围栅格图的坐标系统和投影），并增加属性字段。

（2）在ArcMap软件中加载已经配准好的防治责任范围栅格图和步骤（1）新建的Shapefile文件，并利用缩放和平移工具，将防治责任范围栅格图放大到合适的比例和位置。

（3）打开编辑器“Editor”工具条，单击开始编辑“Start Editing”工具按钮，然后再单击最右边的创建要素“Create Feature”工具按钮，在弹出的界面中选择步骤（1）新建的Shapefile文件作为待编辑文件，并在构造工具“Construction Tools”菜单栏中选择“Polygon”选项，就可以开始手工勾绘防治责任范围边界“面状”要素。

（4）找准栅格图上的防治责任范围边界线，沿着该边界线勾绘防治责任范围矢量边界，直至闭合，然后右击鼠标，在弹出的菜单栏上单击“Finish Sketch”工具，结束边界线勾绘，系统会自动生成一个多边形（面状图形），并在ArcMap中显示。

（5）鼠标右击该Shapefile文件，然后单击“Open Attribute Table”工具按钮，打开该Shapefile文件的属性表，就可以将防治责任范围图的相关属性数据进行编辑录入。

（6）如果某个生产建设项目的防治责任范围包含两个或以上的面状图形，则重复步骤（4）和（5），将所有面状图形的边界勾绘好，并录入相应的属性数据。

（7）完成防治责任范围边界勾绘和属性数据录入工作后，单击“保存”工具按钮保存所作编辑，然后单击结束编辑“Stop Editing”工具按钮，退出编辑。

另外，对于利用拐点精确坐标值直接生成防治责任范围矢量图，或者通过文件格式转换方法将具有准确地理坐标信息的CAD矢量防治责任范围图直接转换生成的防治责任范围矢量图，也需要采用上面的步骤（5）、（6）、（7）添加录入相关属性数据，无需勾绘防治责任范围边界。

4.4 生产建设项目位置及敏感点标示

对于防治责任范围无法精准矢量化的生产建设项目以及边界无法明确确定的一些水土保持敏感点或者敏感区域，如弃渣场、取土场、高陡边坡、施工临时道路等，可以进行简单的示意性标示。

4.4.1 项目位置示意性标示

1. 点式项目

点式生产建设项目是指布局相对集中、呈点状分布的矿山、电厂、水利枢纽等生产建设项目。点式生产建设项目主要包括机场、火电、核电、风电、水利枢纽、水电枢纽、各种矿山、油气开采、油气储存与加工、工业园区、房地产、林浆纸一体化和农林开发等工程项目。

点式项目并非真的是一个点，其征占地面积可能达几百乃至上千公顷，实际上是面状的。而且，有些点式项目还有线状组成部分，如火电工程的供水管线、灰渣场道路等。因此，点式项目仅是布局相对集中、跨度不大的项目，在小比例尺时呈点状分布，在较大比例尺时基本呈面状分布。

对于按照4.2节相关要求确实无法精准矢量化其防治责任范围的点式项目，可以根据

水土保持方案中的项目位置经纬度信息进行示意性标示，具体标示方法包含以下两种情况：

(1) 对于水土保持方案中有东、南、西、北四个方向最外侧点经纬度或者投影坐标信息的项目，可以用四个角点的坐标信息生成一个四边形来示意性标示该项目的位置。例如，广东省某森林乐园项目用地范围经纬度见表 4.1，则该项目位置示意性标示的结果如图 4.6 所示。

表 4.1　广东省某森林乐园项目用范围地经纬度

角点位置	北纬	东经
最东侧	23°34′46″	113°9′53″
最南侧	23°34′13″	113°9′24″
最西侧	23°34′28″	113°9′2″
最北侧	23°35′6″	113°9′14″

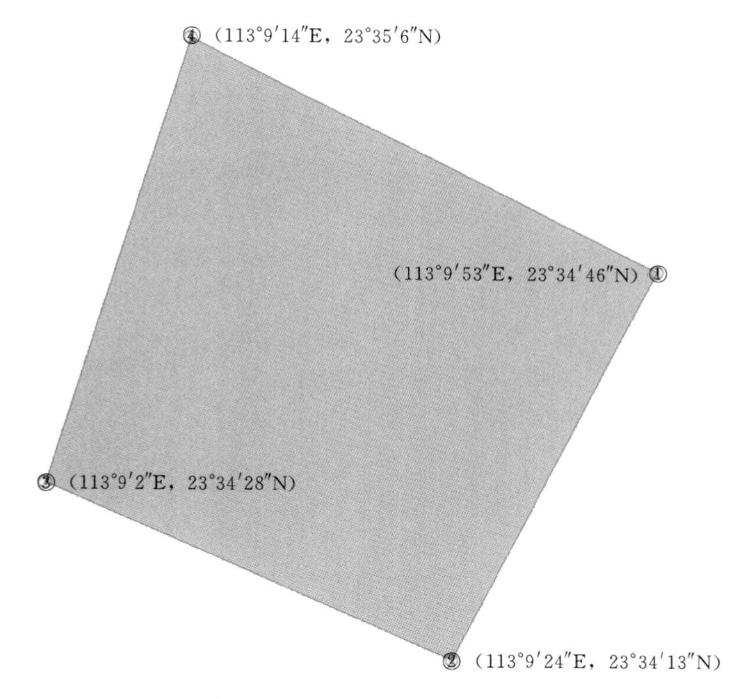

图 4.6　广东省某森林乐园项目位置示意性标示图

(2) 对于水土保持方案中只给出了某一个点（可能是项目中心点，也可能不是项目中心点）经纬度或者坐标信息的项目，则可以用以下三种方法中的任意一种进行示意性标示：①直接用该点来标示项目位置，即用点状图形来标示该项目位置；②以该经纬度所表示的位置点为圆心，绘制一个圆，其直径根据项目批复的防治责任范围面积来确定，即用规则的圆形来标示该项目位置和大致范围；③以该经纬度所表示的位置点为中心，绘制一个正方形，其边长根据项目批复的防治责任范围面积来确定，即用规则的正方形来标示该项目位置和大致范围。

由于生产建设项目水土流失防治责任范围图精准矢量化的结果均为面状图形，为了便于生产建设项目水土流失防治责任范围矢量图层的管理，项目位置尽可能采用面状图形来示意性标示，即采用四边形或者圆形、正方形等面状图形来标示。此外，项目位置示意性标示图也应该建立属性数据表并填写相应属性字段信息。

2. 线型项目

线型生产建设项目是指布局跨度较大、呈线状分布的公路、铁路、管道、输电线路、渠道等生产建设项目，主要包括公路、铁路、城市轨道交通、输电线路、引调水渠道和油气管线等。线型项目虽然呈线状分布，但其征占地仍有一定宽度，有的线型项目征占地宽度可能达上百米，因此实际上是条带状的。

对于按照4.2节相关要求确实无法精准矢量化其防治责任范围的线型项目，其项目位置示意性标示方法主要有以下三种：

（1）对于水土保持方案中提供了明确的项目线路走向单线图，且有明确的设计扰动宽度数据的，则以项目线路走向单线为中心轴线、以设计扰动宽度为缓冲距离，通过缓冲区分析方法来生成平行条带状多边形或“面”状图形，用于示意性标示该项目位置、线路走向和大致范围。如果该项目不同段的设计扰动宽度不同，则要分段进行缓冲区分析，生成的就是宽度不一的条带状多边形图形（图4.7）。

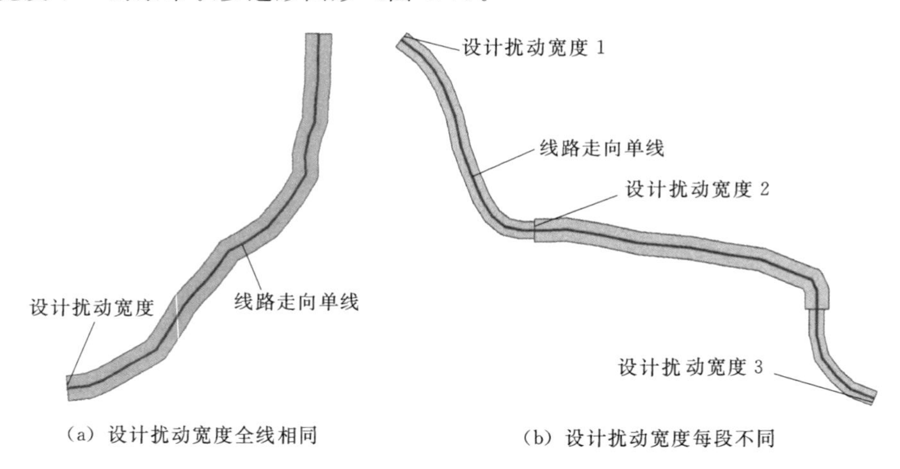

（a）设计扰动宽度全线相同　　（b）设计扰动宽度每段不同

图4.7　线型工程用缓冲区分析法生成条带状面状图形示意性标示示例

（2）对于水土保持方案中提供了明确的项目线路走向单线图，但没有明确的设计扰动宽度数据的，则直接用该项目线路走向单线来示意性标示该项目位置和线路走向。

（3）如果水土保持方案中没有提供明确的线路走向单线图，只有项目线路所经市县或者乡镇等地名的，则只能用这些地名所代表的行政区的中心点作为拐点，将线路所经地名拐点用折线连接起来形成的一个线路来示意性标示该项目大致位置和走向。

图4.7为两个线型工程用条带状面状图形进行示意性标示的示例，其中一个线型工程的设计扰动宽度全线都相同，另外一个线型工程其设计扰动宽度并非全线一致，而是有三个不同段，每段的设计扰动宽度均不相同。

由于生产建设项目水土流失防治责任范围图精准矢量化的结果均为面状图形，为了便

于管理生产建设项目水土流失防治责任范围矢量图层，线型项目在有条件的情况下尽可能采用条带状面状图形来示意性标示其位置、走向和大致范围。此外，项目位置示意性标示图也应该建立属性数据表并填写相应属性字段信息。

如果后续可以收集到生产建设项目防治责任范围精准矢量化所需地理信息等相关资料，就可以按照4.2节的方法进行精准矢量化，获得准确的防治责任范围矢量图，并替换这种示意性标示方法获得的不精准的矢量图。

4.4.2 敏感点标示

为便于对生产建设项目进行水土保持监督管理，对容易发生严重人为水土流失或者存在水土流失危害、隐患的敏感点、敏感部位或者敏感区域，如渣场、高陡边坡、取土场、施工临时道路等，用简单的点状、线状、面状图形进行示意性标示。

1. 渣场

由于渣场在截排水沟、挡土墙或者拦渣坝（堤）等措施防护不到位的情况下，不仅容易发生严重的水土流失，而且还容易发生滑坡、泥石流等地质灾害和安全事故，会对人民生命财产安全和相关基础设施造成严重威胁和损害，生产建设项目的渣场特别是大中型渣场已经成为水土保持监督管理的重点对象。因此，非常有必要对已经批复水土保持方案的生产建设项目的各类渣场，包括弃土场、弃石场、矸石场、尾矿库、废渣场、灰场等的位置及其大致范围进行示意性标示。

渣场的示意性标示包括以下三种方法：

（1）面状图形标示法。对于占地面积较大或者设计堆渣量较大、堆渣高度较高的大中型渣场，如果在水土保持方案中只有弃渣场的位置点信息，可以用圆形或者正方形等规则的多边形或者面状图形来标示，其方法参见4.4.1节。此外，还可以根据渣场的类型、面积、拦渣坝位置等信息，推算并相对准确的标示渣场的位置及其大致范围。例如，对于沟道型或者坡地型弃渣场，如果水土保持方案中有该弃渣场拦渣坝或者拦渣堤具体位置线信息，则可以通过地形分析的方法获得渣场的库容曲线，从弃渣场拦渣坝或者拦渣堤位置线向上游推演，以弃渣场设计堆渣量和面积为依据，推算出弃渣场的大致边界，并用该边界所构成的多边形或者面状图形来示意性标示该弃渣场的位置和大致范围。显然这种标示比简单用圆形或者正方形标示要相对准确一些。

（2）线状图形标示法。对于在水土保持方案中只有弃渣场拦渣坝、拦渣堤或者挡渣墙位置线信息的情况下，可以用这个拦渣堤、坝或者挡土墙的位置线来示意性标示该弃渣场位置。

（3）点状图形标示法。对于水土保持方案中只有弃渣场位置点信息的情况下，可以用这个位置点直接来示意性标示该弃渣场位置。

同样的，由于生产建设项目水土流失防治责任范围图精准矢量化的结果均为面状图形，为了便于生产建设项目水土流失防治责任范围矢量图层管理，在有条件的情况下尽可能采用面状图形来标示弃渣场的位置和大致范围。此外，弃渣场示意性标示图也应该建立属性数据表并填写相应属性字段信息，从而建立与弃渣场所属生产建设项目的关联关系。

2. 高陡边坡

高陡边坡一般是指土质边坡高度20m以上、岩质边坡高度30m以上且坡度较陡的边坡。高陡边坡尤其是土质、土石质高陡边坡，在护坡措施不到位的情况下，一方面容易产生坡面侵蚀，另一方面还存在滑坡、泄溜、崩塌等地质灾害隐患，从而会对边坡下方的相关基础设施和人民生命财产安全造成严重威胁与损害，也是水土保持监督管理过程中重点关注的敏感点、敏感区域或者部位之一。

与渣场相同，高陡边坡的示意性标示也包括三种方法：一是面状图形标示法；二是线状图形标示法；三是点状图形标示法。点状标示法最简单，可以用该边坡的中心点来标示，或者用高陡边坡坡脚线的中心点来标示该边坡的位置。线状图形标示法就是用高陡边坡的坡脚线来标示该边坡位置和大致走向。面状图形标示法也可以简单标示，比如，如果高陡边坡基本呈三角形，就可以用高陡边坡的坡脚线的两端作为两个点，用边坡最高点作为第三个点，用这样一个三角形来标示；如果高陡边坡基本呈梯形，则可以用高陡边坡的坡脚线作为梯形底边，用边坡坡顶线作为顶边，用这样一个梯形来标示；另外，也可以根据情况用长方形来标示。

3．取土场

取土（石、砂、骨料）场的示意性标示有两种方法：一是点状图形标示法；二是面状图形标示法。这两种标示方法与渣场标示方法相同，不再赘述。对于岗地取土场，往往将局部凸起的岗地取平，不会形成边坡或者临空面，基本没有危害或者隐患，可以简单的用点状图形标示其位置；对于切坡取土场，取土所在的丘陵或者山地范围较大，一般不能将丘陵或者山地全部取平，会形成边坡或者临空面，甚至需要分多个平台取土，挖损面积往往较大，这种类型的取土场如果水土保持防护措施不到位，可能会造成一定的水土流失危害，可以用面状图形来标示。

4．施工临时道路

有些类型的生产建设项目，例如山丘区的风电场、高速公路、铁路、水利枢纽、水电枢纽、抽水蓄能电站等工程，施工临时道路区是产生人为水土流失的主要区域，也是这些类型项目水土保持监督管理的重点部位或敏感区域之一。

与渣场相同，施工临时道路的示意性标示也包括三种方法，即面状图形标示法、线状图形标示法和点状图形标示法。对于水土保持方案中有施工临时道路走向单线且有道路设计宽度信息的情况，可以以该施工临时道路线路走向单线为中心轴线、以道路设计宽度为缓冲距离，通过缓冲区分析方法来生成平行条带状多边形或“面”状图形，用于示意性标示该施工临时道路的位置、线路走向和大致范围。对于水土保持方案中只有起止点信息的施工临时道路，可以简单地用起止点连线来标示该施工临时道路的大致位置和走向，也可以以该起止点连线作为中心轴线，以道路设计宽度为缓冲距离，生成面状图形来示意性标示。对于水土保持方案中施工临时道路位置信息很模糊，不清楚线路走向和起止点信息的施工临时道路，可以简单地用点状图形来标示，该点尽可能接近施工临时道路的中心位置。

4.5　本章小结与讨论

（1）各级水行政主管部门批复的生产建设项目水土流失防治责任范围是该生产建设项

目各类建设施工活动和扰动影响严格限定的范围，或者不允许超出的范围，具有明确的法律效力，是生产建设项目水土保持监督检查和执法的重要依据之一。而防治责任范围矢量图是生产建设项目扰动状况水土保持“天地一体化”监管的重要基础，通过遥感解译可以获得生产建设项目实际扰动范围，再与批复的防治责任范围图进行空间叠加分析，可以掌握生产建设项目实际扰动是否合规、是否超出批复的防治责任范围、是否未经批复就开工建设、是否存在建设地点变更，从而可以为水土保持监督检查和执法提供科学依据。因此，生产建设项目水土流失防治责任范围图是重要的水土保持基础数据，非常有必要建立生产建设项目水土流失防治责任范围图空间数据库，对批复的防治责任范围图进行信息化管理。

（2）目前，各级水行政主管部门批复的生产建设项目水土保持方案绝大多数都有防治责任范围图，但基本上都是纸质图或者栅格图，为了开展生产建设项目扰动状况水土保持“天地一体化”监管工作，提高生产建设项目水土保持监督管理的信息化水平，非常有必要按照本章介绍的矢量化技术方法，将这些纸质防治责任范围图或者栅格图进行精准矢量化，获得具有地理空间坐标的防治责任范围矢量图，并将其进行入库管理，为后续水土保持监督管理奠定数据基础。对于无法精准矢量化其防治责任范围的项目，也可以进行示意性标示，了解项目及其水土保持敏感点的大致位置信息，为水土保持监督执法管理提供参考性的辅助信息。

（3）为了提高生产建设项目水土流失防治责任范围图精准矢量化的效率和可能性，对于今后新批复的生产建设项目水土保持方案，建议各级水行政主管部门在审批时对防治责任范围图严格把关，按照水利部水土保持司制定的《生产建设项目水土流失防治责任范围矢量数据要求（征求意见稿）》（水保监便字〔2016〕第48号），对申请审批的水土保持方案应附的水土流失防治责任范围矢量数据的内容、坐标系统、格式等进行要求。

根据《全国水土保持信息化工作2017—2018年实施计划》（办水保〔2017〕39号），2018年所有部管在建生产建设项目要实现水土保持“天地一体化”监管全覆盖，8个试点省（自治区、直辖市）全境范围内的在建生产建设项目要实现“天地一体化”监管全覆盖，其他省（自治区、直辖市）也要求至少一个地级市实现“天地一体化”监管，因此，生产建设项目水土保持“天地一体化”监管任务重、工作量大，需要通过规范防治责任范围图制作和提交防治责任范围矢量图等途径，减少防治责任范围纸质图或者栅格图精准矢量化所带来的繁杂工作，进一步提高生产建设项目水土保持“天地一体化”监管的可实施性及其工作效率。

本章参考文献

[1] 李智广，王敬贵．生产建设项目“天地一体化”监管示范总体实施方案［J］．中国水土保持，2016（2）：14-17.

[2] 中华人民共和国水利部．GB 50433—2008 开发建设项目水土保持技术规范［M］．北京：中国计划出版社，2008.

[3] 姜德文．开发建设项目水土流失防治责任范围的界定［J］．中国水土保持，1998（10）：26-28.

[4] 赵永军．水土流失防治责任范围的界定［J］．中国水土保持，2005（1）：21-23.

[5] 龚健雅. 地理信息系统基础 [M]. 北京：科学出版社，2001：156-166.
[6] 黄杏元，马劲松. 地理信息系统概论 [M]. 3版. 北京：高等教育出版社，2008：71-79.
[7] 王新生，王红，朱超平. ArcGIS 软件操作与应用 [M]. 北京：科学出版社，2010：57-67，77-97.
[8] 龚长春，熊峰. 水利水电工程弃渣场分类与防治措施体系 [J]. 绿色科技，2016 (12)：168-169.
[9] 李玉娥，杨华军，余广川. 洛三高速公路弃土场、取土场类型与防护措施 [J]. 中国水土保持，2003 (4)：29-29.

第5章　生产建设项目扰动图斑与水土保持措施解译标志库

生产建设项目水土保持“天地一体化”监管技术规定和实施方案指出，扰动图斑的遥感解译是“天地一体化”监管的核心步骤，而建立准确和足够量的生产建设项目解译标志是扰动图斑遥感解译的前提和基础，是解译精度的保障。本章在简要阐述解译标志定义和作用的基础上，重点结合现场实景照片，从色（光谱特征）、形（几何特征）、位（空间特征）等方面描述各类生产建设项目在遥感影像上的视觉特征，建立各类生产建设项目与其遥感成像间的直观联系，为解译者后续判读遥感影像提供支撑。

5.1　解译标志的定义与基本分类

遥感图像可以简单理解为地球表面是按照一定的比例尺缩小了的自然景观综合影像图。遥感图像光谱、几何、空间特征决定图像的视觉效果、表现形式和计算特点，造成物体在图像上的差别，而这些所谓的特征就是解译标志，又称判读标志。这些特征能帮助判读者识别遥感图像上的目标地物或现象。

依据表现形式的不同，目标地物的特征可以概括分为“色、形、位”三大类：

（1）色。色不仅指目标地物在遥感影像上的颜色，还包括目标地物的色调、反差和阴影等；其中，色调是指影像上黑白深浅的程度，是地物电磁辐射能量大小或者地物波谱特征的总和，色调通常用灰度表示，同一地物在不同波段的图像上会有很大的差别。同时即使同一波段的影像上，由于成像时间和季节的差异，同一地区同一地物的色调差别也比较大。颜色是影像上的色别和色阶。

（2）形。形指目标地物在遥感影像上的形状、纹理、大小、图形等；其中，形状是指目标地物在影像上所呈现出的外部轮廓，在影像上看到的是目标地物的顶部或者平面形状，同时还受到影像空间分辨率、比例尺和投影性质的影响。大小是地物形状、面积或者体积在影像上的尺寸，根据比例尺可以粗略计算影像上的地物的实际大小。纹理也称为影像结构，是一种反映图像中同质现象的视觉特征，体现物体表面的具有缓慢变化或者周期性变化的表面结构组织排列属性，主要通过像素及其周围空间邻域的灰度分布来表现。

（3）位。位指目标地物在遥感影像上的空间位置和相关布局等。位置是地物所处的环境部位；相关布局是指多个目标地物之间的空间配置，即地物与地物之间的依存关系，通过地物间的密切关系或者相互依存关系，可以从已知地物证实另一种地物的存在及其属性。

依据与地物的相关性，解译标志可以分为直接解译标志和间接解译标志两类：

（1）直接解译标志是地物本身有关属性在图像上的直接反映。如形状、大小、色调、阴影等，通常情况下能够获取的直接解译标志越多，解译的结果就越可靠。

（2）间接解译标志是指与地物的属性有内在联系，通过相关分析能够推断其性质的影像特征。如位置、相关分布等。

建立具有代表性、实用性和稳定性的遥感解译标志，关乎解译成果的质量乃至工作进度，是生产建设项目水土保持“天地一体化”监管技术流程中的关键一环。同时也为进一步实现智能化遥感影像解译，以及利用数学形态学方法提取图像信息、建立遥感信息图谱奠定了基础。

5.2　解译标志建立流程

5.2.1　搜集资料，掌握情况

在建立解译标志之前，通过资料查询，初步掌握区域内主要生产建设项目类型、数量及大致分布。可查询的资料包括地方志、地方水利志、统计年鉴、经济发展规划等，并结合项目收集的各级水土保持方案情况，基本摸清区域内生产建设项目情况。

5.2.2　通读影像，注明疑点

对区域情况了解和熟悉后，根据项目位置和遥感影像，初步摸清不同类型项目的影像特征，对不同生产建设项目从色调、色彩、形状、纹理等方面构建一个基本认识，并举一反三进行强化。对有疑义的图斑，要及时标记地理位置，结合周围图斑进行初步推测并标注，留待现场调查时确认。

5.2.3　合理归类，大体区分

在解译标志建立前期，由于部分项目存在相同或相似的色调、纹理等特征，无法对36类项目进行明确分类，因此在野外调查之前，对遥感影像上的生产建设项目先按扰动类型进行整理，野外调查时再确定最终项目归属。

5.2.4　野外调查，有的放矢

针对基本明确的地物类型，选择现场验证 2～3 处，及时填写记录表。详细记录每个调查点 GPS 坐标，拍摄实景照片，并对调查点及周围视野范围内的地物类型、面积、分布等进行详细的实地勘测，与对应影像进行核实，加深对各地物纹理、色调、形状等的理解，有利于后期解译。

为节约解译时间，提高工作效率，可邀请当地水行政主管部门有关专家进行室内判读，再合理规划野外路线，节约野外调查时间。有条件的地方，应利用无人机等先进设备拍摄宏观地貌类型等相关影像资料，为后期解译提供直观印象。

5.3　解译标志库

根据生产建设项目水土保持“天地一体化”监管技术规定和实施方案规定，2015—2016 年在全国 7 个流域管理机构和 31 个省级机构开展的“天地一体化”监管示范工作主要使用高分一号卫星遥感影像，另有部分省份自行购置 SPOT6 影像，因此本节建立的解

译标志库依据高分一号和SPOT6真彩色合成影像展开。

生产建设项目由于人工扰动剧烈，对原地表破坏较严重，光谱值较高，在遥感影像上表现为明显高亮特征，具有显著的人工干扰痕迹，容易识别。在影像上以白色、灰白色、灰色或灰黄色色调为主，几何形态上呈现斑块状、斑点状（风电、输变电工程等）或线状、条带状（线型工程）影纹，内部呈斑点状、斜纹状、格网状或规则状影纹结构。除上述普适性的解译标志外，不同类型生产建设项目的扰动图斑还有差异性的标志存在，这些特性为扰动图斑解译提供了基础条件。

生产建设项目解译标志库按表5.1的分类体系进行。在充分理解各类型项目的特点的基础上，从光谱特征、几何特征和空间特征方面阐述各地物的解译标志。由于示范县数量有限，未能获取全部类型生产建设项目的解译标志。

表5.1 生产建设项目类型分类体系

序号	生产建设项目类型	序号	生产建设项目类型
1	公路工程	19	露天非金属矿
2	铁路工程	20	井采煤矿
3	涉水交通工程	21	井采金属矿
4	机场工程	22	井采非金属矿
5	火电工程	23	油气开采工程
6	核电工程	24	油气管道工程
7	风电工程	25	油气储存与加工工程
8	输变电工程	26	工业园区工程
9	其他电力工程	27	城市轨道交通工程
10	水利枢纽工程	28	城市管网工程
11	灌区工程	29	房地产工程
12	引调水工程	30	其他城建工程
13	堤防工程	31	林浆纸一体化工程
14	蓄滞洪区工程	32	农林开发工程
15	其他小型水利工程	33	加工制造类项目
16	水电枢纽工程	34	社会事业类项目
17	露天煤矿	35	信息产业类项目
18	露天金属矿	36	其他行业项目

5.3.1 公路、铁路工程

公路、铁路工程为建设类线型工程，一般布线是沿山前洪积扇或江河走廊带进行，具有路线长、局部建设规模和扰动面积较小，但总体建设规模和扰动面积大、土石方量大、施工前表土剥离量大、施工便道多而且长，取土（料）场、临时堆土场、弃渣场多，沿线涉及的地形、地貌、地质、水文、气候、土壤、植被、水土流失类型复杂、防护条件复杂；当走廊带宽度、土石方量、地质地貌等因素受到限制，或路线穿越、跨越江河、公路铁路时需抬高线位并布设隧道、桥梁等多种建筑物；在山岭重丘区施工条件差、渣料场选择困难、路基开挖或填筑量大且多有高陡边坡等特点。

1. 公路工程

公路工程现场实景照片和对应的遥感影像见表 5.2，其影像特征如下：

（1）光谱特征。公路工程施工期路面未硬化，影像上呈土黄色或白色，竣工后公路已经硬化，呈浅黑色，沥青路面亮度值较低，纹理细腻。

（2）几何特征。轮廓清晰，具有一定宽度的条带状，且同一方向上的宽度变化不大。

（3）空间特征。公路一般都有指向，与村庄、城镇等居民地或人工设施相连接。空间分布广，城市地区、经济发达地区比乡村地区、经济落后地区密度高。

表 5.2　　　　公路工程解译标志

项目类型	地面实景照片	遥感影像
公路工程 1		
公路工程 2		

2. 铁路工程

铁路工程的现场实景照片和对应的遥感影像见表 5.3，其影像特征：

（1）光谱特征。施工期呈亮白色，竣工后影像呈淡黑色。

（2）几何特征。施工期扰动呈线性分布，高架桥墩等距均匀分布，竣工后轨道特征明显，呈长条状，边界比较整齐，有固定的宽度，影像边缘光滑，无明显转折点。

（3）空间特征。施工期有白色的道路和正在建设的铁路工地及外部道路联系，沿线有弃渣场相连，空间分布广，城市地区、经济发达地区比乡村地区、经济落后地区密度高。

表 5.3　铁路工程解译标志

项目类型	地面实景照片	遥感影像
铁路工程 1		
铁路工程 2		

5.3.2 涉水交通工程

涉水交通工程包括涉水交通的港口、码头（包括专业装卸货码头）等点型生产建设项目，以及跨海（江、河）大桥与隧道、海堤防工程等线型生产建设项目。港口、码头项目主要在沿海城市郊区建设，扰动范围、扰动面积相对集中，占地主要是集中连片永久占用滩涂、水域；大桥、隧道工程虽单个项目的扰动范围、扰动面积不是很大，但涉及水域、城镇建设的数量多，主要分布在河面、海湾，因此占用水域比例较高；海堤防工程扰动范围、扰动面积相对集中，主要在沿海建设，因此占用滩涂、水域比例较高。

涉水交通工程的现场实景照片和对应的遥感影像见表 5.4，其影像特征如下：

（1）光谱特征。呈亮白色，与水域光谱差异明显。

（2）几何特征。大桥、隧道、海堤防等工程呈线状分布。

（3）空间特征。分布区域一般在水域旁。

5.3.3 机场工程

机场工程包括大型民用机场、支线机场、军民共用机场等。机场建设项目主要分布在城市郊区，扰动范围、扰动面积相对集中，扰动时间比较长，其水土流失主要集中在飞行区场地的高挖低垫、航站区的基础开挖和净空区的削山平整等施工过程中。

表 5.4　　涉水交通工程解译标志

项目类型	地面实景照片	遥感影像
涉水交通工程 1		
涉水交通工程 2		

机场工程的现场实景照片和对应的遥感影像见表 5.5，其影像特征如下：

（1）光谱特征。色调为米白和灰色，有亮白条状。

表 5.5　　机场工程解译标志

项目类型	地面实景照片	遥感影像
机场工程 1		

续表

项目类型	地面实景照片	遥感影像
机场工程 2		

（2）几何特征。几何形状规则，面积大，停机坪与跑道轮廓明显，有细条状、带状，一般宽度在 20～30m，长度不定。

（3）空间特征。一般与已建成的道路相连接，也有少部分新建道路，位于城市建成区外围，通常连接居民点或新开发区域。

5.3.4 火电工程

火电厂是利用煤、天然气或其他燃料的化学能来生产电能的工厂，如燃煤发电厂、燃气发电厂、余热发电厂和以垃圾及工业废料为燃料的发电厂。新建火力发电厂项目基础设施比较集中，施工场地紧凑。火电厂厂址区域地形一般比较平缓，灰场一般选在山间丘陵或丘间洼地。

火电工程的现场实景照片和对应的遥感影像见表 5.6，其影像特征如下：

表 5.6　　火电厂解译标志

项目类型	地面实景照片	遥感影像
火电工程 1		

续表

项目类型	地面实景照片	遥感影像
火电工程 2		

(1) 光谱特征。施工期色调为灰色，竣工后可见绿色植被、蓝色建筑物顶部、黑色储煤场分布于内部。

(2) 几何特征。建筑物规则分布，厂区分布范围明显且形状规则。

(3) 空间特征。竣工后可见建筑物、道路分布于内部，且分布合理，有明显的冷却塔和烟囱。

5.3.5　风电工程

风电工程是指将风能捕获、转换成电能并通过输电线路送入电网的工程，由风力发电机组、道路、集电线路、变电站四部分组成，其中风机安装需场地大，扰动面积也大，机组多，场地分散，是施工扰动较大的区域。风电工程属点型生产建设项目，多建在风能资源丰富的沿海地区及内陆的内蒙古、新疆、甘肃等地。

风电工程的现场实景照片和对应的遥感影像见表 5.7，其影像特征如下：

表 5.7　　风电工程解译标志

项目类型	地面实景照片	遥感影像
风电工程 1		

续表

项目类型	地面实景照片	遥感影像
风电工程 2		

（1）光谱特征。呈灰色调，风车柱周边不同于周围，呈亮白色。

（2）几何特征。呈点状分布，无明显的几何形状。

（3）空间特征。常处于地势较高处，点分布较为分散，点与点之间常有道路相连，影像上清晰可见风车柱投影。

5.3.6 输变电工程

输变电工程主要由各种电压等级的输电线路和变电站组成，随电压等级的升高，其土石方量逐渐增大。变电站一般包括建设区和进站道路区及临时堆土场，变电站占地面积随电压等级的升高而增大；输电线路一般包括杆塔施工区、堆料场、牵张场及交通道路等。输变电工程属线型生产建设项目，跨距长，涉及范围广。

输变电工程的现场实景照片和对应的遥感影像见表 5.8，其影像特征如下：

（1）光谱特征。呈灰色，内部有亮白条纹。

（2）几何特征。个体呈点状分布，总体上呈线性分布。

表 5.8　　输变电工程解译标志

项目类型	地面实景照片	遥感影像
输变电工程 1		

续表

项目类型	地面实景照片	遥感影像
输变电工程2		

（3）空间特征。变电站内可见规则的电网设备横纵规则分布。

5.3.7　其他电力工程

其他电力工程在此主要指光伏发电工程。光电项目是国家能源政策及光伏发电产业规划的战略的重要部分，充分利用太阳能资源，把太阳能资源的开发建设作为重要经济发展的产业之一，可带动地区清洁能源的发展。

光伏发电工程的现场实景照片和对应的遥感影像见表5.9，其影像特征如下：

（1）光谱特征。呈深灰色和蓝色，纹理清晰。

（2）几何特征。太阳能光板呈规则四边形排列，整理轮廓规则。

（3）空间特征。有平行间隔的白色亮条纹和小块点状逆变器室。

表5.9　　其他电力工程解译标志

项目类型	地面实景照片	遥感影像
光伏发电工程1		

续表

项目类型	地面实景照片	遥感影像
光伏发电工程 2		

5.3.8 水利工程

水利工程是指对自然界的地表水和地下水进行控制和调配，以达到除害兴利目的而修建的工程。与其他生产建设项目相比，水利工程具有规模大、技术复杂、工期较长、投资多的特点，对江河、湖泊以及附近地区的自然面貌、生态环境、自然景观，甚至对区域气候，都将产生不同程度的影响。水利工程有多种分类方法，在此分为水利枢纽工程、引调水工程、堤防工程和其他小型水利工程。

1. 水利枢纽工程

水利枢纽工程的现场实景照片和对应的遥感影像见表 5.10，其影像特征如下：

（1）光谱特征。施工期呈亮白色；竣工后能明显看到墨绿色或蓝色块状的水面。

（2）几何特征。施工期图斑呈不规则面状分布。

（3）空间特征。有大坝、小型建筑物架在河流上。

表 5.10　　水利枢纽工程解译标志

项目类型	地面实景照片	遥感影像
水利枢纽工程 1		

续表

项目类型	地面实景照片	遥感影像
水利枢纽工程2		

2. 引调水工程

引调水工程的现场实景照片和对应的遥感影像见表5.11，其影像特征如下：

表5.11　　引调水工程解译标志

项目类型	地面实景照片	遥感影像
引调水工程1		
引调水工程2		

（1）光谱特征。施工期呈现灰色、暗黄色。

（2）几何特征。施工期扰动形状不规则。

（3）空间特征。扰动图斑紧邻河道，且扰动附近有临时道路。

3. 堤防工程

堤防工程的现场实景照片和对应的遥感影像见表5.12，其影像特征如下：

（1）光谱特征。呈灰色或土黄色。

（2）几何特征。呈线状分布。

（3）空间特征。在水面和路面中间，空间分布紧邻河道。

表5.12　　堤防工程解译标志

项目类型	地面实景照片	遥感影像
堤防工程1		
堤防工程2		

4. 其他小型水利工程

其他小型水利工程组成类型复杂，影像特征各异，无法概况出明确的光谱和几何特征，但其空间特征都是紧邻河道（表5.13）。

5.3.9　水电枢纽工程

水电工程是借助水工建筑物和机电设备将水能转变为电能的工程，一般由在河流的适宜地段修建的不同类型建筑物的综合体及周边开挖扰动组成。该类工程主体工程组成复杂，施工时对地面扰动强度大；建坝蓄水形成大面积淹没区，往往造成大量居民搬迁，有

表 5.13　　其他小型水利工程解译标志

项目类型	地面实景照片	遥感影像
其他小型水利工程 1		
其他小型水利工程 2		

新定居点建设。总之，水利枢纽工程占地面积大、开挖量大、用料量大、弃渣量大、渣料场多，在施工过程中切坡削坡、基坑开挖、道路修建、施工导流、取土取料、弃土弃渣等活动将大范围扰动地表、改变原有地形地貌，加之水电工程大部分位于雨量充沛的山区，施工期长，施工期产生的水土流失极其严重，水土流失类型多，危害大。

水电枢纽工程的现场实景照片和对应的遥感影像见表 5.14，其影像特征如下：

表 5.14　　水电工程解译标志

项目类型	地面实景照片	遥感影像
水电枢纽工程		

（1）光谱特征。多表现为两段被断开的墨绿色或蓝色水面。

（2）几何特征。几何形状规则。

（3）空间特征。水电工程一般建在深山峡谷，直接建在江河上或临水而建。

5.3.10 露天煤矿工程

露天煤矿工程包括煤矿工程和配套的洗选工程、排土场、矸石场等。煤矿是人类在富含煤炭的矿区开采煤炭资源的区域，一般分为露天煤矿和井采煤矿。当煤层距地表的距离很近时，一般选择直接剥离地表土层挖掘煤炭，此为露天煤矿。露天煤矿因煤层覆盖物的层层剥离形成采掘坑、地面挖损区和由剥离物堆积而形成巨大堆积体，在开采过程中，将覆盖于煤层上的岩土全部剥离和排弃，形成大型的人工挖损和堆垫地貌，影响剧烈，彻底改变了原地貌的自然景观。露天煤矿开采过程扰动地表范围大、挖方量及弃渣量大，影响时间长。

露天煤矿工程的现场实景照片和对应的遥感影像见表 5.15，其影像特征如下：

（1）光谱特征。采掘场反射率低，在影像上呈现黑色。

（2）几何特征。有不同的开采断面，层次清晰。

（3）空间特征。有开挖坑和堆土，空间标志地物包括采掘场、排土场和输煤栈桥。

表 5.15　　露天煤矿工程解译标志

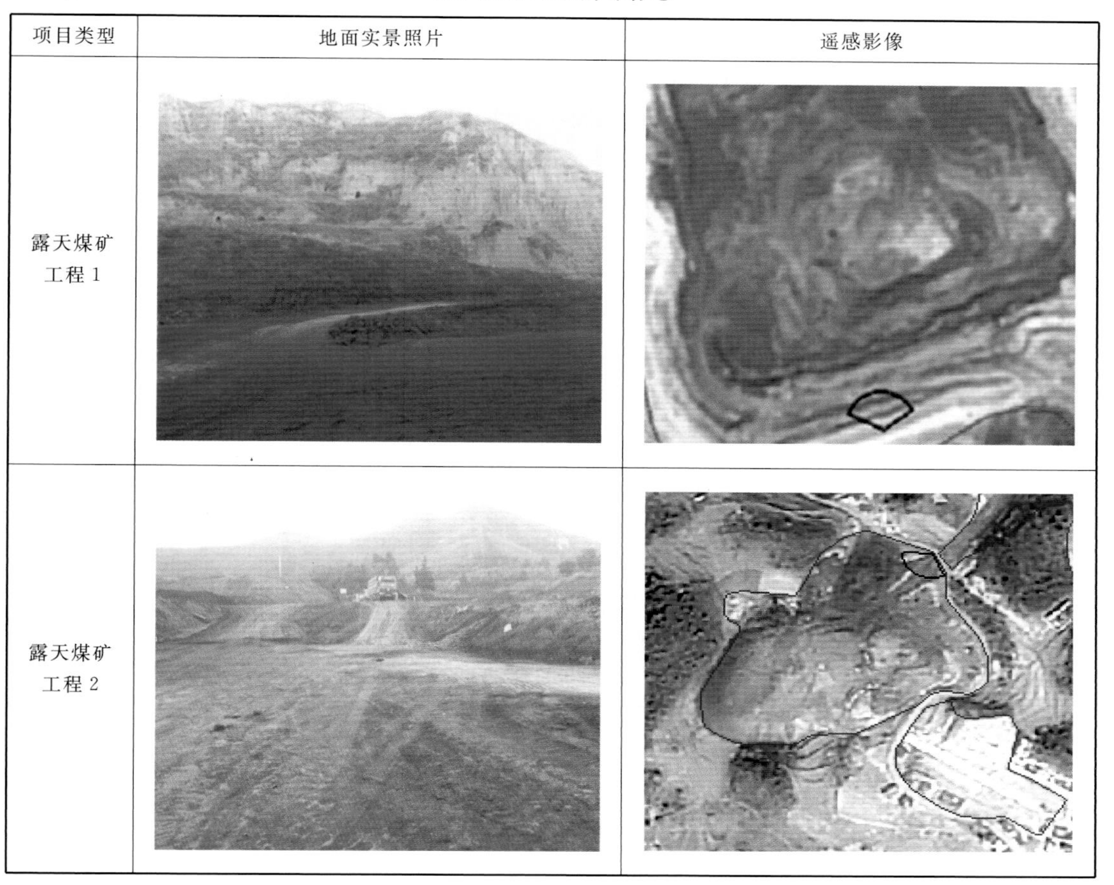

项目类型	地面实景照片	遥感影像
露天煤矿工程 1		
露天煤矿工程 2		

5.3.11　井采煤矿工程

当煤层离地表远时，一般选择向地下开掘巷道采掘煤炭，此为井采煤矿。我国绝大部分煤矿属于井采煤矿。建设期地面扰动面积相对露天矿较小、强度相对较弱，但在生产运行期持续排放煤矸石，地下大范围的开采、挖空、扰动，地下采空区易导致地表大面积塌陷。

井采煤矿工程的现场实景照片和对应的遥感影像见表 5.16，其影像特征如下：

（1）光谱特征。储煤场呈现黑色，建筑屋顶呈现蓝色、红色。

（2）几何特征。可明显看到几何形状规则的办公楼、厂房，长条状输煤栈桥等建筑物。

（3）空间特征。空间标志地物包括储煤场、储煤罐、栈道和风井。

表 5.16　　井采煤矿工程解译标志

项目类型	地面实景照片	遥感影像
井采煤矿工程 1		
井采煤矿工程 2		

5.3.12　露天金属矿

露天金属矿包括金属矿及其配套的洗选矿设施、尾矿库、排土场等。金属矿石可根据其所含金属种类的不同，分为贵重金属矿石、有色金属矿石、黑色金属矿石、稀有金属矿

石和放射性矿石等。金属矿床露天开采基建期和生产运行期土石方挖填量较大，是各行业中单项工程土石方填挖量最大，对地表的扰动强度、面积最大的行业。在露天矿开采过程中，将覆盖于矿石上部的岩土全部剥离和排弃，形成大型的人工挖损和堆垫地貌，从而使矿区的土地资源及生态系统遭到严重的破坏。

露天金属矿工程的现场实景照片和对应的遥感影像见表 5.17，其影像特征如下：

（1）光谱特征。色调亮，呈金属光泽。

（2）几何特征。面积一般较大，表面高低不平有起伏。

（3）空间特征。开采面上有线状道路，有明显的开挖坑，周边有厂房。

表 5.17　露天金属矿解译标志

项目类型	地面实景照片	遥感影像
露天金属矿工程 1		
露天金属矿工程 2		

5.3.13　井采金属矿工程

井采金属矿建设过程中，相对露天矿地表扰动面积小、强度弱。但由于井采金属矿项目在矿区范围内采掘，地下资源被挖出，形成大量采空区，进而引发地面的沉降、塌陷，一般塌陷区面积是矿区范围的 110%～120%。地表塌陷、裂隙、地下水位下降、土壤干化等都会降低土地的水土保持功能，影响当地群众的生产、生活。

井采金属矿工程的现场实景照片和对应的遥感影像见表5.18，其影像特征如下：

（1）光谱特征。色调亮，呈金属光泽。

（2）几何特征。边缘相对清晰，略有起伏。

（3）空间特征。区内或附近有尾矿库，周边有明显拦挡。

表5.18　　井采金属矿工程解译标志

项目类型	地面实景照片	遥感影像
井采金属矿工程1		
井采金属矿工程2		

5.3.14　非金属矿工程

非金属矿工程包括非金属矿及其配套的洗选矿设施、尾矿库、排土场等，如冶金用非金属矿、化工用非金属矿、建材及其他非金属矿等。在非金属矿工程建设和矿产开采过程中，由于进行大量土石方的开挖和回填，废石和尾矿的排弃与堆放，较多地占用土地、损坏植被和水土保持设施，大量排放矿井水，不可避免地造成各种形式和不同强度的水土流失，对环境造成不良影响。

露天非金属矿工程的现场实景照片和对应的遥感影像见表5.19，其影像特征如下：

（1）光谱特征。呈白灰色，绿色相间分布。

（2）几何特征。扰动形状不规则。

（3）空间特征。一般分布在山区，扰动区域内道路明显，有砂石料场分布。

表 5.19　　露天非金属矿工程解译标志

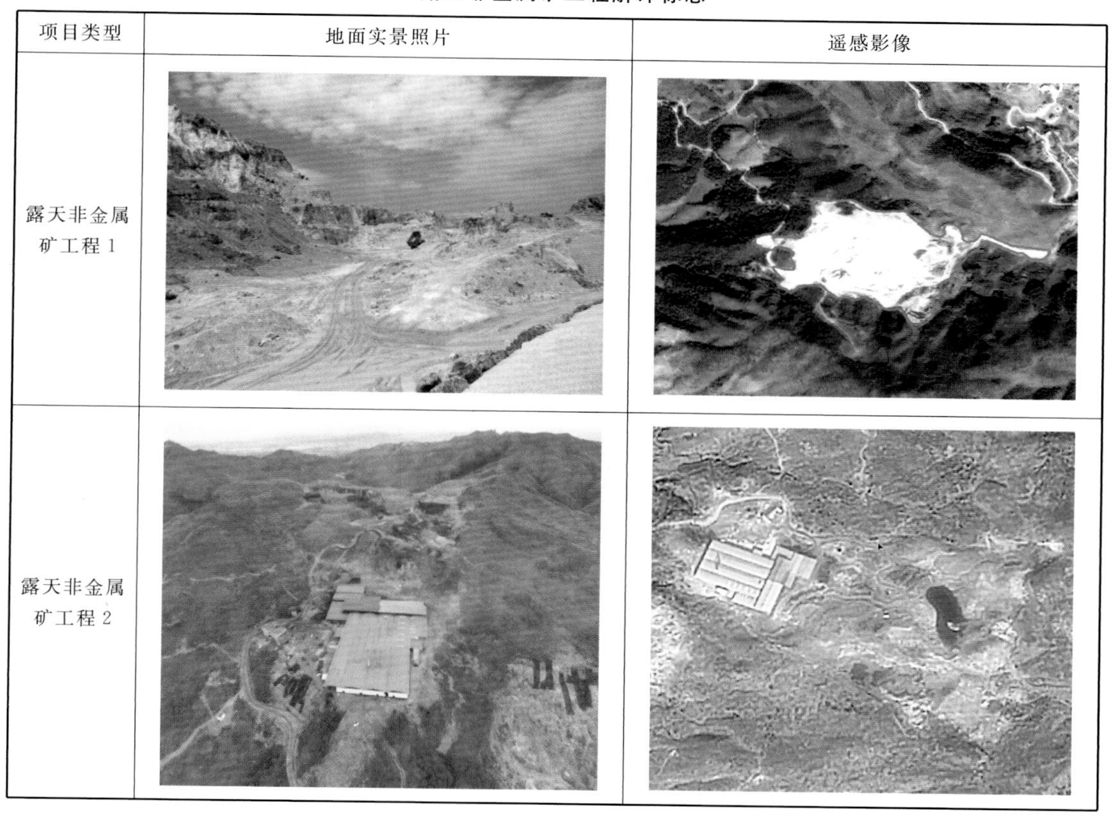

项目类型	地面实景照片	遥感影像
露天非金属矿工程 1		
露天非金属矿工程 2		

井采非金属矿工程的现场实景照片和对应的遥感影像见表 5.20，其影像特征如下：

（1）光谱特征。色调发白、高亮，周边有绿色植被。

（2）几何特征。扰动形状不规则，纹理粗糙。

表 5.20　　井采非金属矿工程解译标志

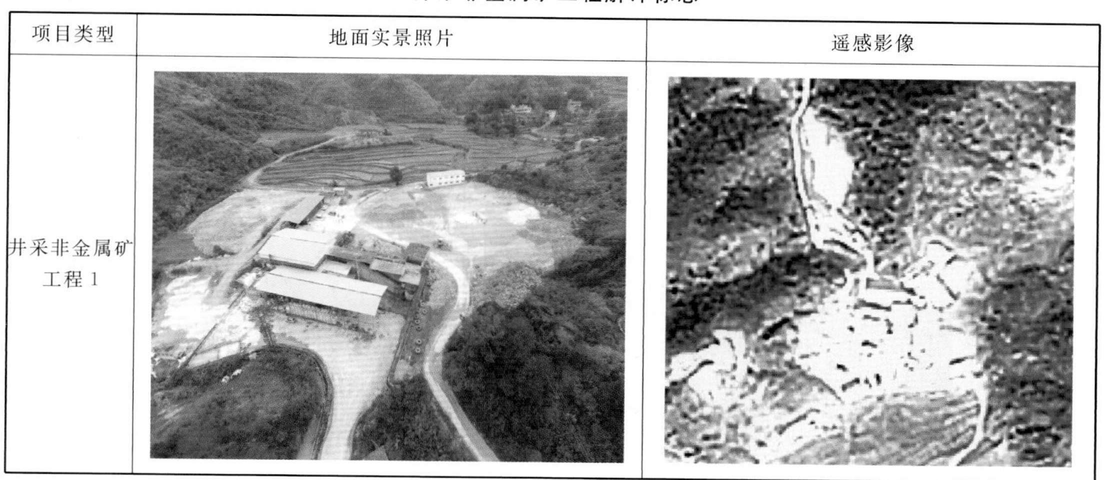

项目类型	地面实景照片	遥感影像
井采非金属矿工程 1		

续表

项目类型	地面实景照片	遥感影像
井采非金属矿工程 2		

(3) 空间特征。一般分布在山区，各分区通过道路连接。

5.3.15　城建建设工程

城建建设工程包括城市内几乎所有的建设项目，主要包括工业园区工程、城市管网工程、房地产工程等。

1. 工业园区工程

工业园区是由一个或数个较强大的工业联合企业为骨干组成的工业企业群聚集区，有共同的市政工程设施和动力供应系统，各企业间有密切的生产技术协作和工艺联系，其范围较大。工业建设项目按生产工艺和产品对城市环境的影响大小，一般分为布置在远离城市的工业、城市边缘的工业、布置在城市内和居住区的工业建筑。

工业园区工程的现场实景照片和对应的遥感影像见表 5.21，其影像特征如下：

(1) 光谱特征。影像上能清晰看到建筑顶部颜色一般为白色或蓝色。

(2) 几何特征。纹理特征平滑，边界规则，规格块状。

(3) 空间特征。一般位于道路边。

表 5.21　　工业园区工程解译标志

项目类型	地面实景照片	遥感影像
工业园区工程 1		

续表

项目类型	地面实景照片	遥感影像
工业园区工程 2		

2. 城市管网工程

城市管网工程包括给水管网、排水管网、污水管网、燃气管网、供热管网和电力电线等管线管道及其附属设施等工程。管网工程一般分布在市内，并且大多沿城市道路建设。

城市管网工程的现场实景照片和对应的遥感影像见表 5.22，其影像特征如下：

（1）光谱特征。呈灰白色。

表 5.22　　城市管网工程解译标志

项目类型	地面实景照片	遥感影像
城市管网工程 1		
城市管网工程 2		

（2）几何特征。与有植被区域界线明显，规则呈长条状分布。

（3）空间特征。一般沿道路建设。

3. 房地产工程

房地产工程包括居住区建设项目和公用建筑项目，居住区建设项目包括住宅建设工程，居住区公共服务设施建设工程，居住区绿化工程，居住区内道路工程，居住区内给水、污水、雨水和电力管线工程；公用建筑项目包括行政办公、商业金融、其他公共设施建设工程等。房地产工程属于点型建设类项目，布局相对集中成点状分布。一般选择在自然环境优良的地区，有着适于建筑的地形与工程地质条件，避免易受洪水灾害、地震灾害、风口等不良条件的地区。在丘陵地区，宜选向阳、通风的坡面。

房地产工程的现场实景照片和对应的遥感影像见表 5.23，其影像特征如下：

（1）光谱特征。场地平整期，地表大片裸露，影像上呈土黄色或白色；建筑物施工期，影像呈水泥灰色。

（2）几何特征。轮廓清晰，建成后纹理规则，表现出明显的棋盘状城市格局。

（3）空间特征。连片分布，附近有城市道路。

表 5.23　　　　**房地产工程解译标志**

项目类型	地面实景照片	遥感影像
房地产工程 1		
房地产工程 2		

续表

项目类型	地面实景照片	遥感影像
房地产工程 3		

5.3.16 油气工程

油气工程包括油气开采工程、油气管道工程、油气存储与加工工程。油气开采工程指石油、天然气等油气田开采工程；油气管道工程指输送石油、天然气的管道运输工程，如天然气管道工程、原油管道工程、成品油管道工程等；油气储存与加工工程是指与石油、天然气储存和加工相关工程，如石油储备基地、天然气储备基地、石油天然气储备基地以及石油加工厂、炼油厂、石油化工厂、天然气加工厂、天然气处理厂、液化天然气加工厂等。

油气储存与加工工程的现场实景照片和对应的遥感影像见表 5.24，其影像特征如下：

(1) 光谱特征。呈灰色或黄色，与周围地物颜色特征有明显区分。

(2) 几何特征。纹理清晰，边界明显，油气管道工程呈条带状分布。

(3) 空间特征。中国主要油气田分布在新疆、四川盆地周边低山丘陵区和沿海地区等。

表 5.24 油气管道工程解译标志

项目类型	地面实景照片	遥感影像
油气管道工程		

续表

项目类型	地面实景照片	遥感影像
油气储存与加工工程		

5.3.17 农林开发工程

农林开发工程包括集团化陡坡（山地）开垦种植、定向用材料开发、规模化农林开发、开垦耕地、炼山造林、南方地区规模化经济果木林开发等工程。中国农林开发项目主要分布在江西、福建、四川、广西等省（自治区）。这些省2/3以上的区域为山地丘陵，降雨量大，又都属南方红壤丘陵区和西南土石山区，而且由于此类工程都是规模化开发，占地面积较大，多集中连片，农林开发项目造成的水土流失量最大，约占生产建设项目水土流失总量的1/4。

农林开发工程的现场实景照片和对应的遥感影像见表5.25，其影像特征如下：

（1）光谱特征。以绿色调为主。

（2）几何特征。纹理特征比较明显，块状或线状分布。

（3）空间特征。分布在耕地或村庄周边，附近有乡村及道路分布。

表5.25　　农林开发工程解译标志

项目类型	地面实景照片	遥感影像
农林开发工程1		

续表

项目类型	地面实景照片	遥感影像
农林开发工程 2		

5.3.18 加工制造类项目

加工制造类项目指对采掘业产品和农产品等原材料进行加工，或对工业产品进行再加工和修理，或对零部件进行装配的工业类建设项目，如冶金工程（含钢铁厂）、机械制造厂、化学品生产厂、木材加工厂、建筑材料生产厂、纺织厂、食品加工厂和皮革制造厂等。

加工制造类项目的现场实景照片和对应的遥感影像见表 5.26，其影像特征如下：

（1）光谱特征。施工期扰动发白；竣工后影像上可见绿色植被、发白硬化地面、蓝色建筑物顶部分布于内部。

（2）几何特征。竣工后建筑物规则分布，厂区分布范围明显且形状规则，可见线状道路分布于内部。

（3）空间特征。分布于道路旁。

表 5.26　加工制造类项目解译标志

项目类型	地面实景照片	遥感影像
加工制造类项目 1		

续表

项目类型	地面实景照片	遥感影像
加工制造类项目2		

5.3.19　社会事业类项目

社会事业类项目包括教育、文化、卫生、计生、广播电视、残联、体育和旅游等部门的建设项目，如各类学校建设工程、文化娱乐公共设施建设工程、各种医院建设工程、广播电视设施建设工程、体育场馆建设工程和旅游景区建设工程等。

社会事业类项目的现场实景照片和对应的遥感影像见表5.27，其影像特征如下：

表5.27　　社会事业类项目解译标志

项目类型	地面实景照片	遥感影像
社会事业类项目1		
社会事业类项目2		

（1）光谱特征。整体色调偏白色与土黄色。

（2）几何特征。学校整体形状规则，边界清晰，区域内有形状大小均一的建筑分布，有规则的运动场。

（3）空间特征。周边有道路和建筑。

5.3.20 信息产业类项目

包括通信设备、广播电视设备、电子计算机、软件、家电、电子测量仪器、电子工业专用设备、电子元器件、电子信息机电产品、电子信息专用材料等生产制造和集成装配厂建设工程以及各类数据中心、云中心、大数据中心或者基地等的建设工程。

信息产业类项目的现场实景照片和对应的遥感影像见表5.28，其影像特征如下：

（1）光谱特征。整体色调偏亮。

（2）几何特征。边界清晰，与周围形成显著对比。

（3）空间特征。周边有道路。

表5.28 信息产业类项目解译标志

项目类型	地面实景照片	遥感影像
信息产业类项目1		
信息产业类项目2		

5.3.21 弃渣场

生产建设项目对原地貌大规模填筑堆垫，开挖边坡，造成大量的弃土弃渣。这些弃渣失去了原有土壤结构，且一般具有较陡的松散堆积面，土壤侵蚀严重。此处弃渣场指水土保持方案确定的废弃砂、石、土、矸石、尾矿和矿渣等专门存放地。

尾矿库的现场实景照片和对应的遥感影像见表 5.29，其影像特征如下：

(1) 光谱特征。通常含有尾水，且化学成分、含量与周边地物完全不同，因此影像上色彩鲜艳，水体呈现蓝色或绿色。

(2) 几何特征。尾矿库为人工建筑物，人工痕迹显著，几何形态规则，形状类似于水库，一般会有一个或多个比较平直的坝体，靠近尾矿库的一边，库体边缘笔直，与周围地物界线分明，非坝体区域边界一般比较圆滑，与周边地形等高线比较吻合。

(3) 空间特征。尾矿库通常与河流湖库等水体相伴，距离水体不远，为便于对尾矿库的巡查管理、应急救援，通常尾矿库与道路相连。

表 5.29　　尾矿库解译标志

项目类型	地面实景照片	遥感影像
尾矿库 1		
尾矿库 2		

弃渣场的现场实景照片和对应的遥感影像见表 5.30，其影像特征如下：

(1) 光谱特征。色调呈现灰白、黄色。

(2) 几何特征。长条状，光滑有立体感，能分辨出多层台状堆积体。

(3) 空间特征。周围有临时道路。

表 5.30　　弃渣场解译标志

项目类型	地面实景照片	遥感影像
弃渣场 1		
弃渣场 2		C01-001

本章参考文献

[1] 关泽群，刘继林. 遥感图像解译 [M]. 武汉：武汉大学出版社，2007.

[2] 梅安新，彭望琭，秦其明，等. 遥感导论 [M]. 北京：高等教育出版社，2001：135.

[3] 凌峰，王敬贵，孙云. 基于高分辨率遥感影像的生产建设项目扰动图斑解译标志的建立 [J]. 中国水土保持，2016 (11)：16-19.

[4] 李智广，王敬贵. 生产建设项目“天地一体化”监督示范总体实施方案 [J]. 中国水土保持，2016，(2)：14-17.

[5] 赵永军. 水土保护方案编制技术 [M]. 北京：中国大地出版社，2016：89.

[6] 水利部水土保持监测中心. 生产建设项目水土保持准入条件研究 [M]. 北京：中国林业出版社，2010.

[7] 王蔚，傅涛. 矿业开发活动的高分辨率遥感影像解译标志 [J]. 云南地质，2012，31 (2)，242-244.

第6章　生产建设项目扰动多源遥感动态监测技术

6.1　生产建设项目多源遥感动态监测技术体系

《水利部流域管理机构生产建设项目水土保持监督检查办法（试行）》（办水保〔2015〕132号）（表2.1）。其中，除了水土保持组织管理、补偿费缴纳及后续设计等几项内容外的其他调查内容和指标均与调查对象的空间特征相关。卫星和无人机等多源遥感。

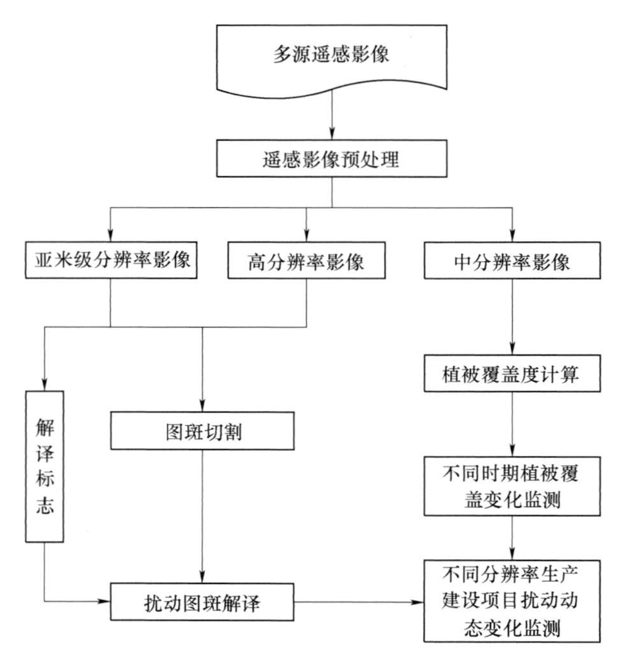

图6.1　基于多源遥感的生产建设项目扰动动态监测技术
（扰动地块：指生产建设活动中各类挖损、占压、堆弃等行为造成地表覆盖情况发生改变的土地。扰动图斑：指扰动地块在“天地一体化”监管专题成果图上的反映。）

基于多源遥感的生产建设项目扰动动态监测技术如图6.1所示，基本流程包括多源遥感数据收集影像预处理等几个核心步骤，各个步骤涉及的内容如下：

6.1.1　多源遥感数据收集

遥感影像收集是完成生产建设项目水土保持天地一体化监管技术的基础，亢庆等指出，需要根据生产建设项目水土保持监管工作的需求，从影像的时间分辨率、空间分辨率、时相和影像质量等方面综合考虑选择合适的影像数据源。

生产建设项目扰动动态监测应用到的多源遥感数据包括以无人机航片为代表的亚米级影像（分辨率通常小于1m）、以高分一号为代表的高分辨率影像（分辨率通常为1～5m，见表6.1）和以Landsat8为代表的中分辨率影像。中等分辨率遥感影像单景覆盖面积广，数据量小且处理快捷；高分辨率遥感影像空间分辨率高，能够监管项目扰动的更多细节，但价格较高，数据量大，处理速度慢。因此，高分辨率遥感影像适用于各尺度生产建设项目扰动的动态变化监管，中等分辨率遥感影像只适用于大尺度生产建设项目扰动的动态变化监管；中等分辨率遥感影像适用于省（自治区、直

辖市）级范围的大区域动态变化监管工作，高分辨率数据适用于县（区）级范围的动态变化监管。区域动态变化监管频次可以定为全区域每年至少 2 次，生产建设项目集中区每个季度至少 1 次。生产建设项目动态变化监管频次和监管内容见表 6.2。

表 6.1 卫星遥感影像数据参数

数据尺度	数据源	空间分辨率/m	重访周期/d	幅宽/km
中分辨率	Landsat8	15	16	180
	GF－1（宽幅相机）	16	2	800
	哨兵卫星	10	5	290
高分辨率	ZY－3 02C	5	3	60
	ZY－3	2.1	5	51
	GF－1	2	4	60
	GF－2	1	5	45
	SPOT6	1.5	2～3	60

表 6.2 生产建设项目动态变化监管频次和监管内容

动态变化监管	范围＼类型	数据源	监管频次	监管内容
区域生产建设项目	省（自治区、直辖市）级范围	中分辨率	一般区域一年 2 次；生产建设项目集中区每季度 1 次	监管区域内的项目数量和空间分布变化，确定未批先建、超出责任范围、新增扰动面积大和扰动面积大等重点监管项目
	县（区）级范围	中分辨率、高分辨率		
各类生产建设项目或重点部位扰动	露天矿、水利工程、水电站、铁路、公路等	中分辨率、高分辨率、亚米级分辨率	施工前 1 次；施工期每年至少 2 次	监测扰动面积变化、确认违规扰动位置、监管防治措施动态变化和水土流失面积动态变化
	房地产工程和加工制造类	高分辨率、亚米级分辨率	施工期 1～2 次	
	弃渣（土）场、陡填坡等	高分辨率、亚米级分辨率	每季度 1 次；施工结束后 1 次	

6.1.2 影像预处理

在获取基础影像之后，需要对影像进行处理，以得到满足遥感解译要求的成果影像。影像预处理主要包括专题信息增强、影像配准、影像融合、影像镶嵌等处理（图 6.2），从而获取适于生产建设项目扰动图斑解译和信息提取的遥感影像，提高专题信息提取精度。其中，影像信息增强技术和融合（这里一般指空间融合）详细内容见第 3 章，影像配准见第 4 章。

影像镶嵌是应用数字图像处理方法将两幅甚至更多幅相邻的影像拼接在一起，构成一幅完整图像的技术，处理过程中包括几何镶嵌、色调调整、去重叠等处理。一般情况，影像镶嵌技术可以基于像素的镶嵌和基于地理坐标的镶嵌，两种技术在 ENVI、ArcGIS 和 Erdas 等相关图形处理软件中均可实现，不再赘述。

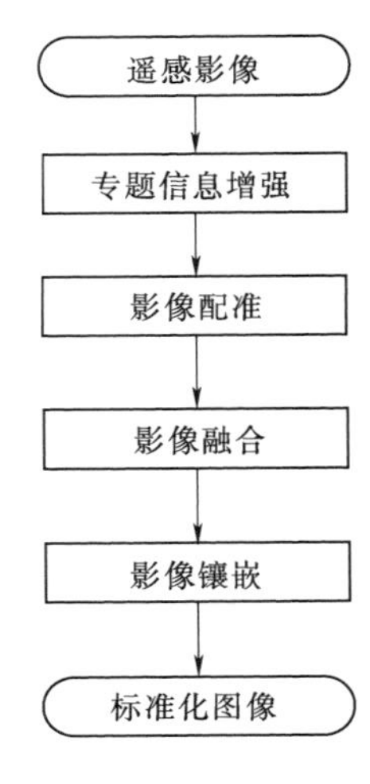

图 6.2 影像预处理流程图

6.1.3 建立解译标志

建立解译标志的目的是为后续遥感影像解译做准备，主要是依据遥感影像特征（包括色调、阴影、形状、大小、位置、布局、图案、纹理等）、无人机影像、野外抽样调查结果，建立不同类型生产建设项目。

解译标志的建立过程包括：研究人员室内预判，选取典型样地野外现场调查，建立解译标志，对解译标志进行核查与修改，核查与修改工作有时需要重复进行直到建立起合理的解译标志为止。

全国范围内不同类型生产建设项目的解译标志建立过程及内容详见第 5 章。

6.1.4 遥感影像解译

在全国开展的生产建设项目监管示范中，遥感影像解译主要使用高分一号、高分二号等高分辨率影像，对生产建设项目扰动（遥感影像称为扰动图斑）人机交互式解译和面向对象的计算机自动解译两种，详细内容请见 6.2 节。

6.1.5 动态变化监测

2015 年水利部水土保持监测中心编制的《生产建设项目监管示范实施方案》，要求在 2015 年第一次生产建设项目遥感监管示范基础上，2016 年更新遥感影像完成各示范县生产建设项目的动态变化监测。整个动态监测中，可以分为基于光谱变化的动态监测和基于专题信息图斑的动态监测。监测方法和内容见 6.3 节。

6.2 生产建设项目扰动图斑遥感识别技术

6.2.1 遥感识别技术研究进展

遥感影像解译大体上可以分为人机交互式解译和基于计算机的自动识别解译两类。目前，针对生产建设项目扰动区域（遥感影像上称为扰动图斑）解译技术的主要方法是人机交互式解译。人机交互式解译是一种基于遥感/地理信息系统（RS/GIS）在个人与专家经验主导下的、所见即所得的解译方法。该方法涉及的技术简单、成熟，其精度和效率严重依赖于解译者的经验。因为人机交互式解译不涉及具体的算法和模型，因此在研究进展方面不做过多介绍。

目前，依据基于计算机自动识别技术的生产建设项目扰动解译研究尚未得到有效开展。可以借鉴的研究主要体现在国土资源、交通等领域对矿产资源开发现状调查与监测以及土地利用/覆盖动态监测等方面。依据处理对象的不同，遥感影像分类识别方法大体上可以分为基于像元的遥感影像分类和面向对象的遥感影像分类（Object - Based Image Analysis，OBIA）。下面就两类分类方法的原理、研究进展及存在的主要优缺点总结如下。

1. 基于像元的影像分类

基于像元的分类方法在技术和应用上都已相对成熟，主要依据像元的光谱同质性和差异性特征进行识别。根据是否需要训练样本数据的参与，基于像元的分类方法可以分为监督分类和非监督分类（表 6.3）。

表 6.3　　基于像元的遥感影像分类

划分标准	分类类型	类型特征描述	典型方法
是否有训练样本数据参与	监督分类法	土地覆盖类别确定；使用一定的参考数据形成训练样本，根据样本训练得到的分类标志将图像整体划分到各对应类别中去	最大似然分类法、最小距离分类法、人工神经网络法、决策树方法
	非监督分类法	由选定的聚类算法依照图像的内在统计特性，将图像划分为指定类别在分类过程中无需用到任何先验知识，分类结果可直接标注类别或经过一定的合并形成有意义的分类结果	ISODATA、均值聚类算法

监督分类是一种常用的、统计判决分类方法，在已知类别的训练场地上提取各类训练样本，通过选择特征变量、确定判别函数或判别规则，从而把图像中的各个像元点划归到给定类的分类方法。在监督分类过程中，样本的选择非常重要，不同训练样本得到的分类结果差异性较大。典型的监督分类方法有：最小距离分类法、马氏距离分类法、最大似然分类法等方法，由于训练样本光谱特征不是很稳定，分类结果精度都不高。

非监督分类也称聚类分析，指人们事先对分类过程不施加任何先验知识，仅凭地物的遥感影像光谱特征分布进行聚类。按照某些原则选择一些代表点作为聚类的核心，然后将其余待分点按判据准则分到各类中，完成初始分类，之后再重新计算各聚类中心，把各点按初始分类判据重新分到各类，完成第一次迭代，然后再次修改聚类中心，把各点按初始分类判据重新分到各类，反复进行迭代，直到满意为止。非监督分类不需要研究者对地物影像特征获取的先验知识，受主观因素影响较小，可节省大量的人力、物力，不会出现监督分类中会出现的分析者的失误造成的误差。常用的非监督分类包括 ISODATA、均值聚类算法等。

无论是监督分类还是非监督分类，都是依据地物的光谱特性的点独立原则来进行分类，且都是采用统计的方法。这些方法在传统的中低分辨率影像上应用较为广泛，主要是由于中低分辨率影像的空间信息并不丰富，使得提取特定地物时往往以像元为基本单元进行信息提取，即参与信息提取的因子是像元的光谱信息，很少考虑类别内部的结构纹理以及相邻像元之间的关联信息。

但是，随着航天和航空平台、传感器、通信以及信息处理等关键技术的跨越式发展，各种监测卫星提供的遥感影像的分辨率越来越高，空间分辨率已经从 Landsat 的 30m、SPOT 的 2.5m 发展到了 IKONOS 的 1m 和 QuickBird 的 0.61m 等亚米级，光谱分辨率也涵盖了全色、多光谱和高光谱等多种波段类型。中国的遥感事业在经济的高速发展的背景下，也取得了飞速的发展，“十一五”期间重点实施的“高分辨率对地观测”系统重大科技专项所推动发射的高分系列卫星（详细内容请见第 2 章）达到了米级、亚米级。高分辨率影像与传统中、低分辨率遥感影像相比，具有更加丰富的空间分布信息，以及更加精细的地物结构和纹理信息，更便于认识地物目标和属性特征，如地物的光谱值、形状、纹理、层次和专题属性等。以传统中低分辨率影像发展起来的基于像元的分类方法在应用到高分辨率影像上，一方面无法有效的利用高分辨率影像更加丰富的地物结构和纹理信息，另一方面还可能因丰富的光谱信息引起的"椒盐效应"（Salt－and－Pepper Effect），以及"同物异谱""同谱异物"现象，从而影响分类结果的准确性。

《中华人民共和国水土保持法》中明确的生产建设项目的特点，限制了基于像元的分类方法的应用：①单个生产建设项目扰动范围一般介于0.5hm^2和几十公顷之间，决定了高分辨率影像的适宜度更高；②生产建设项目扰动图斑斑块破碎且类型多样，例如，在场地平整阶段，原有的部分地貌被破坏，部分没有被破坏，并且两部分的分布不具有规则性，随着施工的进行，裸露的地表逐渐被道路和建筑物所覆盖，造成同属一个生产建设项目的不同部分被割裂，因此仅仅通过光谱来识别，势必会出现"椒盐效应"。

2. 面向对象的影像分类

为了充分并且合理地利用高分辨率遥感影像提供的丰富信息（包括光谱、几何形状和纹理等特征），Baatz M 和 Schape A 根据高分辨率遥感影像的特点，提出了面向对象的遥感影像分类方法。该方法中的最小单元不再是单个的像元，而是具有相对地物特征的像元聚类（称为对象），在后续的影像识别分析中也是按照对象来进行处理的。实验证明，这是一种先进而且很有前途的方法，尤其是 eCognition 软件的出现更加速了该方法的发展。对这种方法进行深入的探究和探讨是十分有意义的。

面向对象的分类包括影像分割和影像识别分类两个步骤。其中，前者是整个分类过程的基础和关键，决定了后者的精度。

（1）影像分割。遥感影像分割方法从20世纪开始不断出现。遥感影像分割的目的就是要将影像划分为相对均质且具有一定语义的像元聚类。分割所得的图像区域应同时满足以下条件：①图像区域中的所有像元要都满足某种相似性准则，且任意两点之间连通；②相邻图像区域之间针对某选定特性具有显著差异性；③区域边界应规整且能够保证边缘的空间定位精度。遥感影像分割目的是将影像中具有某种地物特征的区域分开并使得每个区域都满足一定的同质性条件，如灰度、光谱、纹理等。

图像分割方法分为三大类，包括基于阈值分割、基于边缘分割和基于区域分割。阈值分割算法中：一部分是基于直方图的统计信息对图像进行分割；另一部分是基于特定数学工具的阈值方法，如最大类间方差法、熵、神经网络、模糊测度等；还有一部分是多阈值分割法，主要用于处理复杂图像。基于边缘分割方法主要是监测邻近一阶或二阶方向导数变化规律的边缘检测算子，跟踪对象边缘，形成的封闭曲线构成对象，常用的算子包括：Sobel 算子、Laplace 算子和 Candy 算子等。基于区域的分割方法是一种某种相似性准则将像素或子区域聚合成更大的同质性区域的分割方法，常用的方法包括区域生长法算法、分水岭变换法，马尔科夫随机场方法等。

阈值方法依赖于阈值的选择，应用于复杂的遥感影像，往往效果较差；基于边缘的分割方法往往难以得到闭合且连通的边界，且容易产生边界错分的现象；相对而言，基于区域的方法具有原理简单、无需预知类别数目等优点，得到广泛的应用，尤其是分形网络演化算法（Fractal Net Evolution Approach，FNEA）。即 eCognition 中多尺度分割技术中

应用到的方法。

（2）分割尺度问题。遥感影像的分割必然会面临分割尺度的问题，并且分割尺度对于影像分割效果的影响大。尺度可以形象地比喻为“观察的窗口”，尺度越大，生成的对象层内多边形面积就越大而数目越少，对象内像元间的光谱变动程度越大；反之，生成的对象层内多边形面积越小而对象数量越大，对象内异质性也越小。

考虑不同的地面实体、地理现象、景观格局等的差异性，当尺度增加到一定的范围，影像中的一种地物类型可以通过最少的对象表达出来，这种尺度范围属于最适宜的尺度（也称为最优分割尺度）。归纳起来，最优分割尺度就是分割后的对象多边形能将这种地物类型的边界显示十分清楚，并且能用一个对象或几个对象表示出这种地物，既不能太破碎，也不能边界模糊（即不出现混合对象），能够很好地表达这种地物类别特有的各种特征，使得该地物类别能够很好地与其他地物类别区分开来。从定量化的角度，最优分割尺度的判定方法为：分割对象满足对象内光谱、几何形状和纹理等地物特征的同质性和相邻对象间地物特征的差异性均达到最大。

需要指出的是，这里的最优尺度问题虽然仍旧属于空间问题，但是有别于传统基于像元的分类中出现的空间分辨率问题，主要是因为面向对象的分类研究的对象不再是像元，而是具有光谱、几何形状和纹理相似性的对象。并且，最优分割尺度是针对一种地物类型的最优尺度，并不存在全局性的最优尺度。

最优分割尺度已成为现阶段非常重要和热门的研究专题，尤其是在基于多尺度分割技术的 eCognition 软件出现之后。传统的最优尺度获取方法以分类者的多次尝试和主观判断为依据，效率低下且存在主观不确定性。除“试错”法之外，还有参与方法和非参与方法两类，前者根据与已知地物的吻合程度来判断最优尺度，需要输入人工预先判断、勾画出的边界或者地物类型种类，如：于欢等通过实地采样并选择具有代表性的样本，然后根据对象边界和影像实际地物边界的空间关系计算矢量距离指数，通过矢量距离指数的高低来寻找每个类别的最优分割尺度，从而提出矢量距离指数法。汪求来提出面积比均值法，该方法认为绝对理想的分割尺度所获得的结果为目标物面积与分割对象总面积的比值，与此同时，单个地物所对应的分割对象数目也为基于此原理，构建面积比均值公式，从而获取最优分割尺度。

后者不需要人工的参与，主要分析对象内部的同质性与对象间的异质性，建立尺度与两者之间的函数曲线，依据对象内同质性最大、对象间异质性最大的原则，或者依据内部同质性的变化率随尺度的变化规律，客观地选取一个合适的尺度，代表性的方法有分割评价指数、局部方差方法及改进方法、目标函数法。

从实际生产应用的角度而言，非参与方法更具有普适性，其中，又以局部方差方法和目标函数法理论较为扎实，应用也更为广泛。

（3）影像识别。在获取分割对象之后，还需要利用分类器来分析对象的特征，这些特征除了像元的光谱信息外，还可以包括对象自身的语义信息，如大小、形态与对象之间的空间关系如拓扑、邻近、方向等关系，进而对这些对象的类属进行识别和判断。

自 Blaschke 等人于 2001 年首先提出了基于对象的遥感影像分类方法之后，国内外学者在传统的基于像元的分类方法的基础上，在充分考虑了对象的光谱、形状、纹理等特征的情况下，发展出了大量的面向对象的分类识别方法。例如熊铁群等采用面向对象分类技术进行了上海市 Quick Bird 影像城市绿地信息的提取实验，总体分类精度比传统监督分类方法提高了 24.4%，效果令人满意。黎新亮（2006）等采用面向对象的最邻近监督分类方法对 Quick Bird 影像进行了分类研究，总体分类精度达到 92.19%，Kappa 系数为 0.8835。蒲智等采用面向对象的多尺度分割技术对城市绿地信息提取进行了研究，以乌鲁木齐市的 Quick Bird 影像为主要数据源，研究表明该方法提取信息准确率高、速度快、成本低。莫登奎等采用基于模糊逻辑分类的面向对象影像分析方法对株洲市城乡结合部的 IKONOS 影像进行了土地覆盖信息的提取。Olaf Hellwich 等利用面向对象的方法从高分辨率多源遥感影像中提取了道路网络、农用地和居民地等信息。Shackelford 和 Davis 对比面向对象分类方法与传统基于像元分类方法对城市地区高分辨率遥感影像的分类效果，结果表明面向对象分类方法更适合于城市地区的影像分类。

6.2.2　人机交互式识别技术

1. 人机交互识别技术流程

人机交互遥感解译是一种基于遥感/地理信息系统（RS/GIS）软件，在个人与专家经验主导下的遥感影像（特别是高分辨率遥感影像）人工解译方法，具有可视化分析、方便快捷、所见即所得等特点。完整流程如图 6.3 所示，整个过程包括图像预处理、解译标志建

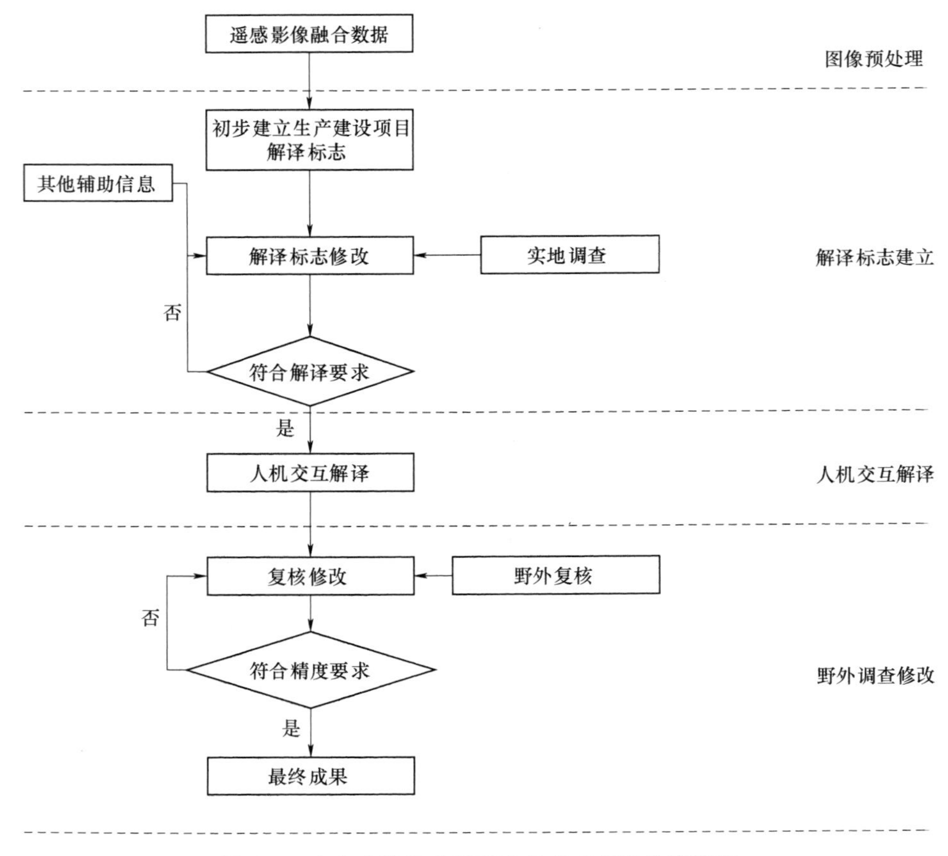

图 6.3　生产建设扰动图斑人机交互解译生产流程

立、人机交互解译、野外复核修改四个步骤。

（1）图像预处理。图像预处理主要是对遥感影像依次开展正射校正、信息增强、融合、镶嵌等处理，其中，影像信息增强技术和融合（这里一般指空间融合）详细内容见第3章，影像配准见第4章。

（2）解译标志建立。解译标志建立在本书第5章有详细介绍，主要是针对不同类型和不同建设期的生产建设项目展开，可参考的信息包括光谱特征、几何特征和空间分布特征。更为具体信息这里就不再过多重复介绍。

（3）人机交互解译。人机交互解译方面，主要是解译人员在深入学习解译标志的基础上，依据生产建设项目扰动图斑在影像上的特征（包括大小、形状、纹理等），利用遥感图像处理软件（ENVI、Erdas）或者GIS软件，将人工判读出来的生产建设扰动图斑勾绘出来的过程。该过程主要是依据解译人员的视觉思维，在整个解译过程中占用的时间较多，其精度和效率依赖于解译者的经验。以ArcGIS10.1软件为例，影像解译的一般过程包括：

1）在ArcGIS10.1软件中设置默认工作目录，建立监管区域扰动图斑矢量文件(Shapefile的要素类型为Polygon，下同)，将该矢量文件以“RDTB _ XXXXXX _ YYYYQQ”的形式命名。RDTB为“扰动图斑”拼音首字母；“XXXXXX”为监管区域的行政区划代码，以国家统计局网站公布的最新行政代码为准；“YYYYQQ”表示YYYY年开展的第QQ期扰动图斑解译工作。

2）根据表6.4建立矢量文件的属性表。

表6.4　扰动图斑矢量文件的属性表

序号	字段意义	Shapefile属性名	字段类型	大小
1	图斑编号	QDNM	Text	200
2	扰动类型	QTYPE	Text	20
3	扰动面积	QAREA	double	
4	施工现状	QDCS	Text	20
5	扰动变化类型	QDTYPE	Text	10
6	扰动合规性	BYD	Text	50
7	复核状态	RST	Text	10
8	项目名称	PRNM	Text	254
9	建设单位	DPOZ	Text	254
10	项目类型	PRTYPE	Text	50
11	备　注	NOTE	Text	254

注　1. 图斑编号：指扰动地块的编号，按照顺序依次编号。
2. 扰动类型：分为弃渣场和其他扰动两类。
3. 扰动面积：指扰动地块的面积。
4. 施工现状：指扰动地块所处的施工阶段，分为施工（含建设生产类项目运营期施工）、停工、竣工。
5. 扰动变化类型：指扰动地块相对于前一次遥感监管所属的变化类型，包括“新增”“续建”“停工”三种。
6. 扰动合规性：指某生产建设项目扰动是否符合水土保持有关规定。
7. 复核状态：指某扰动地块是否进行现场复核，包括“是”“否”。
8. 项目名称：指某一生产建设项目的正式名称，如果已经批复水土保持方案，则以水土保持方案批复文件为准。
9. 建设单位：指某一工程项目的投资主体或投资者，如果已经批复水土保持方案，以水土保持方案批复文件为准。
10. 项目类型：指某一工程项目所属的行业类型。
11. 备注：指与扰动地块相关的其他需要特别说明的内容。

3）参考解译标志，利用ArcGIS软件人工勾绘扰动图斑，并初步判断、填写扰动图斑的相关属性信息。ArcGIS软件人工勾绘扰动图斑的一般过程是：编辑器→开始编辑→选择要编辑的矢量文件→使用铅笔工具，勾画图斑。在人工勾绘的过程中可以选择编辑器→捕捉→捕捉工具（可以选择点捕捉、端点捕捉、折点捕捉和边捕捉）。

（4）野外调查修改。野外调查修改是确保解译精度的可靠保证，其作业模式通常有三种：①纸质图表作业法，是一种传统的作业方法，需要携带打印的纸质工作图件和表格，现场调查采集相关信息，并填写相关表格，再在室内将表格中的有关信息录入计算机系统；②移动采集设备作业法，是一种先进的、数字化作业方法，主要利用水土保持监督管理信息移动采集终端（PDA、智能手机、平板电脑等），直接在现场调查并采集相关数字信息，在线或者离线传输至后台管理系统中；③基于无人机的作业法，是通过无人机航拍的亚米级影像获取下垫面的扰动的一种技术，通常是对重点项目、人员无法直接靠近的项目的一种主要探测手段。

2. 人机交互识别的成果要求

按照《生产建设项目监管示范实施方案》（2016版）的要求，扰动图斑遥感解译工作的成果要满足：

（1）解译结果中，扰动面积大于等于0.1hm^2的图斑应全部解译。

（2）根据宜简不宜繁的基本原则，影像上明显为同一项目区的（包括项目区内部道路、施工营地等），尽量勾绘在同一图斑内。但需要将弃渣场作为一种扰动形式进行单独解译。

（3）遥感解译的扰动图斑面积如果与审核人员认定的实际扰动面积相差超过20%，该扰动图斑解译不合格。

（4）由审核小组抽取10%的扰动图斑进行检查，若图斑合格率低于85%，则需对全部扰动图斑进行重新解译，直至达到合格率要求。

6.2.3 基于最优分割尺度的面向生产建设项目的识别技术

1. 方法介绍

（1）面向对象的影像分割。影像分割方法大体上可以分为基于阈值、基于边界和基于区域三类，其中：基于阈值的方法依赖于阈值的选择，在地物类型复杂多样的区域，影像分割效果较差；基于边缘的分割方法往往难以得到闭合且连通的边界，且容易产生边界错分的现象；而基于区域的方法具有原理简单、无需预知类别数目等优点，得到广泛的应用，尤其是分形网络演化算法（FNEA）。即eCognition中多尺度分割技术中应用到的方法。FNEA是一种区域生长的算法，基本思路是以1个像元为种子，依据光谱、形状等多特征加权值，不断合并周围与种子像元有相同或者相似性质的像元，直至满足停止生长条件。

FNEA算法的理论基础可表示为

$$F=w_1\times h_{color}+(1-w_1)h_{shape} \tag{6.1}$$

式中 F——尺度参数，是判断一个对象是否继续生长的关键，F过小会造成分割后的对象破碎、时耗过长，属于“过分”现象，F过大，则会造成对象内混合了多种地物类型的像元，属于“欠分”或“混分”现象；

h_{color}——光谱因子，由各波段的光谱值乘以相应的权重累加得到；w_1 为光谱因子的权重；

h_{shape}——形状因子，可由下面公式计算：

$$h_{shape}=w_2 h_{com}+(1-w_2)h_{smooth} \tag{6.2}$$

式中 h_{com}——紧致度因子，用于优化分割对象的紧凑程度，取值介于 0～1；

h_{smooth}——光滑度因子，用于优化分割对象边界的光滑程度，抑制边缘的过度破碎，取值介于 0～1；

w_2——紧致度的权重。

(2) 最优分割尺度。最优分割尺度是指分割后的对象能够清楚地刻画出地物的边界，目标地物可以通过 1 个或者多个分割对象表达出来，分割后的图像既不能“过分”，也不能“欠分”或“混分”。那么，获取最优分割尺度的原则是在保证不“欠分”或“混分”的基础上，适合目标地物的最大尺度。

1) 局部方差方法。L. DRĂGUŢ 等基于对象的局部方差随尺度 F 变化规律提出了一个最优分割尺度获取方法。其基本思路是，随着分割尺度的增加，对象内属于同种地物的像元增加，影像的局部方差也随之缓慢增加，当增加到一定程度之后，对象内会混入其他地物类型的像元，此时对象内光谱值的方差会迅速增大，对象间的光谱异质降低，影像的局部方差减小，局部方差的变化率发生转折。那么，局部方差变化率的转折处就是不同地物类型的最优分割尺度。

影像的局部方差为

$$v_{ar}=\frac{1}{N}\sum_{j=1}^{N}\left(\frac{1}{n}\sum_{i=1}^{n}(x_i-\overline{x_{oi}})^2\right) \tag{6.3}$$

式中 N——图像中对象的个数；

n——对象中像元的个数；

x_n——对象的光谱值；

x_{oi}——对象的灰度值均值。

局部方差变化速率：

$$Roc\_v_{ar}=\frac{v_{ar}-v_{ar\_L}}{v_{ar\_L}} \tag{6.4}$$

式中 v_{ar_L}——比 v_{ar} 小一个尺度间隔的局部方差。

2) 目标函数方法。影像分割的理想结果是分割后的对象具有良好的内部同质性，同时相邻对象之间具有良好的异质性，但两者的最大值并不一定能在同一尺度上取得，那么最优分割尺度可能是基于二者的平衡。G. Espindola 等的思路首先是分别计算对象内像元光谱值的同质性和异质性，并分别进行归一化处理，之后建立目标函数，目标函数取最大值时的尺度 F 为最优分割尺度。

a. 对象内同质性。

$$V=\sum_{i=1}^{N}S_i\sigma_i\Big/\sum_{i=1}^{N}S_i \tag{6.5}$$

式中 S_i——第 i 个对象的面积；

σ_i——第 i 个对象的光谱值标准差。

b. 对象间的异质性。使用 Moran's I 指数（M）来衡量分割对象之间的异质性：

$$M=\frac{N\sum_{i=1}^{N}\sum_{j=1}^{N}w_{ij}(\overline{x_{oi}}-\overline{x})(\overline{x_{oj}}-\overline{x})}{\sum_{i=1}^{N}(\overline{x_{oi}}-\overline{x})^2(\sum_{i\neq j}\sum w_{ij})} \tag{6.6}$$

式中　w_{ij}——空间关系权重，如果对象 i 和对象 j 相接，$w_{ij}=1$，否则 $w_{ij}=0$；为整幅影像的光谱平均值。

c. 目标函数 $F(x)$。依据 V 和 M 在不同尺度下的最大最小值，分别将二者归一化处理，得到 $V_{\text{norm}}[=(V_{\max}-V)/(V_{\max}-V_{\min})]$ 和 $M_{\text{norm}}[=(M_{\max}-M)/(M_{\max}-M_{\min})]$ 目标函数

$$F(x)=V_{\text{norm}}+MI_{\text{norm}} \tag{6.7}$$

（3）面向对象的扰动图斑识别。计算出最优分割尺度之后，还需要对分割后的影像进行识别。识别算法采用 eCognition 中的面向对象的监督分类法，该方法能够对光谱、几何形状、纹理等特征描述及计算。整个识别工作包括：首先，依据现场调研、无人机航片以及前期获取的其他统计资料，为生产建设扰动图斑建立解译标志，并依据解译标志的光谱特征和几何特征为监督分类建立训练样本；然后，用最邻近法对生产建设扰动图斑识别；最后，利用现场调研和无人机航片对分类结果进行校验，如果识别精度满足要求，则直接导出生产建设扰动图斑，否则，则挑选出混分、漏分的图斑，并建立相应的数据库，然后再次回归监督分类步骤，直至识别精度达标。

综合上述思路，生产建设扰动图斑识别流程如图 6.4 所示。

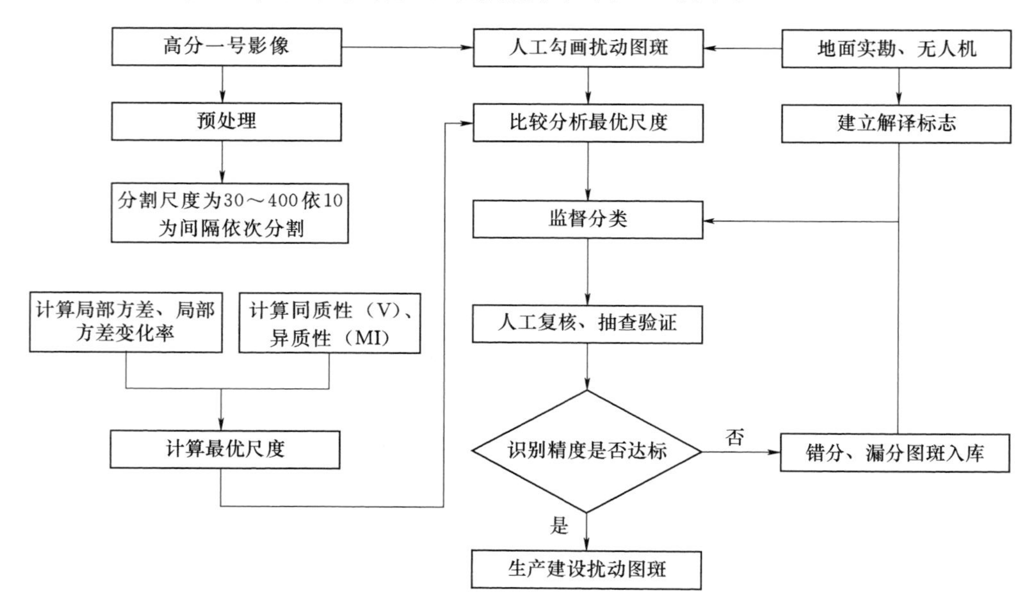

图 6.4　生产建设扰动图斑识别流程

2. 示范区及解译标志的建立

(1) 示范区域及数据预处理。选用2016年广东省生产建设项目水土保持监管示范县内一块典型样区（图6.5，标准假彩色合成影像）为研究区，结合GF-1影像展开研究。由图6.5可以看出，研究区内地物类型复杂且破碎，包括零星分散的小型居民点（图中呈不规则分布的灰色部分）、大片的林草地、夹在居民点和林草地之间的小块农田、道路、水塘、生产建设扰动地块（包括未完成的建筑，以及取土、堆放建筑渣料等造成的裸露地块），区内图像尺寸为2249像元×2465像元。

图6.5 研究区GF-1标准假彩色合成影像

(2) 解译标志的建立与分析。根据地面实地调查及无人机航拍所掌握的背景知识，针对生产建设项目的建设时期，建立用于识别生产建设扰动图斑的解译标志，解译标志的建立参考了现场调查照片、影像以及光谱特征、光谱频率和形状特征等影像特征（表6.5）。

表6.5　　生产建设项目解译标志

现场照片	标准假彩色合成影像	影像特征		
		光谱特征	光谱频率	形状特征
		土黄色，光谱亮度高	最小值：503.0 最大值：1449.0 均值：1050.7 标准差：136.0	地表裸露，形状不规则
		土灰色，亮度相对较高	最小值：458.8 最大值：1548.0 均值：1002.9 标准差：145.9	地表部分裸露，形状不规则

续表

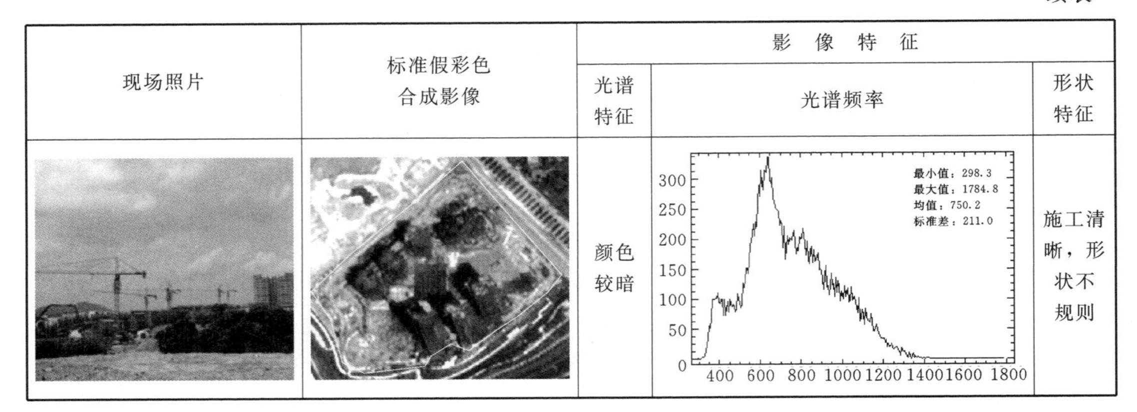

现场照片	标准假彩色合成影像	影像特征		
		光谱特征	光谱频率	形状特征
		颜色较暗	最小值：298.3 最大值：1784.8 均值：750.2 标准差：211.0	施工清晰，形状不规则

由表 6.5 可以看出，生产建设扰动图斑内的光谱亮度范围较大，并且随着生产建设的进展逐步扩大，三个不同时期的值依次为 946.0、1089.2 和 1486.5。与光谱亮度范围呈同样变化规律的还有扰动图斑的亮度标准差，分别为 136.0、145.9 和 211，相反，扰动图斑的光谱亮度均值则随着生产建设的进展逐渐减小。

3. 结果及讨论

（1）影像分割。影像分割在 eCognition 环境下进行，分割尺度 F 的变化范围为 30～400，步长为 10，FNEA 分割方法涉及的其他因子（光谱因子、形状因子、波段比重）在多次的分割过程中均保持一致，即光谱因子和紧致度因子分别设为 0.6 和 0.5，波段权重为 1∶1∶1∶1。

（2）获取最优分割尺度。当分割尺度 F 为 310 时［图 6.6（a），其中，左图为分割效果图，右图为局部效果放大图］，生产建设扰动图斑像元混入了一些小型居民地和绿色植被，属于分割尺度 F 过大造成的“欠分”或“混分”现象，没能对生产建设项目进行有效分割，不利于提高后续信息的识别和提取。当分割尺度 F 为 300 时［图 6.6（b）］，分割对象内的像元较为纯净，其边界能较清晰地刻画出生产建设扰动图斑的边界。因此，尺度 300 是最适宜分割尺度。其作为真值用于检验目标函数法和局部方差方法获取的最优分割尺度，该尺度作为生产建设扰动图斑的最优分割尺度真值，可用于验证目标函数方法和局部方差方法计算的最优分割尺度。

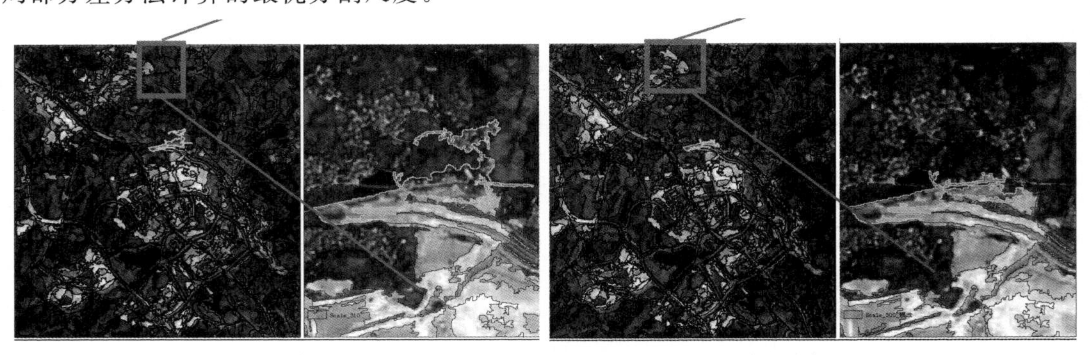

（a）F 为 310　　（b）F 为 300

图 6.6　不同尺度 F 的分割效果

由图 6.7 可以看出，研究区内的对象个数在 30～140 的尺度范围内由 48140 个迅速减少到 3130 个，之后缓慢减少，而对象的平均面积则是随着尺度 F 的增加而呈近似线性增加，二者线性相关的确定系数 R^2 达到 0.95。

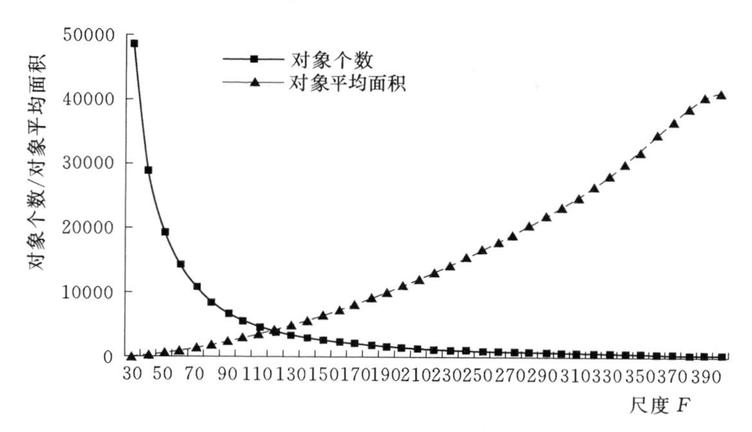

图 6.7 分割尺度与对象个数、平均面积的关系

随着对象个数的减少和对象平均面积的增加，对象内包含的像元个数增加，光谱亮度变化范围增加，导致对象的局部方差增大（图 6.8）。依据局部方差方法的思路，合适的分割尺度通常发生在局部方差的变化率［Roc_v_{ar}，见式（6.4）］由增加到减小的转折处，符合条件的分割尺度有 240、270、310，由图 6.5 和表 6.5 所示的生产建设扰动图斑解译标志可以发现，扰动图斑内光谱亮度值变化较大，且形状大多不规则，在此背景条件下，适合扰动图斑的分割尺度则相对较大，可推断出 310 是基于局部方差方法得到的最优分割尺度，略微大于真值。

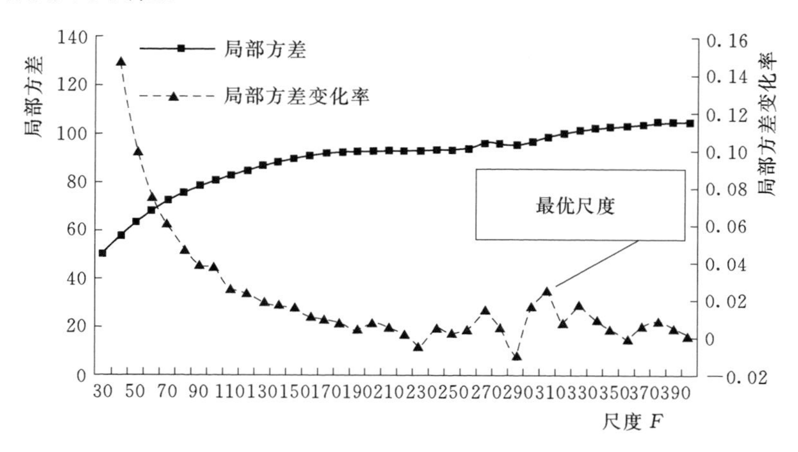

图 6.8 对象局部方差和方差变化率随尺度 F 的变化规律

随着 F 的增加，对象的个数减少，对象内部的同质性 V［式（6.5）］增加，归一化后的 V_{norm} 减小（图 6.9）。对象间的异质性 M 数则随尺度增大而呈下降趋势，与 G. Espindola 等和殷瑞娟等的研究结果相似，而归一化后的异质性 M_{norm} 呈增加的趋势（图 6.9）。平衡了对象内同质性和对象间异质性的目标函数 $F(x)$ 随 F 的变化规律整体上

呈下降趋势，线性斜率为－0.007，但是在 F 为 300 时刻取得最大值 1.2，依据目标函数确定最优分割尺度的原理，尺度 300 为最优分割尺度，与真值一致。

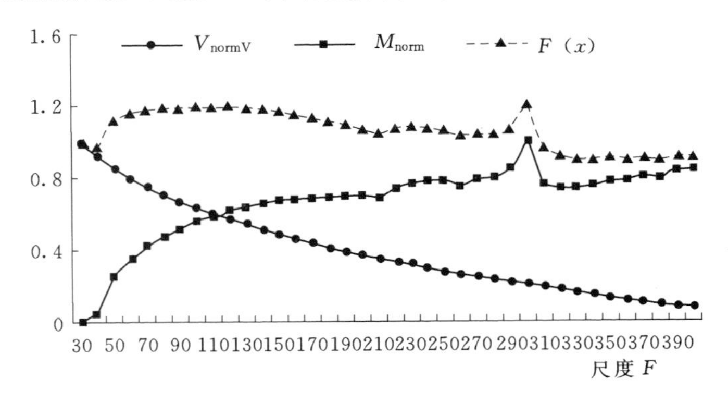

图 6.9　V_{norm}、M_{norm} 和目标函数 $F(x)$ 随尺度 F 的变化规律

图 6.10　最优分割尺度下的生产建设扰动图斑识别结果

(3) 生产建设扰动图斑的识别。基于最优分割尺度得到的分割影像，利用野外调查、无人机航片得到解译标志（表 6.5），为面向对象的监督分类建立训练样本，样本的选择综合考虑了光谱、纹理及形状等特性信息。利用面向对象的监督分类中的最邻近方法实现对生产建设扰动图斑的识别（图 6.10 中自动识别部分）。同时，为了更好地说明最优分割尺度与识别精度的一致性，计算了其他分割尺度下的生产建设扰动图斑，但考虑到分割尺度低于 150 时，区域内图斑个数超过 3000，图像分割过于破碎，使得地物类型弱化、甚至丢失了纹理和形状特征，不利于面向对象分类实施，必然会造成识别精度的降低，因此本文只对不小于 150 分割尺度生产建设扰动图斑进行了识别。

依据现场调查的图片、空间分辨率低于 0.1m 的无人机航片和其他前期获取的统计资料，人工绘制了研究区域内生产建设扰动范围（图 6.10 蓝色方框标注范围），并以此为真值，对计算机识别的生产建设扰动图斑进行了精度检验，精度检验采用用户精度［用户精度＝S_e/S_a ×100，式中：S_r 为被正确识别出的面积；S_a 为真实面积（图 6.10 虚线方框内的面积）］和制图精度（制图精度＝S_r/S_i×100，式中 S_i 为被计算机识别出的面积）。

精度检验结果见表 6.6，生产建设扰动图斑的制图精度和用户精度均是在最优分割尺度下取得极大值，分别为 86.3％和 84.2％，说明最优分割尺度与识别精度存在一致性。对比最优分割尺度与其他较小分割尺度，可以发现影像分割尺度并非越小越好，当分割尺度很小时，虽然对象内部光谱无差异，但是同类地物不同对象之间的光谱差异就会明显地表现出来，同时对象的形状几何信息也会在一定程度上丢失，会造成地物识别的精度明显偏低。

表 6.6 各分割尺度下的生产建设扰动图斑识别精度 %

识别精度	分割尺度													
	150	170	190	210	230	250	270	290	300	310	330	350	370	390
制图精度	75.7	72.9	74.1	78.7	79.7	76.2	81.5	83.1	86.3	84.2	82.1	83.3	83.0	84.7
用户精度	76.4	77.1	76.6	67.4	72.3	77.3	78.0	81.7	84.2	80.9	77.8	79.0	79.0	78.2

最优分割尺度下用户精度略小于制图精度，即被计算机识别出的生产建设扰动图斑面积大于实际面积，说明识别结果中出现了其他类型地物被错分为生产建设扰动图斑，与图6.10所示的最优分割尺度下的生产建设扰动图斑识别结果较为一致，且这些错分部分多出现在道路以及小型居民点的周围，主要原因是施工中的生产建设项目与其相毗邻的道路或者小型居民点的光谱差异较小，同时地表复杂且不规则的格局加大了识别难度。此外，在生产建设项目内部，一些轻度扰动的地块，因为与自然地物光谱特征差异较小，容易漏分。对于生产建设扰动图斑识别中出现的错分/漏分图斑，建立了错分/漏分数据库，为研究区域及以外的其他地区提高分类精度提供参考依据。

需要指出的是，本示例结合目标函数方法和局部方差方法计算出了生产建设项目扰动图斑最优分割尺度，但是值得指出的是，本书计算出的最优分割尺度在不同的遥感影像源、不同地表覆盖特征下可能会存在差异，但是获取生产建设扰动图斑最优分割尺度的过程和思路具有普适性，后续研究会针对不同特征的地表覆盖对生产建设扰动图斑的最优分割尺度展开进一步的研究。

6.3 生产建设项目扰动区动态监测技术

目前对生产建设项目扰动区的遥感动态监测目前还缺乏专门针对性的研究，可借鉴的研究领域包括国土、资源、地质和环境等国家部门开展的土地利用/覆盖、矿山、地质滑坡、潮间地带等方面的动态调查。整理分析后，可应用于生产建设项目扰动区动态监测的方法大体上可以分为基于光谱变化的动态监测和基于专题信息图斑识别的动态监测。

6.3.1 基于光谱变化的动态监测

基于光谱变化的动态监测方法是直接对不同时相的影像光谱进行比较，得到变化信息，这类方法在中低分辨率的影像上应用较为广泛。代表性的方法有图像回归法、图像插值法、植被指数法、图像比值法、主成分分析法等。其中，以植被指数法的应用最为广泛，植被指数法的基本思路如图6.11所示。

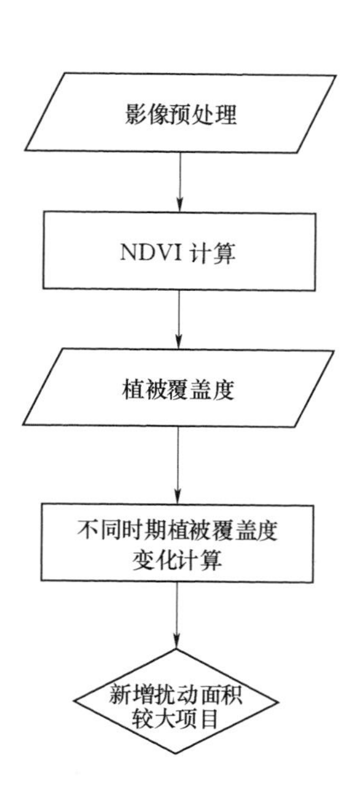

图6.11 基于植被指数的动态变化监测技术路线

生产建设项目新增扰动意味着原有地表覆盖的破坏，开工前后的区域植被覆盖度会发生剧烈的变化，可利用这一变化发现区域新增扰动的分布情况。通过归一化植被指数（NDVI）分别计算两期影像的植被覆盖度并得到相互间的差值，统计差值集中区域并确定由生产建设项目新增扰动引起的阈值，最后得到生产建设项目新增扰动区域。新增扰动区域较大的项目属于重点监督检查的对象。归一化植被指数（NDVI）计算公式为

$$NDVI=(\rho_{NIR}-\rho_{R})/(\rho_{NIR}+\rho_{R}) \tag{6.8}$$

$$VFC=(NDVI-NDVI_{min})/(NDVI_{max}-NDVI_{min}) \tag{6.9}$$

式中 NDVI——归一化植被指数；

ρ——反射率，下标 NIR 和 R 分别代表近红外和红光波段；

VFC——植被覆盖度；

$NDVI_{min}$——区域 NDVI 的最小值；

$NDVI_{max}$——区域 NDVI 的最大值。

6.3.2 基于专题信息图斑识别的动态监测

基本思路是利用计算机或者人工识别的专题信息图斑，叠加分析以获取动态变化的区域，这类动态变化监测方法主要应用于高分辨率影像。

在高分辨率影像上的应用不仅可以识别变化区域，还可以对生产建设项目扰动的类型进行划分。也就是，将两期扰动图斑解译结果空间叠加后，把叠加结果分为扰动结束区域、新增扰动区域和延续扰动区域，其中扰动结束区域一般包括绿化措施区和主体工程区，在高分辨率遥感影像上可以通过面向对象或人机交互式解译的方法，获取不同时期绿化措施及主体工程分布区域和面积，其技术路线如图 6.12 所示。

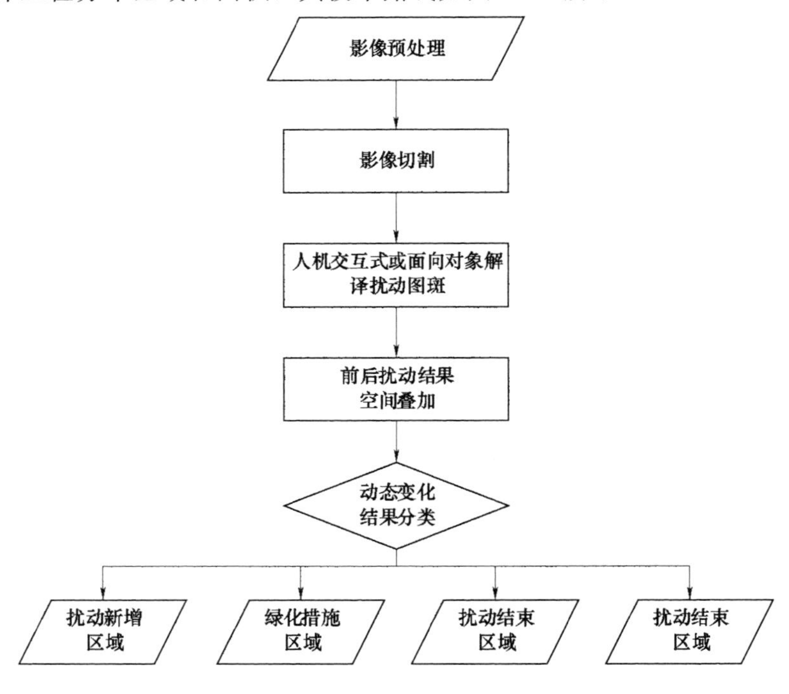

图 6.12 基于高分辨率遥感影像的动态变化监测技术路线

6.3.3 应用实例

1. 基于光谱变化的动态监测

选择珠三角某区域作为示范区，利用 Landsat8 影像作为数据源，分辨率 15m。共使用了 3 期，时相分别为 2013 年 11 月 29 日、2014 年 12 月 16 日和 2015 年 10 月 24 日，监测结果如图 6.13 所示。

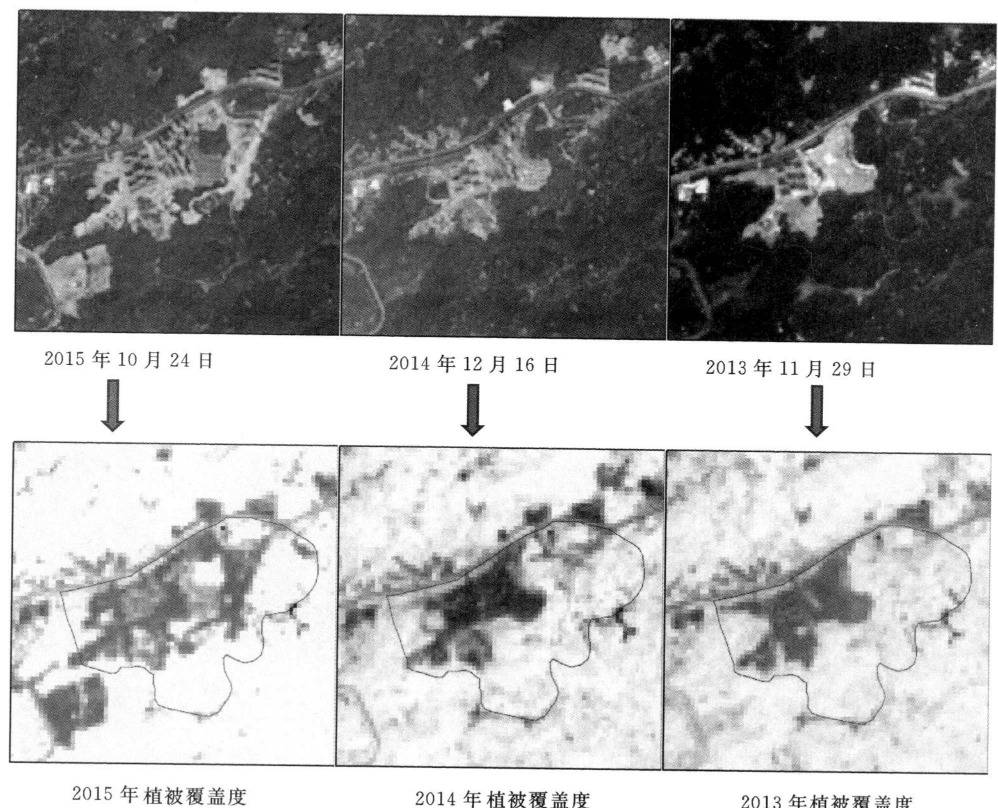

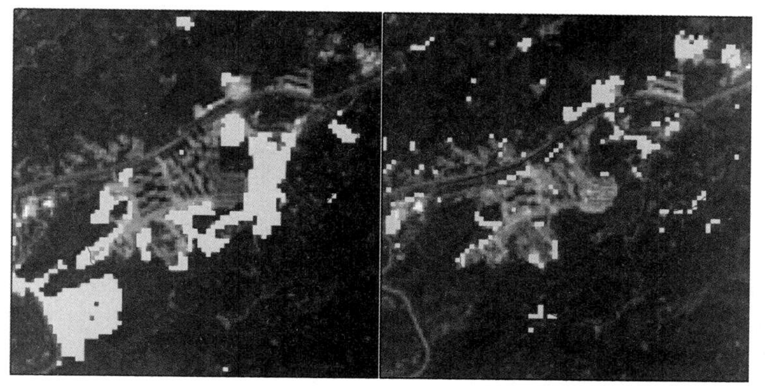

2014—2015 年新增扰动区域　　2013—2014 年新增扰动区域

图 6.13　基于光谱变化检测的新增项目扰动自动检测示意图

从图 6.13 可以看出，2013 年 11 月 29 日，项目区内扰动没有超出防治责任范围，而 2014 年 12 月 16 日左侧部分扰动超出，2015 年 10 月 24 日，超出范围继续扩大；另外，前后两期中分辨率遥感影像的植被覆盖度的前后变化能较好地反映出区域内新增扰动的位置，2014 年相比 2013 年新增扰动面积较小，而 2015 年相比 2014 年新增扰动面积大大增加。根据动态变化检测结果，水行政部门可以根据变化区域面积大小确定重点监测对象。但这一方法不能发现动态变化期间持续扰动项目或项目的原有扰动区域，另外，由于影像分辨率较低，对新增的小尺度项目扰动发现效果较差。

2. 基于专题信息图斑识别的动态监测

选择某项工程作为示范项目，利用 GF－1 高分辨率影像作为数据源，全色分辨率 2m，多光谱分辨率 8m。共使用了两期，时相分别为 2014 年 11 月 26 日和 2015 年 10 月 20 日。

首先两期项目扰动范围均全部位于项目防治责任范围内，为合规项目。其次，将两期高分辨率遥感影像解译的扰动范围叠加结果分为扰动结束区域、新增扰动区域和延续扰动区域，统计不同区域的面积。如图 6.14 所示，2014 年 11 月 26 日此项目扰动面积 7.39hm^2，截止到 2015 年 10 月 20 日，原有扰动区域中 4.92hm^2 继续扰动、2.48hm^2 扰动结束，而新增扰动区域 2.51hm^2，因此 2015 年 11 月 20 日此项目扰动面积为 7.43hm^2。

2014 年 11 月 26 日　　2015 年 10 月 20 日　　扰动动态变化分类结果

图 6.14　基于专题信息图斑识别的单个项目扰动动态变化检测示意

另外，扰动结束区域一般分为实施绿化措施或者硬化的区域，本项目扰动结束区域中采取绿化措施面积 1.25hm^2，硬化或水域面积 1.23hm^2。

本章参考文献

[1] Blaschke T, Lang S, Hay G. Object－based image analysis: spatial concepts for knowledge－driven remote sensing applications [M]. Springer Science & Business Media, 2008.

[2] Jensen J R. Remote sensing of the environment: An earth resource perspective 2/e [M]. Pearson Education India, 2009.

[3] Lu D, Weng Q. A survey of image classification methods and techniques for improving classification performance [J]. International journal of Remote sensing, 2007, 28 (5): 823－70.

[4] Baatz M, Schäpe A. Object－oriented and multi－scale image analysis in semantic networks; pro-

ceedings of the 2nd international symposium: operationalization of remote sensing, F, 1999 [C].

[5] Neubert M, Herold H, Meinel G. Assessing image segmentation quality - concepts, methods and application [J]. Object - based image analysis, 2008: 769 - 84.

[6] Sonka M, Hlavac V, Boyle R. Image processing, analysis, and machine vision [M]. Cengage Learning, 2014.

[7] 靳宏磊，朱蔚萍，李立源，等．二维灰度直方图的最佳分割方法 [J]. 模式识别与人工智能，1999，12 (3)：329 - 33.

[8] Duro D C, Franklin S E, Dubé M G. A comparison of pixel - based and object - based image analysis with selected machine learning algorithms for the classification of agricultural landscapes using SPOT - 5 HRG imagery [J]. Remote Sensing of Environment, 2012: 118, 259 - 72.

[9] Hay G J, Castilla G. Geographic Object - Based Image Analysis (GEOBIA): A new name for a new discipline [J]. Object - based image analysis, 2008: 75 - 89.

[10] Marceau D J. The scale issue in the social and natural sciences [J]. Canadian Journal of Remote Sensing, 1999, 25 (4): 347 - 56.

[11] Kim M, Warner T A, Madden M, et al. Multi - scale GEOBIA with very high spatial resolution digital aerial imagery: scale, texture and image objects [J]. International Journal of Remote Sensing, 2011, 32 (10): 2825 - 50.

[12] 田新光，张继贤．面向对象高分辨率遥感影像信息提取 [D]. 北京：中国测绘科学研究院，2007.

[13] Whiteside T G, Boggs G S, Maier S W. Comparing object - based and pixel - based classifications for mapping savannas [J]. International Journal of Applied Earth Observation and Geoinformation, 2011, 13 (6): 884 - 93.

[14] Espindola G, Camara G, Reis I, et al. Parameter selection for region - growing image segmentation algorithms using spatial autocorrelation [J]. International Journal of Remote Sensing, 2006, 27 (14): 3035 - 40.

[15] Zhang H, Fritts J E, Goldman S A. Image segmentation evaluation: A survey of unsupervised methods [J]. computer vision and image understanding, 2008, 110 (2): 260 - 80.

[16] 于欢，张树清，孔博，等．面向对象遥感影像分类的最优分割尺度选择研究 [J]. 中国图象图形学报，2010 (2)：352 - 60.

[17] 汪求来．面向对象遥感影像分类方法及其应用研究 [D]. 南京：南京林业大学，2008.

[18] 陈春雷，武刚．面向对象的遥感影像最优分割尺度评价 [J]. 遥感技术与应用，2011，26 (1)：96 - 102.

[19] Drăguţ L, Tiede D, Levick S R. ESP: a tool to estimate scale parameter for multiresolution image segmentation of remotely sensed data [J]. International Journal of Geographical Information Science, 2010, 24 (6): 859 - 71.

[20] 熊轶群，吴健平．面向对象的城市绿地信息提取方法研究 [J]. 华东师范大学学报（自然科学版），2006 (4)：84 - 90.

[21] 黎新亮，赵书河，芮一康，等．面向对象高分辨遥感影像分类研究 [J]. 遥感信息，2007 (6)：58 - 61.

[22] 蒲智，刘萍，杨辽，等．面向对象技术在城市绿地信息提取中的应用 [J]. 福建林业科技，2006，33 (1)：40 - 4.

[23] 莫登奎，林辉，孙华，等．基于高分辨率遥感影像的土地覆盖信息提取 [J]. 遥感技术与应用，2005，20 (4)：411 - 4.

[24] Hellwich O, Wiedemann C. Object extraction from high - resolution multisensor image data; pro-

ceedings of the Third International Conference Fusion of Earth Data，Sophia Antipolis，F，2000 [C].

[25] Shackelford A K，Davis C H. A combined fuzzy pixel - based and object - based approach for classification of high - resolution multispectral data over urban areas [J]. IEEE Transactions on GeoScience and Remote sensing，2003，41 (10)：2354 - 63.

[26] Johnson B，Xie Z. Unsupervised image segmentation evaluation and refinement using a multi - scale approach [J]. ISPRS Journal of Photogrammetry and Remote Sensing，2011，66 (4)：473 - 83.

[27] 殷瑞娟，施润和，李镜尧. 一种高分辨率遥感影像的最优分割尺度自动选取方法 [J]. 地球信息科学学报，2013，15 (6)：902 - 10.

[28] 亢庆，姜德文，赵院，等. 生产建设项目水土保持“天地一体化”动态监管关键技术体系 [J]. 中国水土保持，2016，11：4 - 8.

第7章　生产建设项目扰动合规性判别技术与敏感点分析

扰动合规性判别技术与敏感点分析是生产建设项目“天地一体化”监管的重要环节。本章在阐述生产建设项目合规性判别概念、原理、技术流程，以及敏感点分析的对象和内容的基础上，对扰动合规性判别及敏感点进行了示例分析，对扰动合规性和敏感点现场复核的对象、内容以及技术流程进行了介绍，可为各级水行政主管部门开展生产建设项目水土保持“天地一体化”监管工作提供相关参考与借鉴。

7.1　扰动合规性判别技术

7.1.1　扰动合规性概念

扰动合规性指生产建设项目扰动是否符合水土保持有关规定的判定。生产建设项目扰动合规性分析包括三个层次（图7.1）。

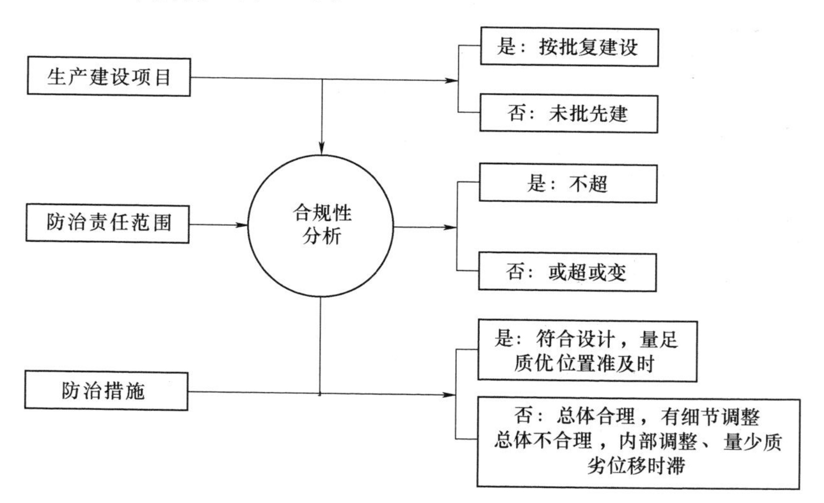

图7.1　扰动合规性分析的层次

（1）第一层次是从水土保持方案是否获得批复来分析其合规性。若生产建设项目已经由相关部门批复其水土保持方案，则判定为合规（即按照批复建设）；否则不合规（即未批先建）。

（2）第二层次是从实际扰动范围是否超出批复的防治责任范围来分析其合规性。若生产建设项目现状扰动范围完全位于批复的防治责任范围内，则判定为合规；否则不合规，不合规包括超出防治责任范围和建设地点未经批准发生变更两种情况。

（3）第三层次是从水土保持防治措施建设与批复方案的一致性来分析其合规性。若水土保持措施建设与批复方案相比数量足、质量好、位置准和进度及时，则判定为合规；否则不合规。

7.1.2　扰动合规性判别原理

“天地一体化”生产建设项目监管体系下，以遥感影像为数据源，通过人机交互式解译或者“基于最优分割尺度的生产建设扰动图斑获取及识别技术”（详见第 6 章），获取了生产建设项目扰动状况矢量数据；通过 GIS 技术，将水土保持方案防治责任范围与遥感数据空间叠加，获得生产建设项目防治责任范围矢量数据。生产建设项目扰动状况合规性判别主要是通过扰动状况和防治责任范围的空间关系确定。因此，扰动状况与防治责任范围的空间关系获取，是合规性判别需要解决的关键问题。

空间关系是 GIS 的重要理论问题之一，在空间数据建模、空间查询、空间分析、空间推理、地图综合、地图解译等过程中起着重要的作用，主要包括空间距离关系、方向关系和拓扑关系。空间关系受空间对象、空间数据组织、空间认知等影响，具有尺度、认知、层次、不确定性、形式化等几个特征。

合规性判别主要涉及扰动范围矢量文件（虚线，用 Y 表示）和防治责任范围矢量文件（实线，用 R 表示）的空间拓扑关系的表达。

图 7.2 为一般情况下，二维空间中面与面空间关系的所有表达。结合水土保持工作的实际情况，按照以下规则作出修订（修订优化后结果如图 7.3 所示）。

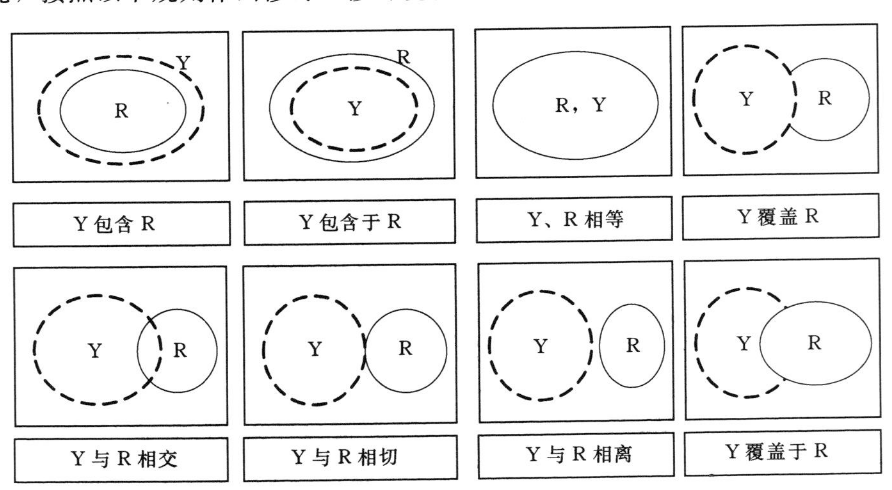

图 7.2　面文件的空间拓扑关系表达

（1）水土保持工作中，不存在 Y 覆盖 R 和 Y 覆盖于 R 的情况，删除上述两种情况。

（2）Y 与 R 相离时，表示扰动图斑外没有在防治责任范围内或者防治责任范围内没有扰动图斑。存在如下可能：扰动地块完全处于防治责任范围外，扰动地块为未批先建项目造成，防治责任范围内的项目已建成/未开工/地点变更等多种情况，因此，将 Y 与 R 相离的情况单独处理，即图 7.2 中的只有 R 和只有 Y 两种情况。

（3）Y 与 R 相切的情况在实际工作中比较少见，并且这种情况发生时，代表的实际情况与 Y 和 R 相离代表的意义相同，因此，删除 Y 与 R 相切的情况。

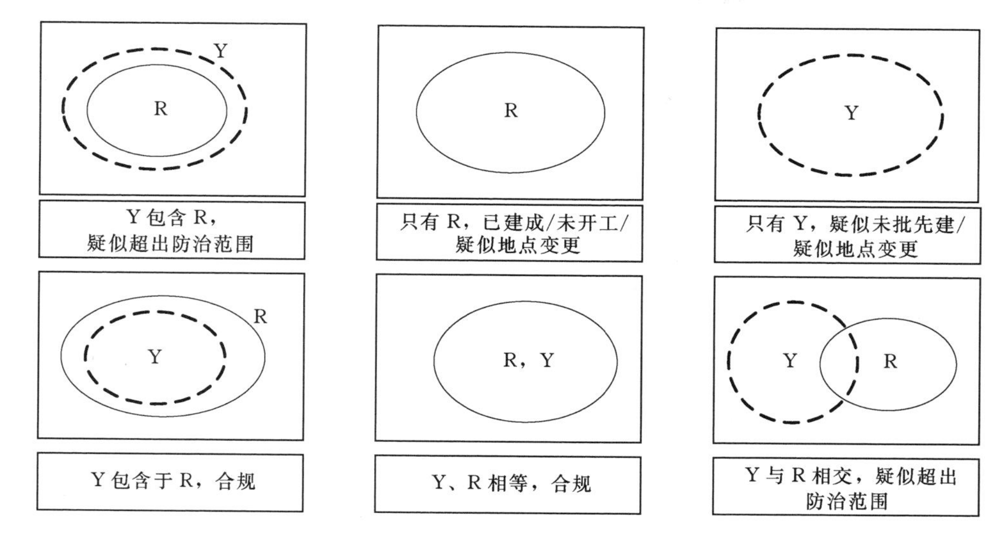

图7.3 生产建设项目扰动图斑（Y）合规性判别图示

依据水土保持工作实际情况，扰动范围矢量文件（用Y表示）和防治责任范围矢量文件（用R表示）的空间拓扑关系包括图7.3所示的6种类型，在合规性判别中，可以依据6种关系图示，对扰动状况合规性进行判别：

（1）Y包含R，代表扰动地块疑似超出防治责任范围，不合规。

（2）Y、R相等，代表扰动地块未超出防治责任范围，合规。

（3）只有Y，代表有扰动发生，但是发生扰动的区域没有防治责任范围，疑似存在项目未批先建、建设地点变更等情况，不合规。

（4）只有R，代表防治责任范围内没有发生扰动，存在项目已建成、未开工或者项目地点变更多种情况，但是疑似未批先建的情况可以在（3）中找出，因此，只有R这种情况在室内进行合规性判别时，可以先判定为合规；后期如在情况（3）中发现该项目的实际扰动地点，可将合规性结果修改为地点变更。

（5）Y包含于R，代表扰动地块未超出防治责任范围，合规。

（6）Y与R相交，代表扰动地块疑似超出防治责任范围，不合规。

7.1.3 扰动合规性判别技术流程

使用GIS空间分析技术，对防治责任范围、扰动图斑矢量数据进行叠加分析，根据两类对象的空间位置关系判别扰动的合规性，并对违规图斑进行属性标识（亢庆，2017）。

1. 数据准备

在进行扰动合规性判别之前，需要保证扰动范围矢量文件（用Y表示）和防治责任范围矢量文件（用R表示）满足如下要求。

（1）扰动范围矢量文件（用Y表示）的属性表［图7.4（a）］中，至少应含有Y和ID_Y两个属性字段。其中，Y为文本型，Y字段所有值均设置为“扰动土地”。ID_Y字段为长整型，从1开始顺序编号，字段数值唯一，无重复；如一个项目对应多个图斑，则应首先对涉及的多个图斑做合并操作，确保属性表中为1个项目对应1条记录。

（2）防治责任范围矢量文件（用R表示）的属性表［图7.4（b）］中，至少应含有R和ID_R两个属性字段。其中，R为文本型，R字段所有值均设置为“防治责任范围”。ID_R字段为长整型，从1开始顺序编号，字段数值唯一，无重复；如一个项目对应多个多边形，则应首先对涉及的多个多边形做合并操作，确保属性表中为1个项目对应1条记录。

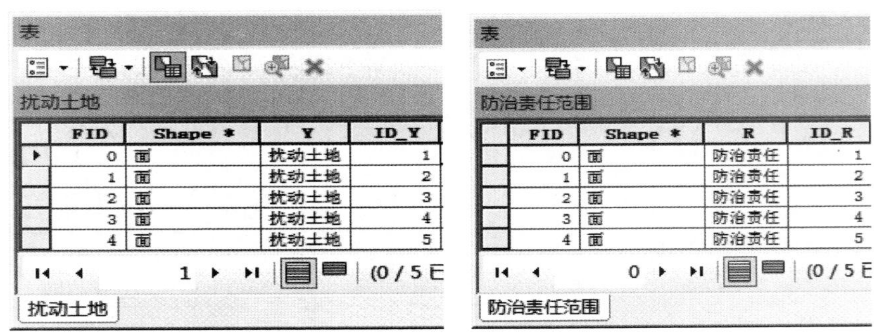

表 — 扰动土地

FID	Shape *	Y	ID_Y
0	面	扰动土地	1
1	面	扰动土地	2
2	面	扰动土地	3
3	面	扰动土地	4
4	面	扰动土地	5

(a) 生产建设项目扰动范围

表 — 防治责任范围

FID	Shape *	R	ID_R
0	面	防治责任	1
1	面	防治责任	2
2	面	防治责任	3
3	面	防治责任	4
4	面	防治责任	5

(b) 防治责任范围

图7.4　矢量文件属性表图

2. 技术流程

按照生产建设项目扰动合规性判别空间位置关系，确定了生产建设项目合规性判别技术路线，如图7.5所示。

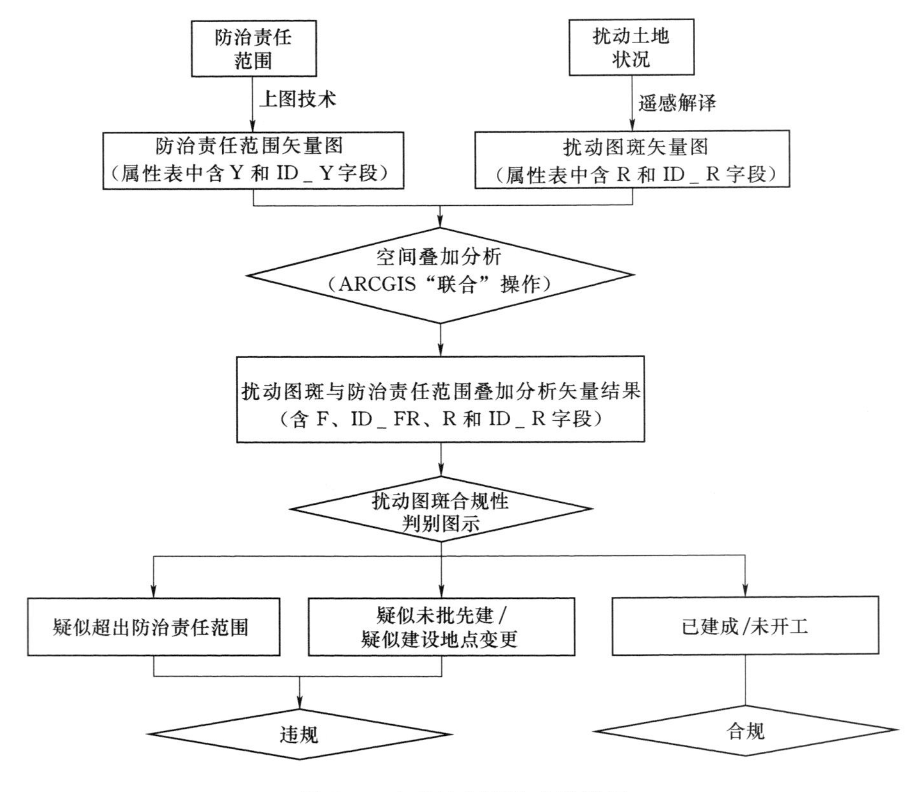

图7.5　合规性判别技术路线图

在 ARCGIS 软件中，使用分析工具—叠加分析—联合操作（参数设置如图 7.6 所示），生成“Y 和 R 数据 . shp”文件，生成的文件属性表中含 R、ID _ R、Y 和 ID _ Y 字段（属性表结构如图 7.7 所示）。利用 7.1 节中的“生产建设项目扰动图斑（Y）合规性判别图示”中所示的原理，结合“Y 和 R 数据 . shp”文件中的相关属性字段，实现对生产建设项目扰动合规性的判别。

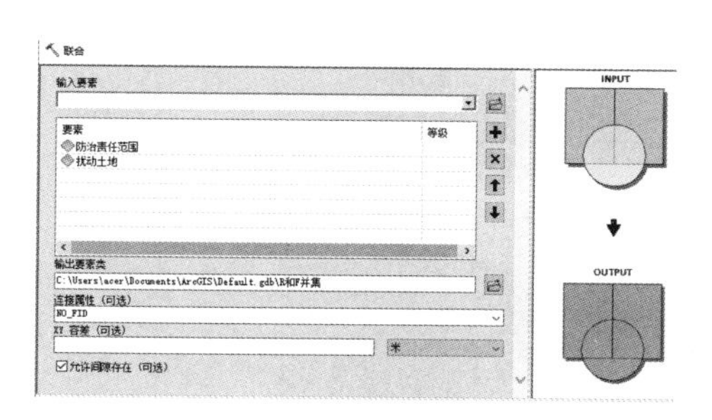

图 7.6　Y 和 R 数据并集的操作

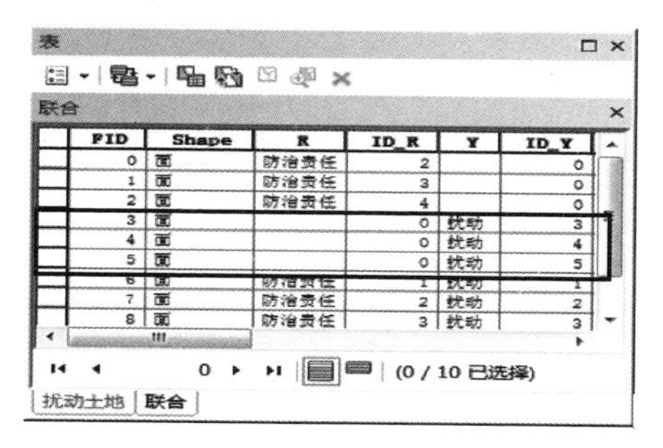

图 7.7　Y 和 R 数据并集文件的属性表

7.1.4　扰动合规性判别示例

合规性判别结果主要分为合规、超出防治责任范围、建设地点变更和未批先建。其中，合规项目为已编报水土保持方案且扰动图斑未超出防治责任范围，超出防治责任范围为扰动图斑超出防治责任范围，建设地点变更为实际扰动图斑出现位置变更，未批先建为已有扰动图斑而未编报水土保持方案。

（1）合规。如图 7.8 所示为某一在建生产建设项目，从遥感影像解译得到的扰动图斑（黄线所框定的范围）在防治责任范围（红线框定的范围）之内，据合规性判定规则，该生产建设项目扰动合规。

图 7.8　合规的扰动图斑

（2）未批先建。如图 7.9 所示，遥感影像图中只有扰动图斑，没有防治责任范围，该生产建设项目属于未批先建项目，是水土保持监管野外现场复核的重要类型，是水土保持监督检查重点关注项目之一。

（3）超出防治责任范围。有防治责任范围，同时有地表扰动，但是地表扰动的范围超出了防治责任范围，则判定为超出防治责任范围项目，如图 7.10 所示。

（4）已批未建。批复文件已有，同时防治责任范围也存在，但扰动图斑并不存在，则判定为已批未建。如某地的一个堤坝工程，已有批复文件和防治责任范围，但没有扰动，故判定为已批未建，如图 7.11 所示。

（5）已建成项目。批复文件已有，同时防治责任范围也存在，但扰动图斑并不存在，经现场复核后，发现该项目已经完成，如图 7.12 所示。

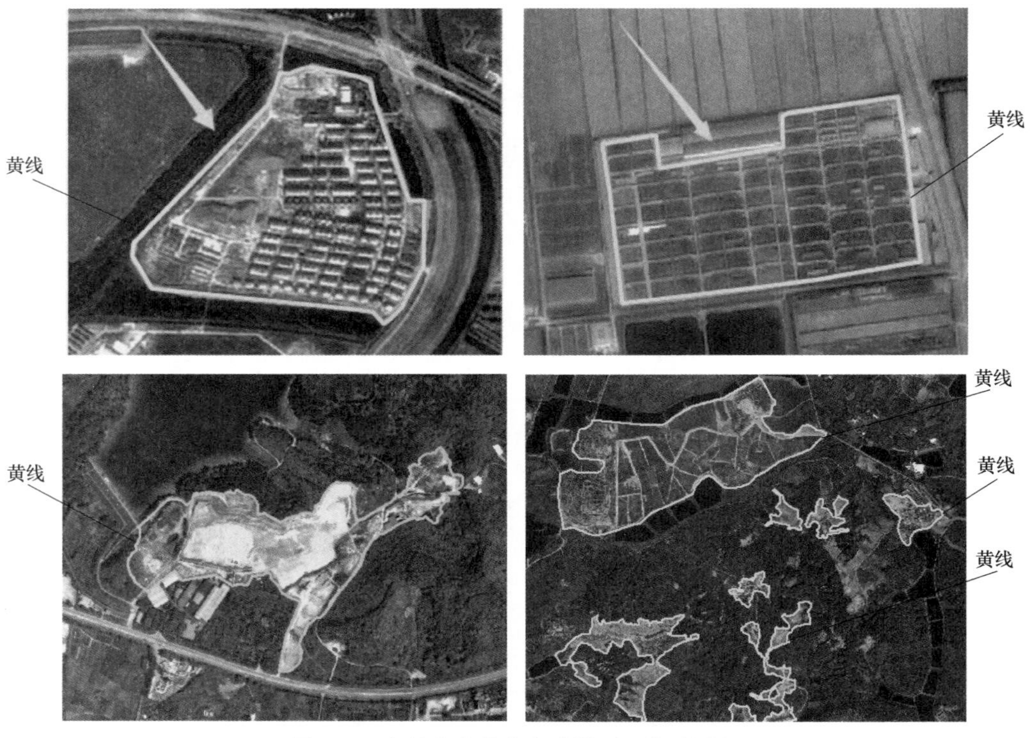

图 7.9　未批先建的生产建设项目扰动图斑

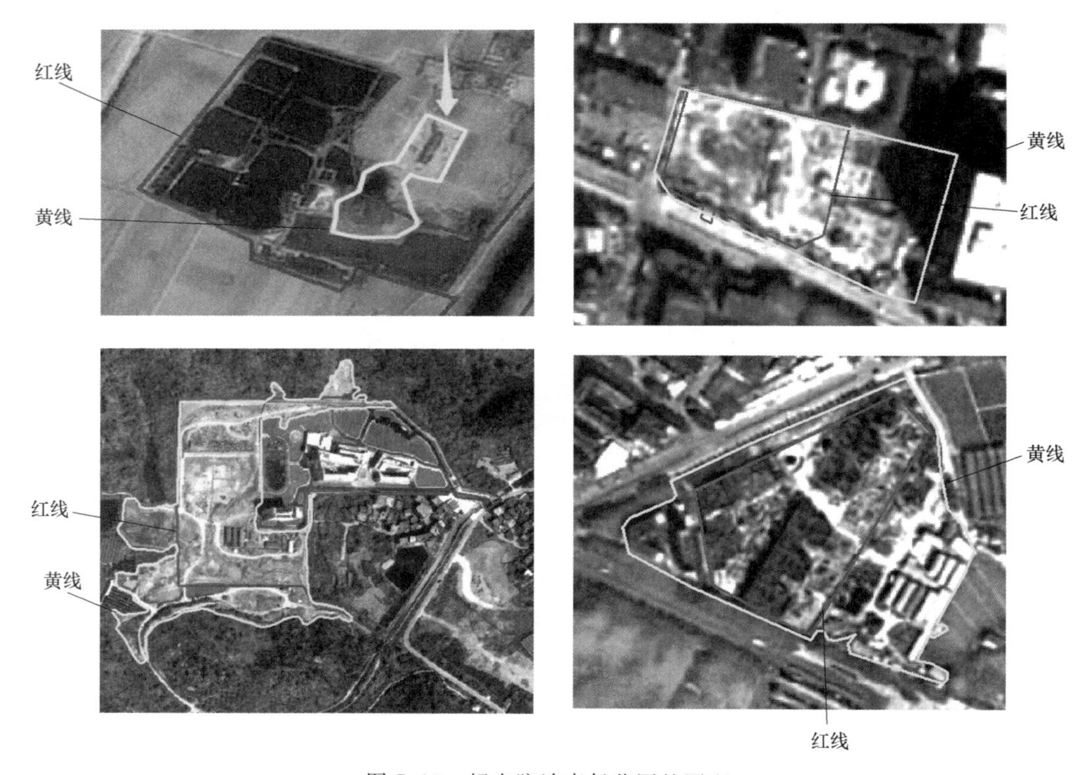

图 7.10　超出防治责任范围的图斑

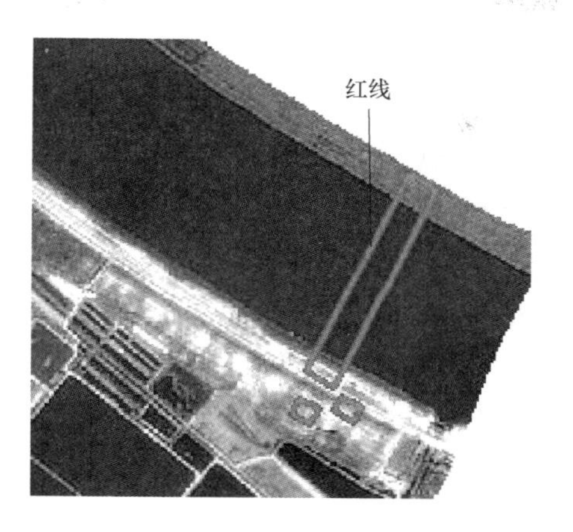

图 7.11 已批未建的项目

图 7.12 已建成的项目

7.2 扰动敏感点分析

7.2.1 扰动敏感点分析对象

生产建设项目扰动敏感点是依托已有扰动合规性判别结果、扰动状况以及遥感数据等相关资料，运用综合分析方法，对未来可能造成严重水土流失的情况进行分析判别。

7.2.2　敏感点分析内容

敏感点分析的对象不仅包含扰动合规性判别结果中不合规的生产建设项目以及生产建设项目扰动范围上图时标识的敏感点，同时包括通过遥感手段进行生产建设项目扰动解译得到的可能造成水土流失危害的情况。这些情况主要包括如下内容：

(1) 遥感解译生产建设项目扰动状况的过程中，发现生产建设项目扰动涉及饮用水水源保护区、自然保护区、世界文化和自然遗产地、风景名胜区、地质公园、森林公园、重要湿地，不满足相关法律法规规定。

(2) 生产建设项目扰动未避让水土保持法规定区域，或无法避让水土保持法规定区域，方案没有提出提高防治标准、优化施工工艺、减少地表扰动和损坏植被范围要求；未避让《开发建设项目水土保持技术规范》规定应避让区域。

(3) 生产建设项目扰动面积明显超过合理范围的。

(4) 遥感解译过程中，发现砂、石、土、矸石、尾矿、废渣存放地设置不符合规范要求，或取土场地未落实，或取土场设置不符合规范要求。

(5) 生产建设项目产生的扰动位于水土流失重点预防区和重点治理区，涉及和影响到饮水安全、防洪安全、水资源安全。

(6) 生产建设项目产生的扰动处于水土流失严重、生态脆弱的地区。

(7) 生产建设项目产生的扰动位于泥石流易发区、崩塌滑坡危险区以及易引起严重水土流失和生态恶化的地区。

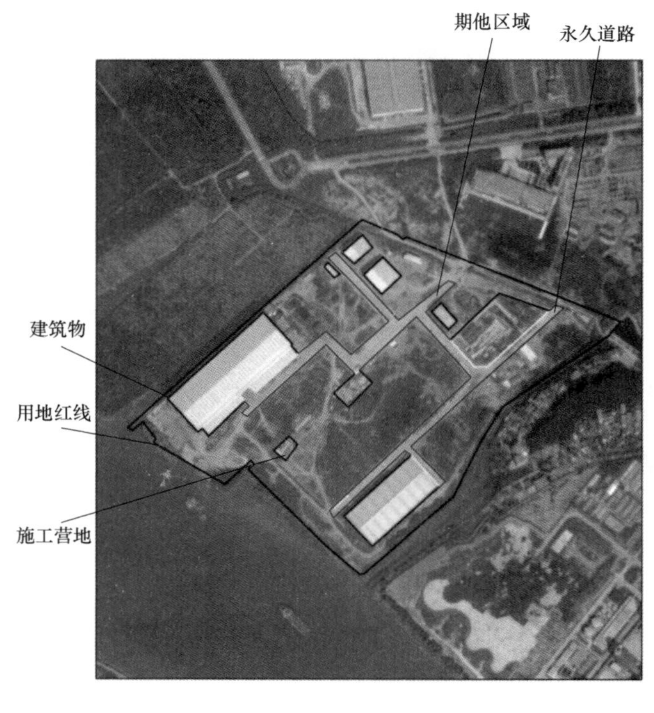

图7.13　某生产建设项目

(8) 生产建设项目产生的扰动位于全国水土保持监测网络中的水土保持监测站点、重点试验区，占用了国家确定的水土保持长期定位观测站。

(9) 生产建设项目产生的扰动处于重要江河、湖泊以及跨省（自治区、直辖市）的其他江河、湖泊的水功能一级区的保护区和保留区（可能严重影响水质的，应避让），以及水功能二级区的饮用水源区（对水质有影响的，应避让）。

(10) 遥感解译过程中，发现弃渣（砂、石、土、矸石、尾矿、废渣）场影响公共设施、工业企业、居民点等安全；在河道、湖泊、水库管理范围内；影响行洪安全；布设在流量较大沟道，未进行防洪论证。

7.2.3　敏感点分析示例

图7.13为南方某省的某生产建

设项目，通过遥感影像可看到，项目北面为道路和荒地，西北边为未开发的荒芜草地；项目西南侧和东南侧为河涌。

通过遥感影像解译判别，发现项目实施过程中存在如下水土流失敏感点：

（1）场址周边河涌。厂址西南侧为水道，施工过程中如不采取防护措施，开挖回填土方过程中，在暴雨径流作用下将形成水土流失，并以悬移质和推移的形式进入附近水域，影响水道水质，可能产生河道冲淤变化，影响行洪及航道通行。

（2）场址周边植被的影响。项目区地块周边无耕地等水土流失敏感点，项目建设过程中对当地的植被状况产生一定的影响。在施工过程中，应注意及时采取拦挡等隔离防护，对清表物应及时清运，减少临时堆土堆放时间，尽量减少工程对周边区域的影响。

（3）对周边的居民点的影响。项目区地块东部为一居民区，施工过程中产生的水土流失情况可能会对其产生影响。

7.3　扰动合规性与扰动敏感点的现场复核

7.3.1　复核对象和内容

在完成合规性分析和敏感点分析等工作的基础上，开展现场复核工作。

（1）复核对象。复核对象是扰动合规性初步分析结果为“未批先建”“超出防治责任范围”“建设地点变更”的扰动图斑以及扰动中的水土流失敏感点。

通过现场调查，对监管区域所有复核对象的有关信息进行现场采集，重点复核以下内容：

1）造成地表扰动的生产建设项目名称、建设单位、目前是否编报水土保持方案。

2）是否为其他项目超出批复防治责任范围的扰动部分。

3）是否为已经批复但建设地点变更的项目。

4）是否存在设计变更及其变更报备情况。

5）收集相关佐证材料。

（2）作业方法。现场复核可以采用以下作业方法：

1）纸质图表作业法。这种传统的作业方法，需要携带打印的纸质工作图件和表格，现场调查采集相关信息，并填写相关表格，再在室内将表格中的有关信息录入计算机系统。

2）移动采集设备作业法。主要利用水土保持监督管理信息移动采集终端（PDA、智能手机、平板电脑等），直接在现场调查并采集相关数字信息，在线或者离线传输至后台管理系统中。

7.3.2　技术流程

现场复核主要包括以下三个工作环节：

（1）现场复核资料准备。流域（省级）机构负责准备现场复核所需资料。若采用纸质图表作业法，需要制作监管区域现场复核工作底图和表格（表 7.1）；若采用移动采集设备作业法，需要准备表 7.2 所列的数据资料并导入移动采集设备中。

表7.1　纸质图表作业法需要制作的现场复核工作图表清单

编号	名　称	份数	纸张大小
1	现场复核工作底图	每个监管区域1套	A2
2	生产建设项目监管示范复核信息表	每个监管区域若干份	A4

表7.2　移动采集设备作业法需要导入的现场复核工作数据清单

编号	名　称	编号	名　称
1	监管区域遥感影像数据包	3	矢量化的防治责任范围图像数据包
2	遥感解译后的扰动图像数据包		

1）现场复核工作底图制作要求。按照有关制图规范，利用相关制图软件，将遥感影像、遥感解译后的扰动图斑矢量图层、矢量化后的生产建设项目水土流失防治责任范围矢量图层及其他辅助性的地理信息图层叠加在一起并分层设置制图符号，制作监管区域现场复核工作底图。

为方便携带，每个监管区域现场复核工作底图按照1：25000地形图标准图幅进行分幅，自上而下分为第A、B、C、…、Z行，自左向右分为第01、02、03、…列，图幅编号以图幅所在行列号表示，如第1行第1列图幅编号为A01，依次类推。工作底图制图比例尺为1：25000，用A2纸张印刷。现场复核工作底图图幅编号示例如图7.14所示。可以利用相关GIS软件中的标准图幅生成工具直接生成监管区域分幅图。

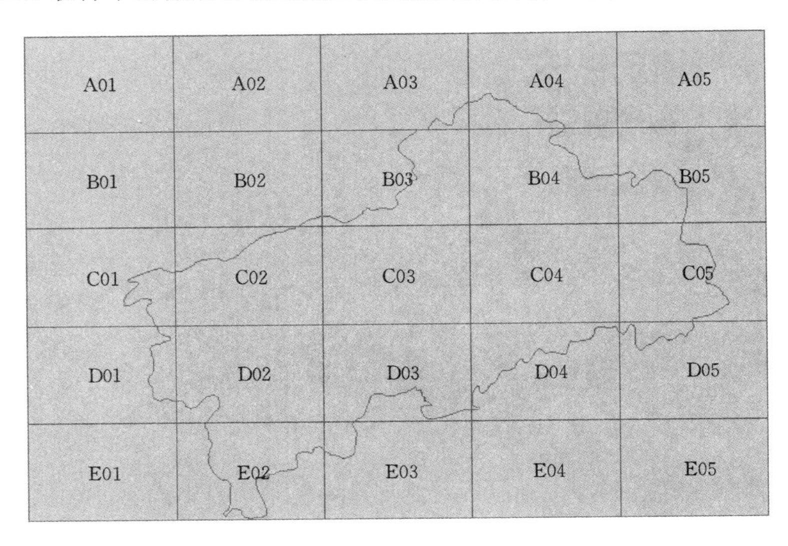

图7.14　现场复核工作底图图幅编号示例

在现场复核工作底图上标注图斑编号，图斑编号以所在图幅编号为前缀，以图斑在图幅内分布的顺序为后缀，图斑顺序按照从上到下，从左到右的原则排列，以001开始，前缀与后缀之间以"—"相连，如A01～001，跨多幅图幅的扰动图斑以左上图幅编号；分别给"合规""疑似未批先建""疑似超出防治责任范围""疑似违规建设地点变更"图斑

设置不同的制图符号或者颜色；防治责任范围图要用不同于扰动图斑的制图符号或者颜色标示。

为方便寻找扰动图斑，在现场复核工作底图上可以添加乡镇界、道路、居民点等辅助要素，但辅助要素不宜过多，且辅助要素的制图符号应与扰动图斑和防治责任范围图的制图符号明显不同，以便能非常容易地从工作底图上找到需要现场复核的扰动图斑及防治责任范围图。现场复核工作底图示例如图 7.15 所示。

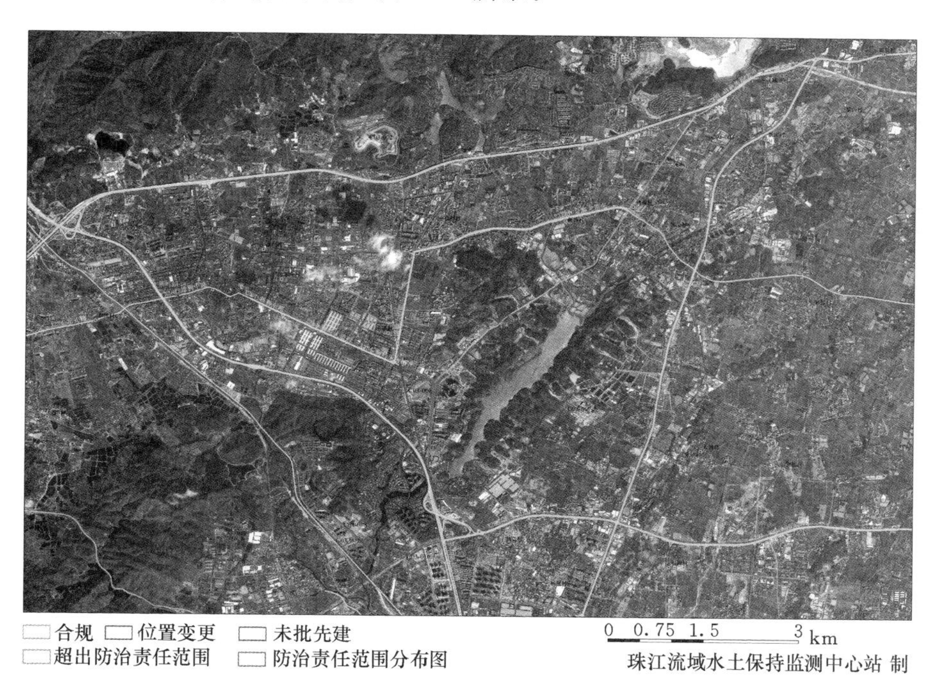

图 7.15 现场复核工作底图示例

2）生产建设项目监管示范复核信息表。生产建设项目监管示范复核信息表按照表 7.3 模板制作，用 A4 纸张打印，根据需要进行现场复核的扰动图斑或者生产建设项目数量确定印刷数量。

如果采用移动采集设备作业法，生产建设项目监管示范复核信息直接在水土保持监督管理信息移动采集系统相应用户界面中输入，无需制作分幅工作底图和填写纸质表格。

（2）现场调查复核。现场调查复核的主要工作内容包括疑似违规生产建设项目和扰动图斑实地调查、收集生产建设项目相关证明材料、拍摄调查现场照片、填写生产建设项目监管示范复核信息表。工作流程及要求如下：

1）准备生产建设项目监管示范复核信息表、现场复核工作底图、相机、GPS，或者水土保持监督管理信息移动采集终端设备。

2）进行现场调查，了解项目基本情况和建设情况，复核项目水土保持工作及存在的问题，收集项目水土保持相关资料和证明材料。

3）填写生产建设项目监管示范复核信息表。

表7.3　　　　　　　　　　生产建设项目监管区域复核信息表

<table>
<tr><td colspan="7">________省（自治区、直辖市）　________地区（市、州、盟）　________县（区、市、旗）</td></tr>
<tr><td rowspan="3">项目基本信息</td><td>项目名称</td><td colspan="5"></td></tr>
<tr><td>建设单位</td><td colspan="5"></td></tr>
<tr><td>项目类型</td><td colspan="2"></td><td colspan="2">防治责任范围/hm²</td><td></td></tr>
<tr><td rowspan="2">项目位置</td><td>详细地址</td><td colspan="5">街道（镇）　　路（村）　　号</td></tr>
<tr><td>经纬度</td><td>经度</td><td></td><td>纬度</td><td colspan="2"></td></tr>
<tr><td rowspan="2">水土保持工作信息</td><td>批复情况</td><td colspan="2">□ 是　□ 否</td><td colspan="2">批复文号</td><td></td></tr>
<tr><td>批复时间</td><td colspan="2"></td><td colspan="2">审批机构</td><td></td></tr>
<tr><td rowspan="4">图斑信息</td><td>图斑编号</td><td>扰动合规性</td><td>扰动类型</td><td>施工现状</td><td>扰动变化类型</td><td>照片编号</td></tr>
<tr><td></td><td>□ 合规　□ 未批先建
□ 超出防治责任范围
□ 建设地点变</td><td>□ 弃渣场
□ 其他扰动</td><td>□ 施工
□ 停工
□ 竣工</td><td>□ 新增
□ 续建
□ 停工</td><td></td></tr>
<tr><td></td><td>□ 合规　□ 未批先建
□ 超出防治责任范围
□ 建设地点变</td><td>□ 弃渣场
□ 其他扰动</td><td>□ 施工
□ 停工
□ 竣工</td><td>□ 新增
□ 续建
□ 停工</td><td></td></tr>
<tr><td></td><td>□ 合规　□ 未批先建
□ 超出防治责任范围
□ 建设地点变</td><td>□ 弃渣场
□ 其他扰动</td><td>□ 施工
□ 停工
□ 竣工</td><td>□ 新增
□ 续建
□ 停工</td><td></td></tr>
<tr><td>备注</td><td colspan="6"></td></tr>
<tr><td>项目联系人</td><td></td><td>联系方式</td><td></td><td>传真</td><td colspan="2"></td></tr>
<tr><td>现场复核人</td><td></td><td>时间</td><td></td><td>联系方式</td><td colspan="2"></td></tr>
</table>

注　1. 每个生产建设项目填写一份，表中各项指标原则上不得空缺，没有则填写“无”。

2. 项目位置：点型工程填写代表项目中心的地址和经纬度；线型工程需填写现场复核区段的地址和经纬度。

3. 项目类型：按照生产建设项目分类表（表5.1）填写。

4. 图斑信息：只有1个图斑的，填写一行；包含多个图斑的，按图斑个数填写多行。

5. 扰动合规性、扰动类型、施工现状、扰动变化类型：根据现场复核结果，勾选扰动合规性选项。

6. 图斑编号：填写每个图斑在现场复核工作底图中的编号；对于现场调查复核发现而室内未解译出的扰动图斑，图斑编号按照编号原则续编。

7. 照片编号：为某图斑现场拍摄照片编号，以起始照片和终止照片编号表示，中间以“—”相连，如起始照片编号为“100”、终止照片编号为“120”，则应填写“100—120”。

8. 备注：填写现场复核工作中调查获得的其他相关重要信息；对误判为生产建设项目的扰动图斑，在备注处填写该地块土地利用类型，其他指标不用填写。

4）如果存在某一个扰动图斑包含多个项目、扰动图斑临近有漏分图斑等问题，需要在现场复核工作底图上进行标注，在生产建设项目监管示范复核信息表上填写相关信息或者进行备注。

5）每个扰动图斑至少包含一张全景照片和一些局部照片，全景照片需在调查地图上标注拍摄地点和拍摄区域。如果扰动图斑内不同区域的施工阶段不一致，应拍摄不同施工阶段区域的现场照片。

（3）复核结果整理。采用水土保持监督管理信息移动采集系统进行现场复核的，经过内部审核后可将现场调查复核数据直接上传至后台的服务器端数据管理平台；采用纸质图

表作业的，须按照以下要求整理现场复核成果（表7.4）。

表7.4 现场复核提交成果一览表

编号	名　称	格　式	其他要求
1	经标注的现场复核工作底图	纸质版、扫描件	分类存放 命名规范 指标无空缺 信息准确 签字盖章 扫描清晰
2	生产建设项目监管示范复核信息表	纸质版、扫描件、EXCEL表	
3	现场复核照片	JPG格式	
4	其他资料	纸质版或者扫描件	

1）将现场调查复核过程中标注了有关信息的工作底图图幅进行整理，并扫描上述工作底图图幅，扫描件存储为JPG格式，并以图幅号命名扫描后的工作底图图幅，保存在“现场复核工作底图扫描件”文件夹下，同时保留上述工作底图图幅原件。

2）将填写好的生产建设项目监管示范复核信息表进行整理，现场复核人员签名，加盖承担单位公章，并扫描这些复核信息表，扫描件存储为JPG格式，并以生产建设项目名称命名扫描后的复核信息表，保存在“复核信息表扫描件”文件夹下时将复核信息表电子化，录入并保存为EXCEL格式，保存在“复核信息表EXCEL表”文件夹下，同时保留复核信息表的纸质原件。

3）对现场拍摄的照片按照扰动图斑进行归类整理，将所有照片统一放在“现场复核照片”文件夹下、同时在同一个扰动图斑内拍摄的照片放在一个文件夹下，文件夹以“扰动图斑编号+现场照片”命名。

4）整理现场复核过程中获得的其他资料或者信息，如“疑似未批先建”项目的水土保持方案报批资料、“疑似超出防治责任范围”或者“疑似建设地点变更”项目的后续变更设计和报备资料。

将上述资料全部扫描储存为JPG格式存放在一个文件夹下，文件夹以“其他资料”命名，变更设计资料以“生产建设项目名称+BG”命名，报备资料以“生产建设项目名称+BB”命名。

将上述资料和收集的水土保持方案资料统一存放在一个文件夹下，文件夹以“××省（自治区、直辖市）××市（州、盟）××县（市、区、旗）命名”。

7.4 结论与建议

“天地一体化”监管体系下的生产建设项目扰动合规性判别与敏感点分析，是对在建生产建设项目是否编报水土保持方案、扰动范围是否超出防治责任范围等情况的判别，以及在此基础上对未来可能造成水土流失的情况进行敏感点分析。项目成果可以辅助监督管理部门全面了解区域内在建生产建设项目扰动现状，协助监管部门及时发现生产建设项目开工完工以及未批先建、扰动范围超出防治责任范围等违法行为，为违法项目的取证提供基础数据；同时，可以将发现的生产建设项目水土流失敏感点及时告知监管部门，协助监管部门筛选需要重点监督检查的项目清单，辅助其现场监督检查工作开展，提高监督检查工作效率。在未来的监管工作中，可将水土流失防治区等区域、生产建设项目水土保持措施等设计指标纳入合规性判别指标，丰富合规性判别与敏感点分析的技术内容。

由于建设项目防治责任范围制图缺乏规范性要求，导致部分水土保持方案的防治责任范围图成果数据与监管示范工作要求存在一定差距，无法达到矢量化要求；建议在今后的工作中做好水土保持方案防治责任范围图的制图基础工作，支撑生产建设项目水土保持"天地一体化"监管工作。

本章参考文献

[1] 郭索彦. 水土保持监测理论与方法 [M]. 北京：中国水利水电出版社，2010.

[2] 耿海波. 广东省生产建设项目水土保持预监督管理工作初探 [J]. 人民珠江，2016，37 (4)：109-111.

[3] 唐庆忠，余顺超，卢敬德. 珠江水政监察遥感信息系统框架设计 [J]. 人民珠江，2009，2：5-8.

[4] 唐庆忠，陈黎，曹珮. 浅谈珠江流域水政遥感监察体系建设思路 [J]. 人民珠江，2013，增刊1：3-5.

[5] 李智广，王敬贵. 生产建设项目"天地一体化"监管示范总体实施方案 [J]. 中国水土保持，2016 (2)：14-17.

[6] Egenhofer M. and Herring J.，A mathematical framework for definitions of topological relationships [J]. in the Proceedings of the 4th Intenational Symposium on Spatial Dsta Handling (SDH)，1990.

[7] 陈军，赵仁亮. 空间关系的基本问题与研究进展 [J]. 测绘学报，1999，28 (2)：95-102.

[8] 尹斌，姜德文，李岚斌，等. 生产建设项目扰动范围合规性判别与预警技术 [J]. 中国水土保持，2016，11.

[9] 杜世宏，秦其明，王桥. 空间关系及其应用 [J]. 地学前缘，2006，13 (3)：69-79.

[10] 亢庆，姜德文，赵院，等. 生产建设项目水土保持"天地一体化"动态监管关键技术体系 [J]. 中国水土保持，2016 (11)：4-8.

[11] 水利部珠江水利委员会. 珠江流域2015—2016年生产建设项目监管示范总结报告 [R]. (2016-12-08).

[12] 广东省水利厅水土保持处. 广东省2015—2016年生产建设项目监管示范总结报告 [R]. (2016-12-10).

[13] 天津市水土保持生态环境监测总站. 天津市静海区生产建设项目监管示范总结报告 [R]. (2016-12-10).

第8章　基于无人机的生产建设项目水土保持调查技术

8.1　生产建设项目水土保持监管指标无人机提取技术

8.1.1　生产建设项目水土保持监管内容

参照《水利部流域管理机构生产建设项目水土保持监督检查办法（试行）》，以及各级水行政管理部门日常监管工作要求，生产建设项目水土保持监管内容主要包括水土保持工作组织管理情况；水土保持补偿费缴纳情况；水土保持方案变更、水土保持措施重大变更审批情况，水土保持后续设计情况；表土剥离、保存和利用情况；取、弃土（包括渣、石、砂、矸石、尾矿等）场选址及防护情况；水土保持措施落实情况；水土保持监测监理情况；历次检查整改落实情况；水土保持单位工程验收和自查初验情况；水土保持设施验收情况等方面（图8.1）。其中，需采集现场信息的监管内容主要包括扰动土地情况、取土（石、料）场、弃土（石、渣）场情况、水土流失情况、水土保持措施情况等。

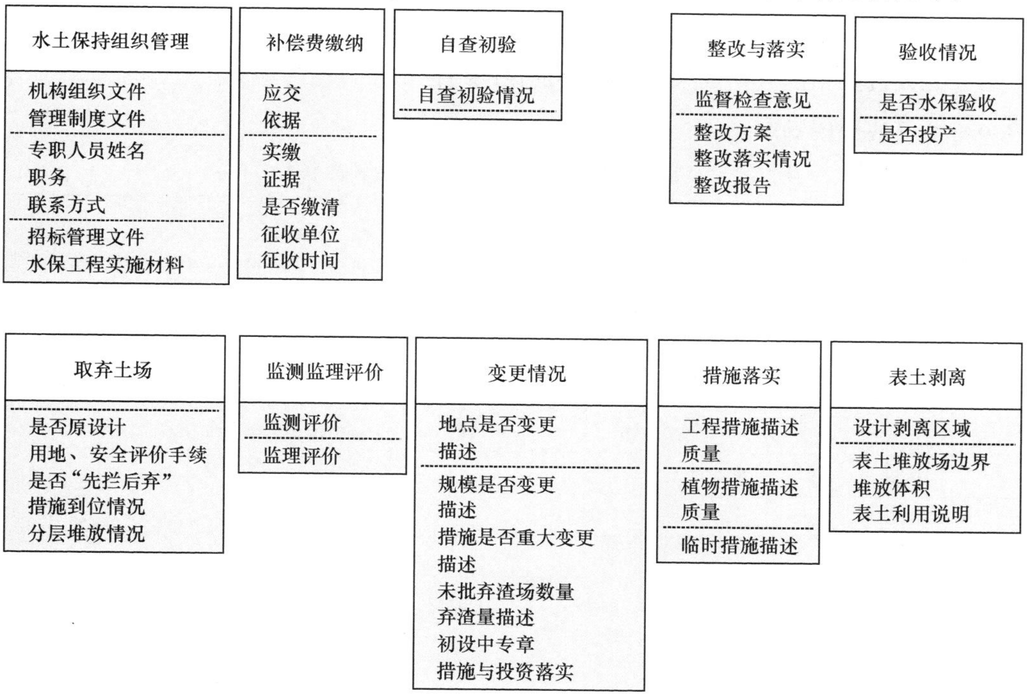

水土保持组织管理
机构组织文件
管理制度文件
专职人员姓名
职务
联系方式
招标管理文件
水保工程实施材料

补偿费缴纳
应交
依据
实缴
证据
是否缴清
征收单位
征收时间

自查初验
自查初验情况

整改与落实
监督检查意见
整改方案
整改落实情况
整改报告

验收情况
是否水保验收
是否投产

取弃土场
是否原设计
用地、安全评价手续
是否"先拦后弃"
措施到位情况
分层堆放情况

监测监理评价
监测评价
监理评价

变更情况
地点是否变更
描述
规模是否变更
描述
措施是否重大变更
描述
未批弃渣场数量
弃渣量描述
初设中专章
措施与投资落实

措施落实
工程措施描述
质量
植物措施描述
质量
临时措施描述

表土剥离
设计剥离区域
表土堆放场边界
堆放体积
表土利用说明

图8.1　生产建设项目水土保持监管内容

此外，参照水利部渣场风险排查的 4 个标准，需对渣场的容量、堆高、汇水面积、下游居民点和基础设施等情况进行重点监测和分析，参照渣场预警指标（容量超过 50 万 m^3，最大堆高超过 20，汇水面积超过 $1km^2$，下游 1km 范围内有居民点和基础设施）进行敏感点分析。

考虑到监管内容较为宏观并在不断完善中，为了给监管内容提供技术支撑，本书参照《生产建设项目水土保持监测规程（试行）》的分类指标体系，对相关指标进行细化，总结监管内容中与现场调查相关的监管指标有如下几类：

（1）扰动土地情况，包括范围、面积、土地利用类型等。

（2）水土保持措施情况，包括类型、位置、规格、覆盖度、质量等。

（3）取土（石、料）场、弃土（石、渣）场，包括数量、位置、面积、方量、措施、特点、问题等。

（4）水土流失情况，包括面积、危害等。

从技术层面上，可以将业务指标归纳为如下几类技术指标：

（1）空间关系，如扰动与防治责任范围的关系、渣场与周边环境的关系等。

（2）长度、面积、规格、数量。如扰动面积、水保措施长度、面积、规格、数量等。

（3）体积、挖填方。如弃渣体积、表土剥离的挖方体积等。

（4）高度、坡度。如弃渣堆高、弃渣坡度、高边坡坡度等。

（5）表面特征。如植被覆盖、土地类型、措施质量、整治方式等。

8.1.2　监管指标无人机提取技术

1. 无人机可提取的监测指标

结合无人机航拍的数据成果，大部分量化的指标都可以通过无人机快速获取，具体指标信息获取方法归纳见表 8.1。

表 8.1　　生产建设项目水土保持监管指标与无人机信息获取方法

监管类别	主要监管指标	无人机监管方法
扰动土地情况	范围 面积	①高清影像人机交互勾绘扰动地块，从地块的空间信息上获取面积
	扰动前土地利用类型 整治方式[1]	②高清影像目视解译
	整治面积	①从整治图斑的空间信息上获取
	整治后土地利用类型	②高清影像目视解译
水土保持措施	开（完）工日期	—
	类型	②高清影像目视识别
	位置 规格尺寸（长、宽、面积）	①从勾绘的措施图斑上获取空间信息
	林草覆盖度（郁闭度） 防治效果 运行状况	②高清影像结合三维模型目视判断

续表

监管类别	主要监管指标	无人机监管方法
取土（石、料）场、弃土（石、渣）场	数量 位置 规格尺寸（长、宽） 面积	①高清影像人机交互勾绘渣场边界，统计数量，从渣场图斑的空间信息获取位置、规格、面积信息
	临时堆放场坡度 临时堆放场坡长	③根据 DSM 计算得到
	方量 表土剥离（体积）	③通过两期 DSM 获取体积差
	范围外堆积物体积	③通过两期 DSM 获取体积差
	水土保持措施（类型） 弃渣特点[2]	②高清影像结合三维场景目视识别
	类型（土、石、土石混合） 问题及水土流失隐患	②高清影像结合三维场景分析识别
水土流失情况	土壤流失面积	①通过勾绘图斑获取面积
	土壤流失量[3]	—
	取土（石、料）弃土（石、渣）潜在土壤流失量[4]	②通过两期 DSM 获取体积差
	水土流失危害[5]	②通过周边信息提取，获取危害描述信息 ①高清影像人机交互勾绘危害的斑块，从已勾绘的危害斑块上和获取位置、面积等空间信息 ③通过危害前后两期 DSM 数据，获取滑坡、崩塌等危害体积。

1　硬化、土地整治、植物措施等。

2　沟道弃弃渣场，坡面弃渣场，平地弃渣场，填洼（塘）弃渣场。

3　指输出项目建设区的土、石、沙数量。

4　取土（石、料）弃土（石、渣）潜在土壤流失量是指项目建设区内未实施防护措施，或者未按水土保持方案实施且未履行变更手续的取土（石、料）弃土（石、渣）数量。

5　指项目建设引起的基础设施和民用设施的损毁，水库淤积、河道阻塞、滑坡、泥石流等危害。

①　人机交互勾绘或面向对象分类。

②　目视观察。

③　数字表面模型（DSM）计算。

2. 基于无人机的监管指标提取技术

无人机获取指标的方法可以归纳为三类（表 8.1）：

（1）人机交互勾绘或面向对象分类。以高清影像为底图勾绘图斑，获取实际扰动、取土（石、料）场、弃土（石、渣）场、水保措施的位置、范围、尺寸、面积等。

（2）目视观察。从高清正射影像、三维实景模型目视观察得到渣场类型、水土流失问题、水保措施等信息。

（3）数字表面模型（DSM）计算。利用两期 DSM 执行挖填方分析可以得到体积指标，用以监测堆渣方量、表土剥离体积、潜在土壤流失量等。此外，从 DSM 可以计算坡度图，量取坡长、堆高等。用以监测临时堆放场、弃渣场、高边坡等情况。

下面依据不同的监管类别（表 8.1），通过一些应用实例展示基于无人机的监管指标提取技术。

（1）扰动土地情况。

1）扰动前土地利用类型、整治方式、整治后土地利用类型等。此类信息通过特定时间航拍后输出的正射影像图目视解译后直观的获取，如图8.2所示，某项目局部正射影像中可以明显看出硬化道路、土地整治和植被防护措施。扰动前土地利用类型需要在施工前提前进场航拍，整治方式及整治后土地利用类型在整治后进场航拍。

图8.2　硬化、土地整治、植物措施

2）扰动土地范围与面积、整治面积等。此类信息以正射影像图为数据源，利用GIS系统的测量功能，可以过去相关的数据。例如，将输出的正射影像图进行投影，沿边界勾绘面状的扰动范围，在GIS工具软件中可以很方便地获取面积信息。通过与防治责任范围的叠加，可以得到扰动范围是否超出防治责任范围，超出部分的面积等信息。图8.3展示了一个提取扰动土地范围与面积的实例。

(a) 某渣物扰动范围提取

图8.3（一）　扰动范围与面积

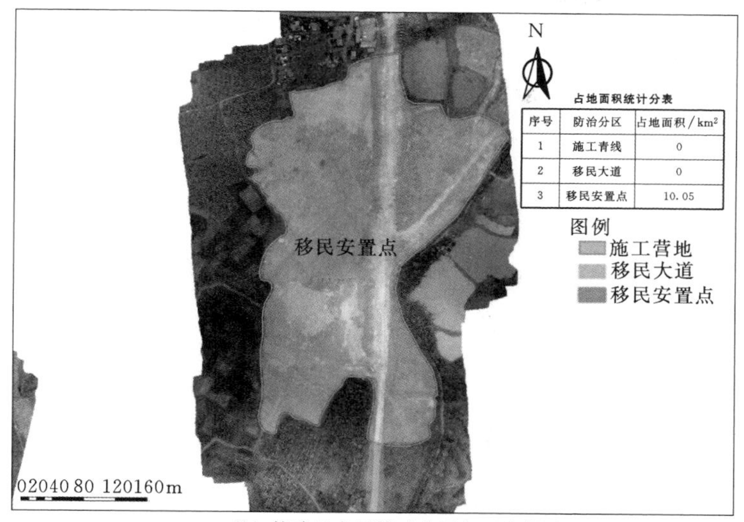

(b) 某移民安置扰动范围与面积提取

图 8.3（二） 扰动范围与面积

(2) 水土保持措施。

1) 措施类型。影像提取地物信息的能力取决于影像的几何分辨率，它是指从影像上能正确的分辨出地物的最小宽度，假设一个像素的宽度为 a，那么地物宽度在 $3a$ 或至少要达到 $2\sqrt{a}$才能被识别出来。例如 5cm 分辨率的无人机影像，一般可以分辨 0.15m 宽度的地物。在优于 8cm 分辨率的无人机正射影像图上，结合三维实景模型多角度观察，可以识别出绝大多数的水土保持措施类型。

如图 8.4 所示为渣场航拍生成的三维实景影像，可以清楚地看出：该渣场下游坡脚布设了桩板式拦渣墙，对渣体进行挡护，防止弃渣外泄；渣场坡面采取了五级分级处理，并实施了框架梁植草护坡防护，有效提高了渣场坡面稳定性；同时，渣场坡面两侧沿弃渣边界跟进了混凝土排水沟，保障雨期渣场排水顺畅。

图 8.4 某渣场的水土保持措施

该实例说明，利用无人机航摄成果，可以减轻大量人力奔波的任务，对项目水土保持措施进行全局和完整的掌握。

图8.5列举了无人机航拍识别的部分常见的水保措施。

(a) 挡渣墙(1)　(b) 挡渣墙(2)

(c) 框架梁植草护坡、截排水沟　(d) 路基排水沟

(e) 排水渠　(f) 植被建设与土地平整　(g) 临时措施，苫盖

图8.5　常见水保措施

2）措施规格尺寸与实施进展。某些措施的细节规格尺寸，如排水沟的宽度，浆砌石挡墙的宽度等，自身的规格尺寸可能在分米级别，需要较高分辨率的影像才可以提取。在措施识别和提取的基础上，进一步如果要对地物的尺寸进行测量，需要跨越更多的像元以减小边界像元识别误差对测量精度的影响。就水土保持监管业务而言，建议最小测量尺寸跨越 10 个像元以上。

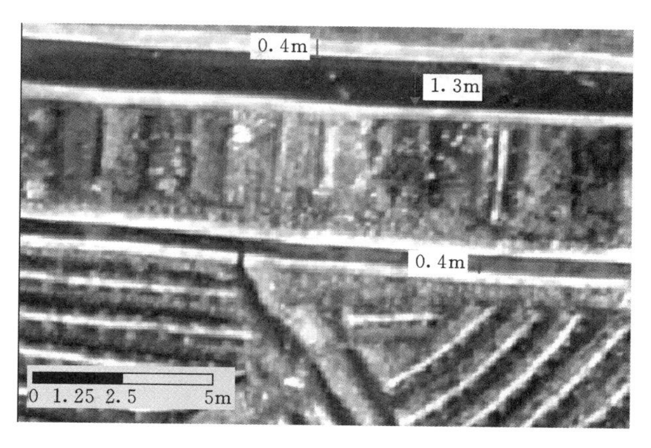

图 8.6 排水沟尺寸

图 8.6 是一块 5cm 分辨率的无人机航测正射影像，从影像上可以清楚的识别两条排水沟，并测量排水沟的宽度等尺寸信息，但是，根据最小可测量尺寸在 10 个像元（即 0.5m）以上的建议，从影像上测得下部排水沟的宽度和顶部排水沟挡墙的宽度值仅供参考。

(a) 设计措施

(b) 实施措施

图 8.7 措施实施与设计对比

从提取的水保措施矢量数据上，利用 GIS 软件的统计功能，可以方便的得到措施的总体尺寸数据，在此不再赘述。

通过设计资料与实际提取的水保措施的比对，可以监测水保措施的进展情况。对水保措施的实施情况进行评价。如图 8.7 所示某渣场所示，设计有排水沟、挡渣墙、坡面整治等措施，但实际实施的只有部分的排水沟，根据先拦后弃的原则，挡渣墙的实施进度明显滞后。

3）林草覆盖度（郁闭度）。由于无人机影像的高分辨率特征，有经验的人员可以目视判断林草植被覆盖度的范围。也可以利用光谱特性，根据指数提取植被盖度，以避免人为因素的干扰。下面对自动提取的方法进行介绍。

由于本方法中主要利用无人机航拍影像，只有 RGB 三个波段数据，无法利用传统 NDVI 指数来反演植被盖度。因此，此处测试了几种参数方法，从中优选了 NDI 指数作为本文中的植被覆盖数据获取方法。需要注意的是，该方法假定满足某一指数范围的像元为纯植被像元，否则为非植被像元，不考虑中间情况，因此，只有影像数据为亚米级分辨率时，才具有一定的适用性。此外，该指数对于某些地物类型存在误判的情况，但是，在生产建设项目区域，土地利用类型相对简单，可以很容易地发现和剔除误判的类型。

根据相关文献介绍，利用 RGB 三波段影像提取植被覆盖的策略主要有以下几种：

a. 植被像元同时满足：DNG＞DNR＞DNB、DNG＞DNB＞DNR 和 DNB＞DNR＞DNG。

b. 非植被像元满足：DNR＞DNG＞DNB。

c. 植被像元满足：DNG＞DNR。

d. NDI 指数：

$$(DNG-DNR)/(DNG+DNR) \tag{8.1}$$

一般该指数大于 0 为植被，小于 0 为非植被。也可以根据具体影像调节阈值。

根据测试，基于 NDI 指数的植被覆盖度提取方法的效果较好，下面对该方法的技术流程进行介绍：

（a）根据 NDI 指数公式执行波段运算。在 ENVI 软件中，NDI 指数的计算公式为

$$(\text{float}(b2)-b1)/(\text{float}(b2)+b1) \tag{8.2}$$

（b）二值化。将 NDI 指数大于 0 的像元赋值为 1，认为是植被全覆盖，反之认为是无植被。二值化公式为

$$(b1\ \text{gt}\ 0)\times 1B+(b1\ \text{le}\ 0)\times 0B \tag{8.3}$$

（c）统计各图斑的植被覆盖百分比。统计各图斑中植被像元所占的比例，作为该图斑的植被覆盖度。图斑来自于需要统计的各个地块，例如各个防治分区。在 ArcGIS 中，可以用 Spatial Analyst Tools→Zonal→Zonal Statistics as Table 工具实现。

（d）将统计表与图斑图层连接。通过 join 操作，将统计表连接到图斑图层中，至此，每个图斑中就具有了植被覆盖度信息（图 8.8）。

4）措施运行状况与防治效果。通过三维实景模型数据多角度观察，可以直观的查看到措施的当前运行状况。例如，如图 8.9 所示的坡面防护工程和拦挡工程整体运行情况良好，无弃渣泄露出挡墙外的情况，但是部分部位的截排水沟存在淤积情况，影响了措施效益的发挥。

而措施防治效果可以根据三维实景模型和正射影像数据，定量提取相关扰动及措施数据，结合扰动土地整治率、拦渣率、土壤流失控制比、林草植被恢复率、林草覆盖率、水土流失总治理度等指标，根据项目实际情况进行评估。

（3）取土（石、料）场、弃土（石、渣）场。

1）取土（石、料）场、弃土（石、渣）场数量、位置、规格尺寸、面积。以三维实景模型为参考，确定渣场边界（图 8.10），在正射影像图上勾绘边界矢量，获得规格尺寸、面积等数据。

2）坡度测量。使用无人机航测的数据成果，有两种方法可以对堆积体的坡度进行评估，分别适用于概化估算和细节分析的需求。

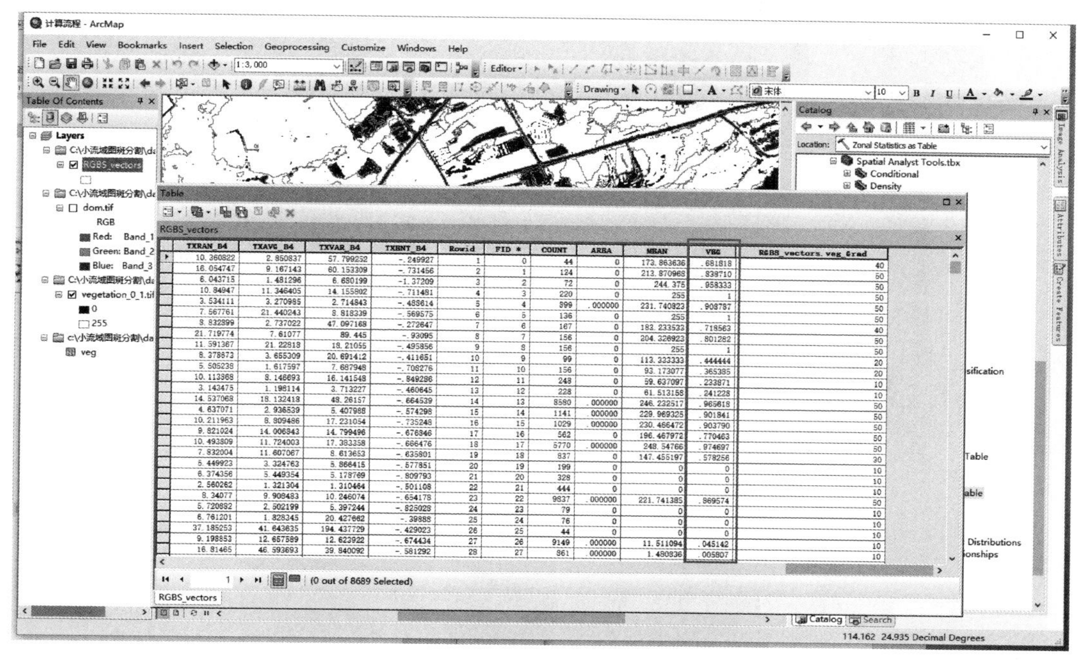

图 8.8 连接操作后的图斑属性

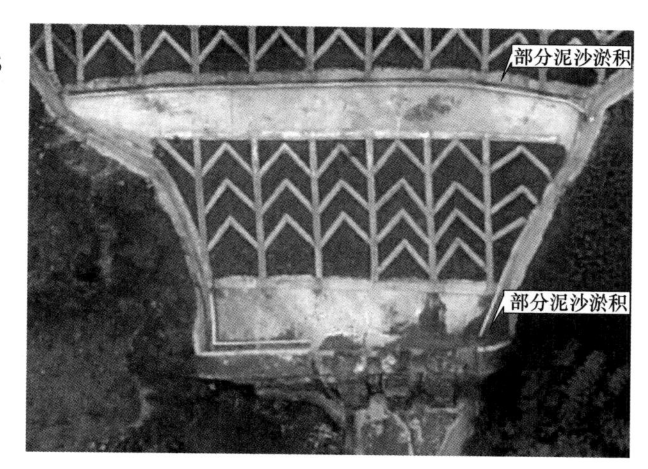

图 8.9 措施运行状况

a. 从等高线数据估算坡度值。以 DEM 数据为材料，利用 ArcGIS 的 Spatial Analyst→Surface→Contour 工具提取等值线。然后将等值线与正射影像图叠加，通过测量等值线间的水平距离，结合等值线间的高程差，即可计算坡面的坡度值（图 8.11）。

百分比法，其计算公式如下：

$$\text{坡度}=(\text{高程差}/\text{水平距离})\times 100\% \tag{8.4}$$

度数法，用度数来表示坡度，利用反三角函数计算而得，其公式如下：

$$\tan\alpha(\text{坡度})=\text{高程差}/\text{水平距离} \tag{8.5}$$

所以：

$$\alpha(\text{坡度})=\arctan(\text{高程差}/\text{水平距离}) \tag{8.6}$$

如图 8.11 所示渣场边坡的某典型坡面处，4 条 2m 等值线间的水平距离是 37m，故：

$$\text{坡度}\ \alpha=\arctan(6/37)=9.2° \tag{8.7}$$

说明此处 4 条等值线之间边坡的总体坡度是 9.2°。这种方法得出的坡度不反映细节处的坡度变化，就如同从待测量区域的顶部伸出一根刚体至底部，反映总体的坡度，而不论

图8.10　渣场边界与规格提取

这个坡面是否分级，各台阶的坡度如何变化，在业务实际中，很多情况只关心坡面的总体坡度，故用该方法较为合适。反之，如果要反映坡度的细节变化，则可以使用接下来第二种方法。

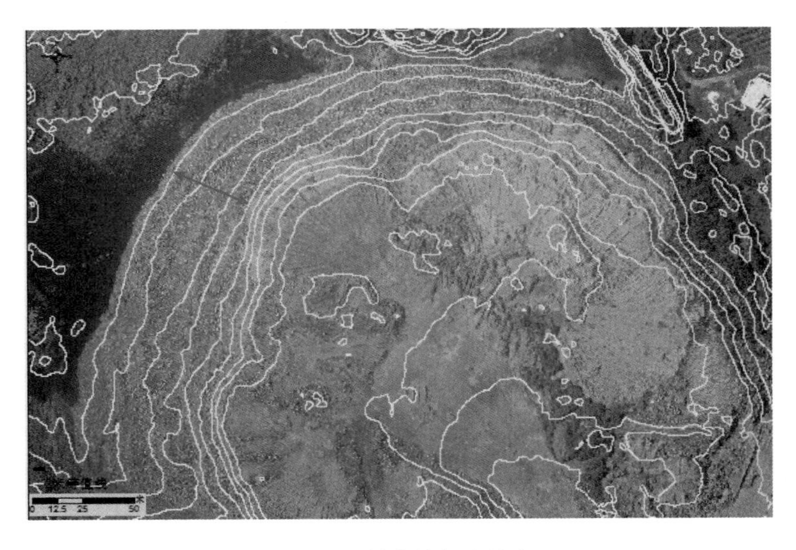

图8.11　等高线提取坡度

b. 从DEM数据提取坡度栅格。使用无人机航摄得到的DEM数据，投影后利用ArcGIS中的3D Analyst→Raster Surface→Slope工具得到坡度栅格图。图8.12展示了一个实例。

接下来可以使用ArcGIS中的Spatial Analyst→Zonal→Zonal Statistics as Table工具统计目标区域的坡度平均值。

为了对无人机航测数据提取坡度值的精度有初步的了解，本文选择某个项目区中硬化

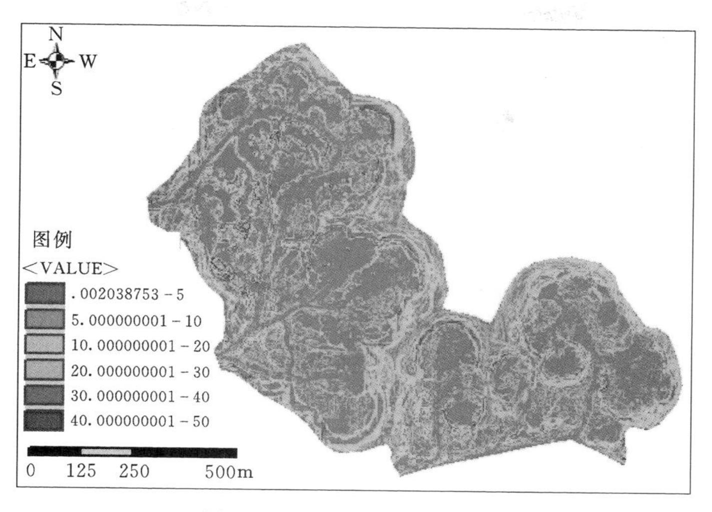

图 8.12 DEM 提取坡度栅格

的大型坡面，来初步了解坡度提取的精度。

测试设备：DJI Inspiron1。

测试区域：图 8.13 中红点标识地区。

图 8.13 坡度测量点位

测试方法：选取坡度一致的一些坡面，利用 SLANT200 角度测量仪现场实测坡面的坡度，记录实测点位置，然后在无人机航测的正射影像图上标记这些测量点，从无人机获取的 DEM 数据制作坡度栅格数据，在标记点位置外扩一定面积的缓冲区，统计坡度平均值，作为无人机测量值。

坡度测量结果见表 8.2。

表 8.2　　坡 度 测 量 结 果

ID	坡度实测	无人机测量	绝对误差	相对误差/%
1	24.5	23.8	(0.7)	−2.67
2	21.5	22.6	1.1	5.08
3	50.0	51.5	1.5	3.00
4	21.0	20.1	(0.9)	−4.06
5	18.0	17.1	(0.9)	−4.99
6	25.5	26.4	0.9	3.48
7	65.0	62.5	(2.5)	−3.84
8	54.0	53.8	(0.2)	−0.31
9	54.0	53.7	(0.3)	−0.61
10	4.0	3.5	(0.5)	−12.54
11	21.0	19.9	(1.1)	−5.41
12	15.0	18.5	3.5	23.23
13	7.0	6.0	(1.0)	−14.99
14	20.0	20.9	0.9	4.33
15	14.0	16.5	2.5	17.87

从测试结果来看，大部分的无人机坡度测量值的精度效果比较好，但是在坡度较小的几个测量点，相对误差偏大，这是由于相对误差计算时的分母较小所致。总体而言，坡度的偏差在可接受的范围。需要说明的是，精度测试是一项严谨的系统工程，此处精度测试实验的目的，是为了让行业用户对本方法的误差有一个直观的认识，对行业用户提供一个参考。

3）坡长测量。坡长通常是指地面上一点沿水流方向到其流向起点间的最大地面距离在水平面上的投影长度。根据投影后的 DEM 数据，可以获取堆积体上每一个像元点的坡长数据。方法如下：

a. 建立无洼地 DEM。要估算坡长因子，可以利用 ArcGIS 中的水文模块提取流水累积量。流水累积量的计算，要先建立无洼地的 DEM。使用 ArcGIS 中的 Spatial Analyst→Hydrology→Fill 工具实现。

b. 计算水流流向。以填洼后的 DEM 为数据源，计算出水流流向栅格。使用 ArcGIS 中的 Spatial Analyst→Hydrology→Flow Direction 工具实现。

c. 计算流水累积量。以水流流向栅格为数据源，计算出流水累积栅格。使用 ArcGIS 中的 Spatial Analyst→Hydrology→Flow Accumulation 工具实现。

流水累积栅格中的每一个像元值代表了该点沿水流方向到其流向起点间的最大像元数量，乘以像元的边长，即得到该点的坡长值。取坡底的最大值乘以像元边长所得的数值是该堆积体的最大坡长。

4）取土（石、料）场、弃土（石、渣）场方量，含表土剥离体积。利用无人机获取的数据源，有三种方法可以用来计算堆积体体积。正常堆体的体积通过提取堆体边界后，利用其中某种方法进行计算。而范围外堆积物体积需要首先将渣场范围设计图与无人机航测得到的正射影像图叠加，然后勾绘出设计范围之外的堆积体边界矢量，可以对应参考三维实景影像来确定范围，接下来用该范围矢量为边界，利用体积提取方法，得到范围外堆积物的体积。

a. 使用同一地区两期 DEM 计算挖填方量。在 ArcGIS 中对应的工具为：3D Analyst→Surface Analysis→Cut/Fill。该工具输入数据有两项，Before surface：前期的 DEM（TIN），After surface：后期的 DEM（TIN）。输出栅格的属性表可显示出执行填挖操作后表面体积的变化情况。需要注意的是，应对输入栅格进行投影和配准，并且使用同一边界裁剪两期影像。

b. 使用一期 DEM 数据提取某平面以上的体积值。该方法适用于平地堆渣体积的提取。首先对 DEM 数据投影，然后在 ArcGIS 软件中运行“3D Analyst→Function Surface→Surface Volume”工具。

c. 通过三维模型，获取一定包裹体的体积（图 8.14）。某些无人机数据处理软件提供了直观的体积测量功能，可以对选取的某区域的三维模型进行闭合，然后计算出该包裹体的体积等数据。如 Photoscan 软件中提供的体积测量工具。

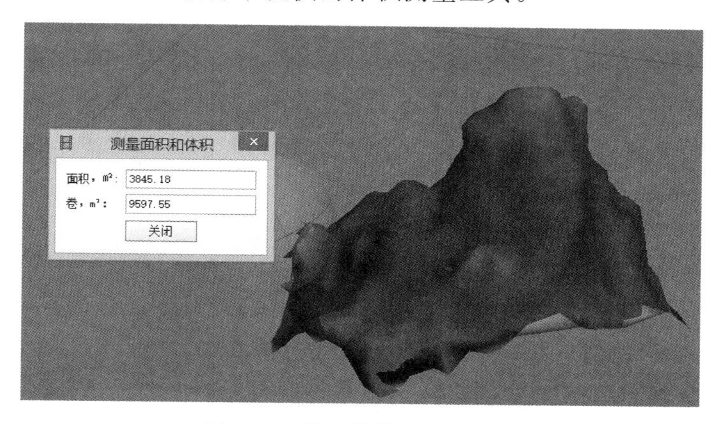

图 8.14 从三维模型提取体积

本文进行了一个简单的体积精度测试，来一定程度反映无人机航测获取体积的精度表现。

测试设备：DJI Inspire1。

测试对象：标准集装箱堆积体（图 8.15）。

测试方法：使用 DJI Inspire1 无人机飞行 100m 高度航拍照片，使用 Photoscan 软件处理数据，获取约 8cm 分辨率的 DEM 数据，以及正射影像数据。使用一期 DEM 数据提取某平面以上的体积值的方法，选取不同的集装箱堆积体组合，测量其体积值。而参考值来自于标准集装箱的尺寸和个数。测试结果见表 8.3。

选择集装箱堆体，是因为可以从尺寸数据中获取参考体积值。从测试结果来看，精度表现良好。但是本实验在这里只是提供一个思路，其样本数量有限，而且，水土保持监管中关注的堆积体都为不规则形状，其精度表现情况，有必要进一步的探索和验证。

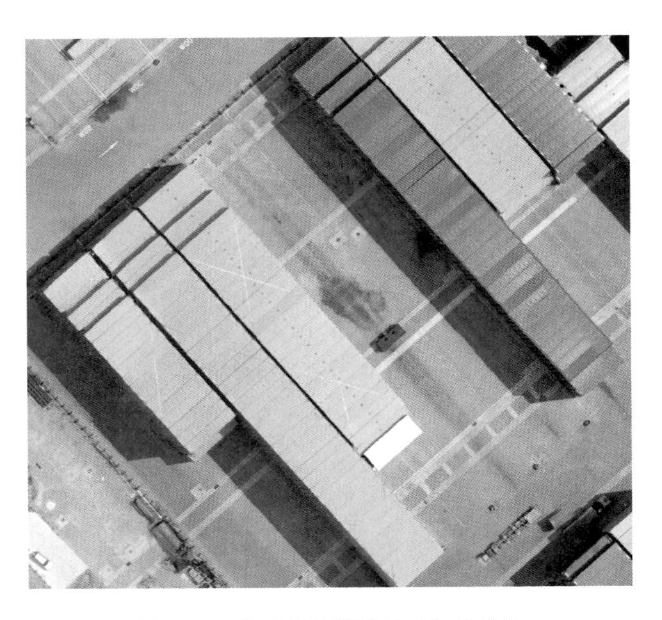

图 8.15　体积测试所用的集装箱堆体

表 8.3　　　　　　　　　　**集装箱体积测试结果**

序号	参考值	测量值	差值	相对误差/%
1	16712	16813	101	0.6
2	8626	8867	241	2.8
3	11860	12266	406	3.4
4	13343	13792	449	3.4
5	15634	16084	450	2.9
6	6469	6527	58	0.9

5）弃渣场类型（土、石、土石混合）、特点及水土流失隐患。通过高分辨率的边坡细部影像可以直观的判别弃渣为土、石、或土石混合，如图 8.16 所示。

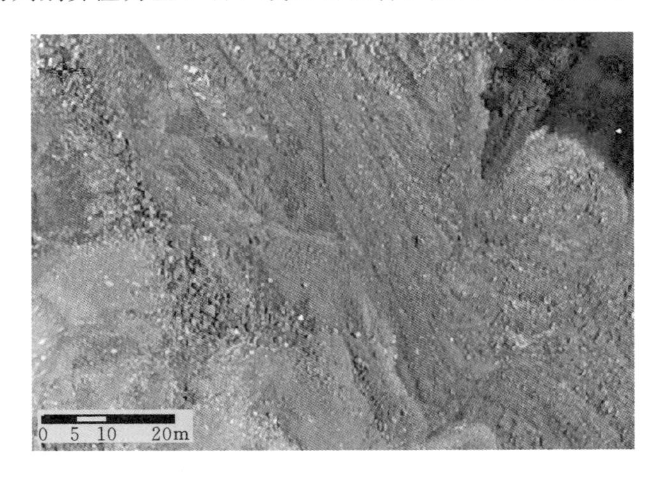

图 8.16　弃渣类型

弃渣特点分为沟道弃渣场，坡面弃渣场，平地弃渣场，填洼（塘）弃渣场等，可以从三维实景模型上，多角度观察判断（图 8.17）。

（a）沟道弃渣场

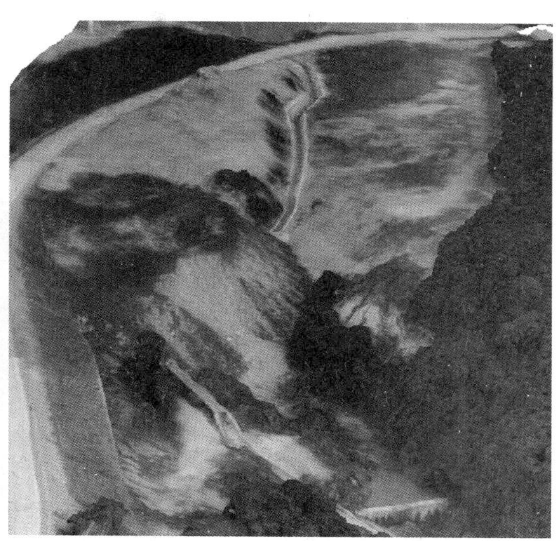

（b）填洼（塘）弃渣场

（c）坡面弃渣场

图 8.17 弃渣特点

弃渣存在的水土流失隐患一般通过渣场的水保措施实施情况、上游汇水情况、周围村庄等敏感点情况综合判断。可以利用三维实景模型从多个角度来直观的判断这些信息。

例如，利用无人机对某渣场及其下游区域开展航测，对得到三维实景模型、正射影像图、数字高程模型等数据进行分析后，渣场自身形态以及与下游敏感对象之间的关系如图 8.18 所示。通过提取的等高线分析得到，渣场最高平台与挡墙处坡脚之间的高差为40m，挡墙坡脚与居民区地面之间的高差为18m。利用正射影像图测得渣场最低处挡墙与公路的最近距离约35m，与居民区的最近距离约100m，与高铁线路的最近距离约220m。利用三维模型勾绘汇水区域，提取面积约0.1km²（图8.19）。这些数据指标表明，该渣场属于沟道弃渣，高程跨度大，下游距离居民区、公路、铁路等敏感对象都非常近，形成了风险点。综合来看，属于高风险渣场，需对此进行预警并持续关注。

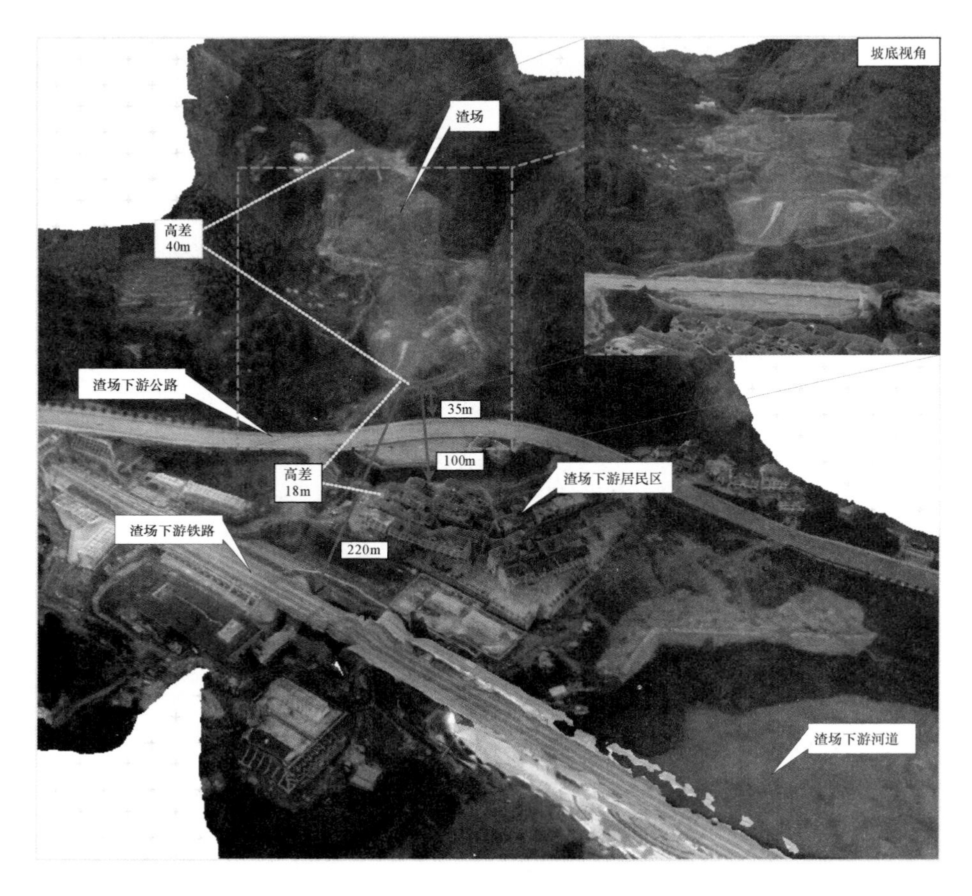

图8.18 某渣场水土流失风险情况

该实例说明，通过无人机航摄成果，可以提取定量化指标，通过数据分析，来客观的说明存在的水土流失风险，具有直观、客观、说服力强的特点。

（4）水土流失情况。

1）取土（石、料）场、弃土（石、渣）潜在土壤流失量。指项目建设区内未实施防护措施，或者未按水土保持方案实施且未履行变更手续的取土（石、料）弃土（石、渣）数量。通过防护措施识别、设计资料分析、体积计算等步骤，得出该指标。

2）水土流失危害。指项目建设引起的基础设施和民用设施的损毁，水库淤积、河道阻塞、滑坡、泥石流等危害。通过三维实景影像数据多角度观察，可以直观的获取该类危害信息。

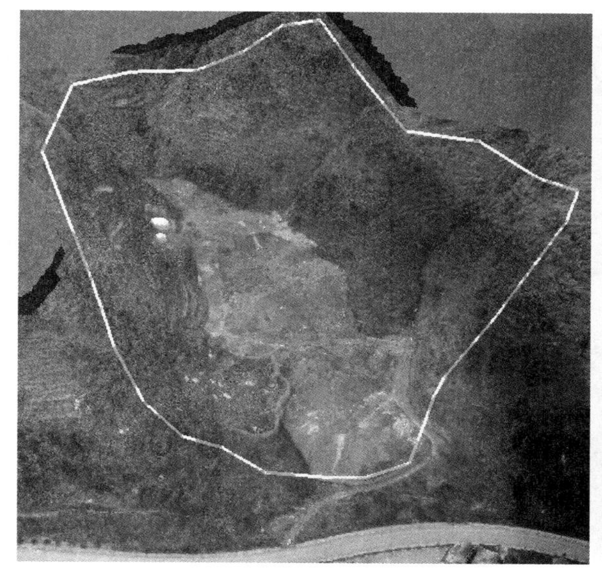
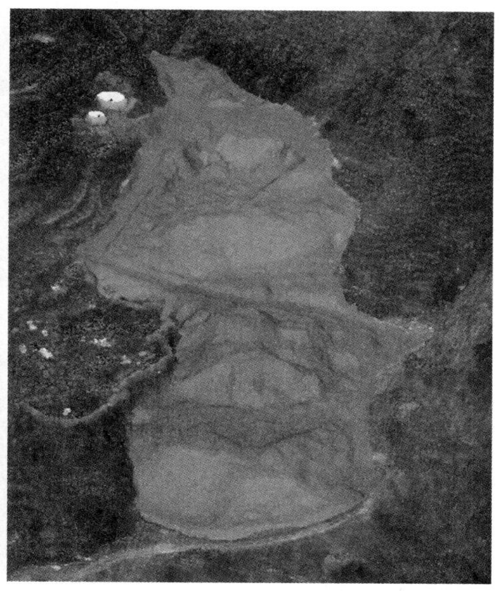

图 8.19 汇水区域与渣体体积分析

图 8.20 展示的是某高铁项目的两个弃渣场所在区域，通过使用无人机对渣场至河道的完整区域进行航摄，处理得到三维实景模型可以明显地看出，这两个渣场对下游水体形成了明显的污染。在支流汇入干流的区域，水体颜色差异明显，支流含沙量明显高于干流，其原因就是上游两处支流河道直接弃渣，对下游村庄居民的生存环境，以及干流的水质，形成了很大的破坏。从图 8.20 中放大的渣场局部图可以看出，该处废渣直接弃至支流河道，堵塞了河道水流，弃渣通过水流的入渗和冲刷，源源不断地流向下游河道，形成了严重的水土流失危害。

该实例说明，通过实景三维景象，对水土流失危害可以有直观、可观的反映，视觉效果真实、震撼，具有很强的说服力。

3. 无人机航拍技术路线及要求

相对于传统基于 GPS 和全站仪的地面测绘方法，基于无人机的测绘效率更高，数据成果更加直观，并且不易受现场条件的限制，也避免了和施工现场的相互干扰。

无人机摄影测量主要参照 GB/T 18316—2008《数字测绘成果质量检查与验收》、CH/Z 3003—2010《低空数字航空摄影测量内业规范》、CH/Z 3004—2010《低空数字航空摄影测量外业规范》、CH/Z 3005—2010《低空数字航空摄影规范》等相关规范执行。无人机生产建设项目水土保持监管工作流程如图 8.21 所示。

第一阶段是航摄与数据生成。首先，根据项目区的情况，进行航拍设计，根据需求的比例尺，确定航高，重叠率，结合现场地形，设计测区；然后，实施外业航拍，航拍之前需按规范进行相机检校；其次，根据相应比例尺要求的密度，测量地面控制点；最后，生成三维模型数据和所需比例尺的 DSM、DOM（正射影像）。

第二阶段是信息提取。采用人机交互勾绘或面向对象分类、目视观察、DSM 计算等

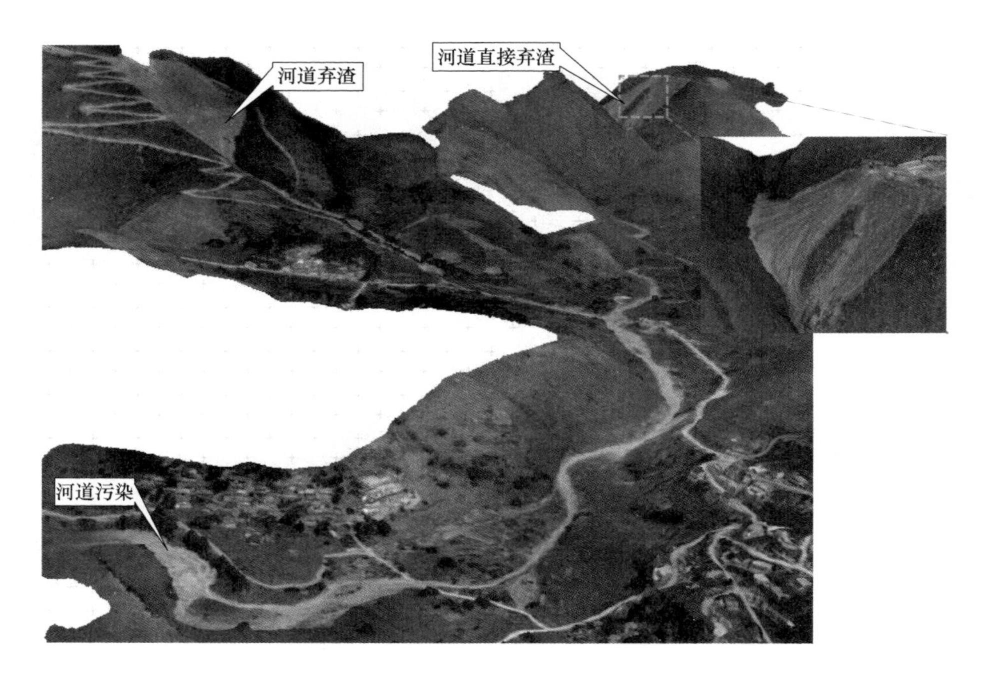

图 8.20　某渣场水土流失危害展示图

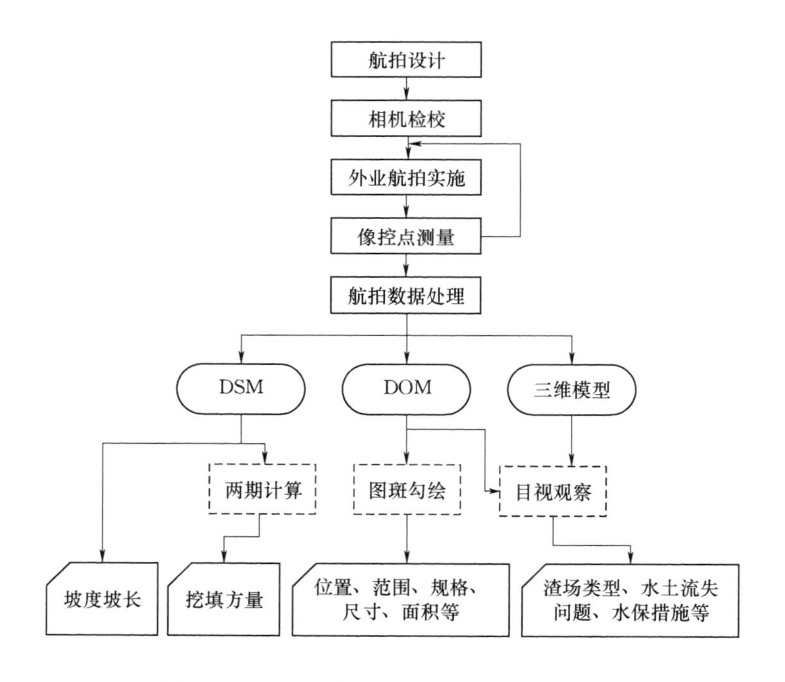

图 8.21　无人机航拍与信息提取工作流程图

方式，获取所需的监管指标。

经测试，在生产建设项目水土保持监管业务中，满足 GB/T 23236—2009《数字航空

摄影测量空中三角测量规范》中 1∶1000 成图的条件即可满足监管业务对数据的平面和高程精度的要求，即空三解算的检查点精度满足平面位置中误差 0.5m，高程中误差 0.28m。达到 1∶1000 的成图精度要求，需要满足如下三项条件：

（1）无人机航摄影像的地面分辨率建议优于 8cm，由于无人机飞行状态不稳定并且相机的像幅较小，一般要求航向重叠率、旁向重叠率分别在 70%和 60%以上。对于山地、戈壁、草原等复杂地形则要求航向和旁向重叠率应达到 80%以上。

（2）数据处理要求使用多视图几何空三解算方法的软件进行处理，以在算法原理上对构网方式的稳健性提供保障，相关软件如 Pix4Dmapper、photoscan、EasyUAV 智能快拼等。

（3）控制点布设方面，考虑到点型生产建设项目的区域一般较小，线型项目也是采用分段的方式获取数据，对于小区域的基于多视图几何的空三解算控制点布设，建议四周角点加一个中心点的方案，即可在满足精度需求的同时，尽可能降低难度。当地形较为复杂时，酌情增加控制点。

总体而言，对于水土保持行业业务人员，进行测绘作业具有一定的难度，所以有条件的情况下，可以尽量选用免像控点的高精度航测无人机来开展业务。相信随着技术的进步，也将有越来越多的免像控点高精度航测无人机供行业用户选择。

8.2 应用案例

8.2.1 渣场监管实例

1. 渣场基本情况

某渣场为某水利工程大型渣场，弃渣来源主要为工程开挖的土石方，设计堆渣 2922.37 万 m^3；原始地表土地利用类型主要为水塘、草地，以及少量农田和村庄，地形地貌特征为洼地。

2. 实验方法

采用 DJI Phantom3 Advance 小型旋翼无人机进行 GPS 辅助航摄，其搭载的航拍相机的传感器为 1/2.3 英寸 SONY EXMOR，f/2.8（20mm 等效焦距），照片像素分辨率 4000×3000，100m 高度时，拍摄分辨率最高可达到 4.33cm。

分别于 2016 年 3 月和 7 月对弃渣场开展了两次野外作业，使用 Photoscan 软件处理得到了两期的实景三维模型和正射影像、DEM 数据。提取出渣场的位置、范围及面积、弃渣量、弃渣类型与特点、水土保持措施以及存在的问题和水土流失隐患等信息。

3. 结果分析

（1）位置、范围与面积。通过影像叠加设计图纸看出，该渣场位于设计弃渣位置，还未到达设计边界［图 8.22（a），（b）］；利用影像勾绘渣场边界得出 7 月已弃渣面积 70.4hm^2，与 3 月相比新增弃渣面积 14.87hm^2。

（2）弃渣量。利用 2016 年 3 月和 7 月两期 DEM 进行差值分析得新增弃渣量 19 万 m^3［图 8.22（e～g）］；同样的方法与设计时的地形数据进行挖填方计算，得到总弃渣量 1005

万 m³。

（3）弃渣类型与特点。通过高清影像整体观察得出，弃渣类型多数为土质，夹杂少量碎石；通过三维模型判断，弃渣特点为平地弃渣场［图 8.22（i）］。渣场整体平整，30°以上的坡度在边缘和中心呈环状分布，采用了分级堆放的方式降低整体坡度［图 8.22（c）］，填平区以上典型堆渣高度为 10m［图 8.22（d）］。

（4）水土保持措施及水土流失隐患。通过高清影像和三维模型目视解译，尚未发现水土保持措施。渣场北部弃渣已经靠近村庄，距离最近的房屋只有 40m［图 8.22（h）］，需引起高度重视，尽快实施红线内拆迁和渣场水保措施。

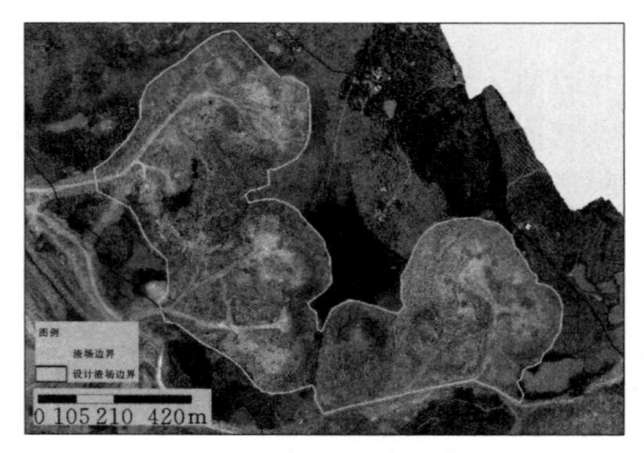

（a）2016 年 3 月航拍影像

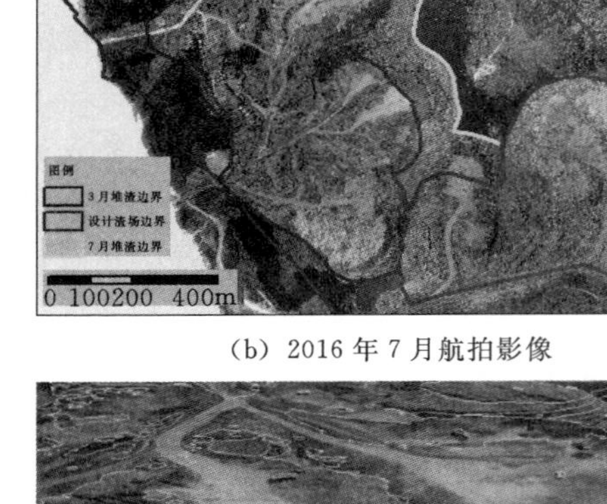

（b）2016 年 7 月航拍影像

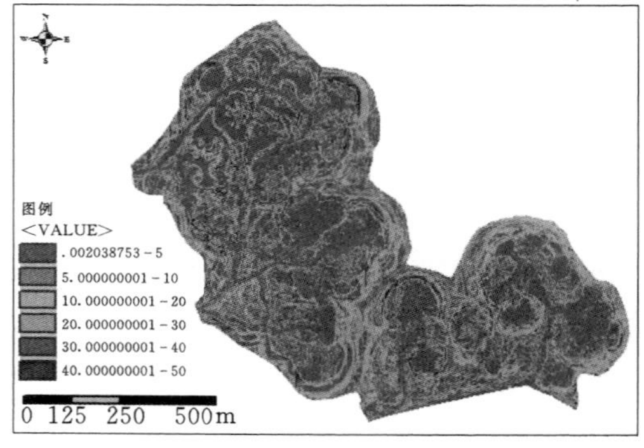

（c）2016 年 7 月坡度图

（d）三维图与等高线叠加分析堆高

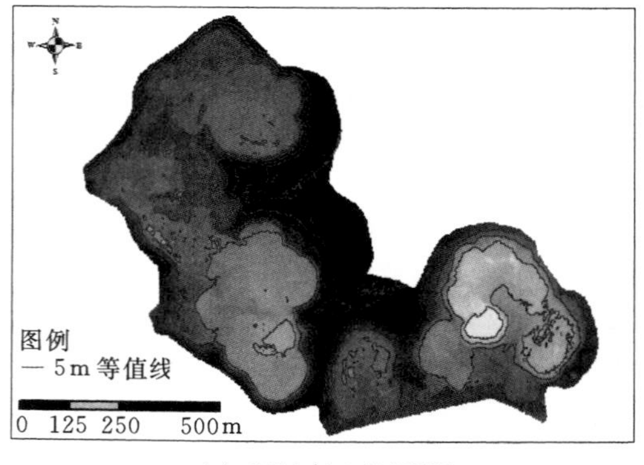

（e）2016 年 3 月 DEM

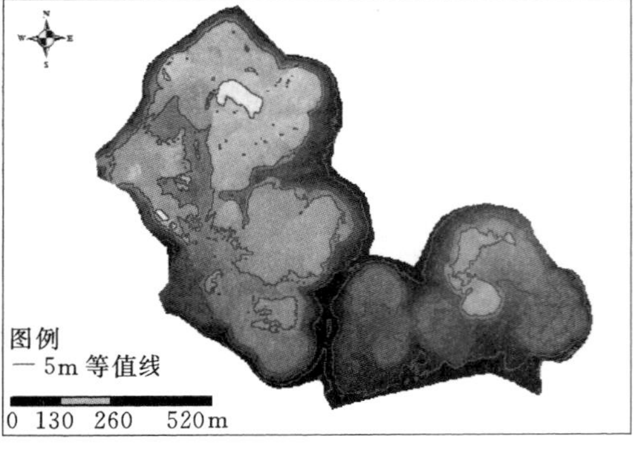

（f）2016 年 7 月 DEM

图 8.22（一）　某渣场信息提取

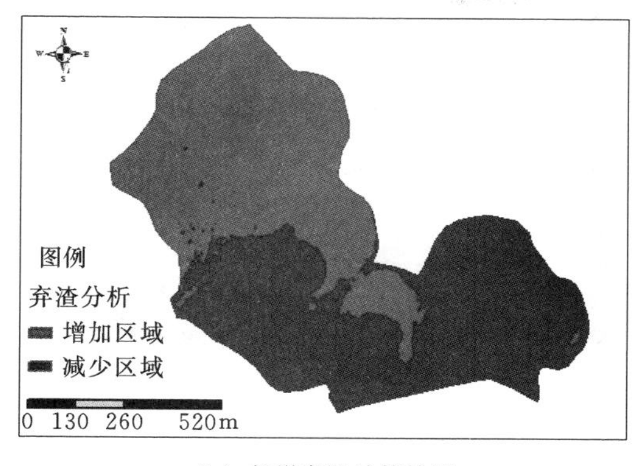

(g) 新增弃渣计算结果

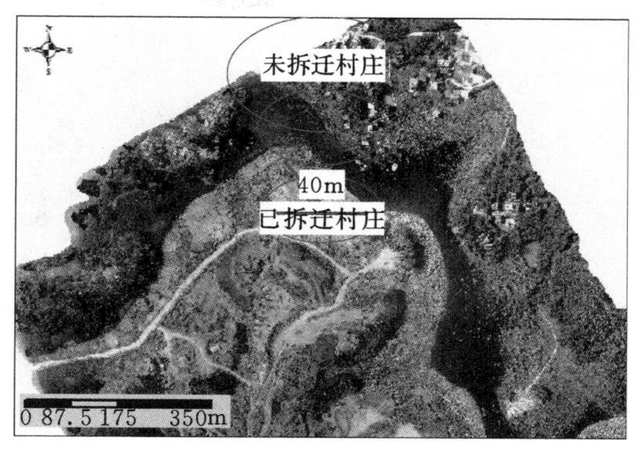

(h) 渣场北部对村庄影响，7月

(i) 渣场实景三维模型，7月

图 8.22（二） 某渣场信息提取

8.2.2 项目区监管实例

1. 项目区基本情况

项目区实例为某汽车研发中心的新建厂区，项目区面积 39.53hm²，厂区内地块平整，由跑道、办公及车间、停车场等区域构成，周边大部分为挖方边坡，设计为框架梁护坡形式。

2. 实验方法

采用 DJI Phantom3 Advance 小型旋翼无人机进行 GPS 辅助航摄，获取了项目区实景三维模型和正射影像（图 8.23）、DEM 数据。通过无人机航拍影像与设计资料的叠加（图 8.24），确定了项目区范围和防治责任面积，在此基础上，划分了项目区的各类扰动地块、提取了各种水土保持措施，获得了相关的定量指标，如图 8.25 所示。

3. 结果分析

（1）扰动土地情况。实际扰动大部分控制在防治责任范围以内，但是东北部位置超出防治责任范围 1.19hm²。项目区内主要由边坡防护区、硬化及已建成建筑区、绿化区、裸露地表区构成，分别为 4.23hm²、15.56hm²、2.77hm² 和 16.97hm²，分别占项目区总面

图 8.23　影像图

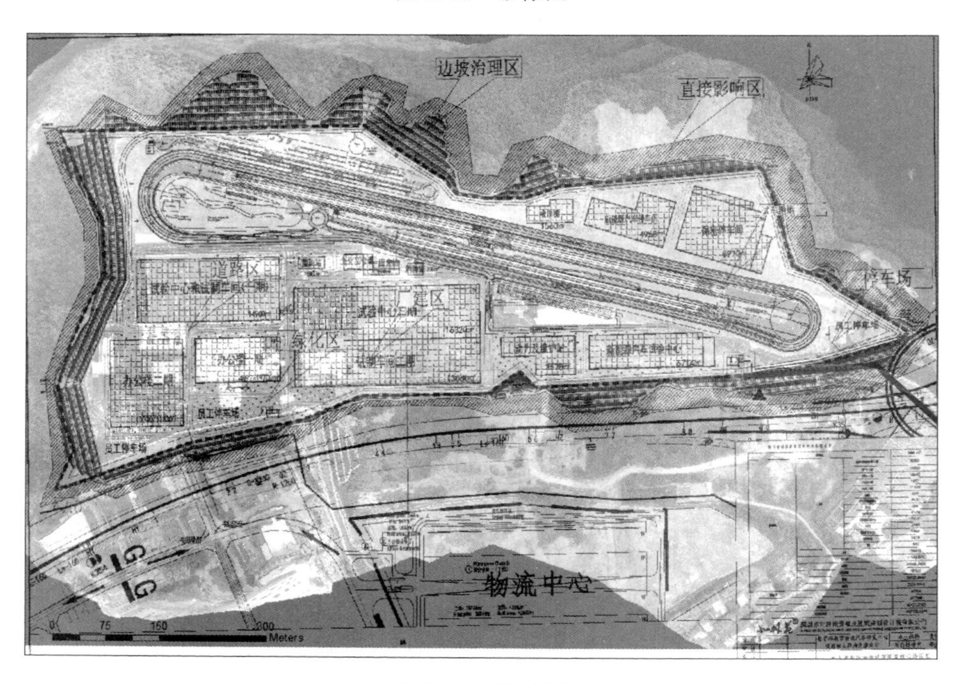

图 8.24　设计图

积的 11%、39%、7%和 43%，其中绿化区林草植被覆盖率达到了 85%以上，土壤流失面积主要为裸露地表区和东北部尚未开展边坡防护的裸露区，共计 19.18hm²。

（2）水土保持措施。项目区边缘大部分边坡都开展了框架梁边坡防护工程，植被覆盖

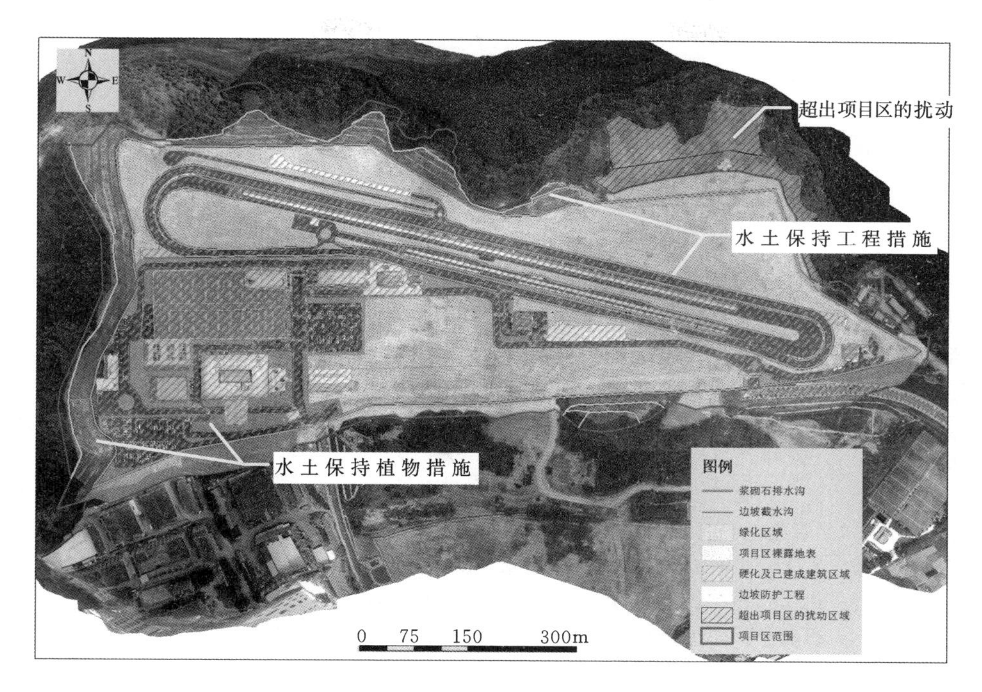

图 8.25 某建设项目区水土保持信息提取

度达到了 70%以上，总面积 42320m²，但是东北部的修坡尚未开展，无植被覆盖；水土保持工程措施主要实施了浆砌石排水沟 8296m，边坡截水沟 1652m，完成率 100%；水土保持植物措施包括绿化区的乔灌木、铺植草皮、景观绿化等，共计 27699m²，完成率 40%，以及边坡防护区的喷草灌，共计 29624m²，完成率 70%。

(3) 水土流失危害。项目区西面和北面环山，为挖方边坡，大部分实施了框架梁护坡和植物措施，水土流失危害小，东北部裸露边坡的水土流失风险较大，需尽快跟进防护措施。西南部与居民区相邻，但是该区域地势平整，中间大部分已布设植物措施，对其影响较小。项目区内土地平整，对外界形成水土流失危害的风险较小。

综上所述，通过无人机航拍的手段，可以获取大部分生产建设项目水土保持监管的现场技术指标。该技术手段与传统现场调查和测量方式相比，具有明显的优势。

(1) 无人机航拍形成的影像数据可为现场监管取证提供客直观、全面依据。

(2) 现场信息采集效率高、成本低。

(3) 可从三维实景模型角度整体观察项目区域情况，发现水土流失隐患和风险。

(4) 操作简单，不易施工现场及复杂环境影响干扰，是一种理想的非接触式高效监督监测手段。

本章参考文献

[1] 李磊，熊涛，胡湘阳，等. 浅论无人机应用领域及前景 [J]. 地理空间信息，2010，8 (5)：7-9.

[2] 郭良，刘昌军，丁留谦，等. 开展全国山洪灾害调查评价的工作设想 [J]. 中国水利，2012

(23)：10-12.

[3] 刘昌军，郭良，岳冲. 无人机航测技术在山洪灾害调查评价中的应用 [J]. 中国防汛抗旱，2014，24 (3)：2-8.

[4] 刘昌军，郭良，兰驷东，等. 无人机技术综述及在水利行业的应用 [J]. 研究探讨，2016，26 (3)：34-39.

[5] 杨恺. 无人机遥感技术在开发建设项目水土保持监测中的应用 [J]. 陕西水利，2013 (4)：145-146.

[6] 松辽水利委员会松辽流域水土保持监测中心站. 无人机遥测技术在水土保持监管中的应用 [J]. 中国水土保持，2015 (9)：73-76.

[7] 靳雷，刘洋，张硕，等. 无人机遥感系统在某河流域环境监测项目中的应用 [J]. 环境保护与循环经济，2013 (8)：55-57.

[8] 洪运富，杨海军，李营，等. 水源地污染源无人机遥感监测 [J]. 中国环境监测，2015，31 (5)：163-166.

[9] 李明慈. 微型无人机摄影测量数据处理研究 [D]. 北京：北京建筑大学，2015.

[10] 林宗坚. UAV 低空航测技术研究 [J]. 测绘科学，2011，36 (1).

[11] 陈天祎. 基于 CIPS 的低空无人机遥感影像处理研究 [D]. 江西：东华理工大学，2013.

[12] 王玉鹏. 无人机低空遥感影像的应用研究 [D]. 河南：河南理工大学，2011.

[13] 樊江川. 无人机航空摄影测树技术研究 [D]. 北京：北京林业大学，2014.

[14] 张祖勋. 数字摄影测量与计算机视觉 [J]. 武汉大学学报，2004，29 (12).

[15] 孙敏. 多视几何与传统摄影测量理论 [J]. 北京大学学报，2007，43 (4).

[16] 王佩军，徐亚明. 摄影测量学 [M]. 武汉：武汉大学出版社，2010：23-24.

[17] 荆平平. 无人机影像获取与信息提取应用研究 [D]. 北京：中国地质大学，2014.

[18] 韦穗，杨尚骏，章权兵，等. 计算机视觉中的多视图几何 [M]. 合肥：安徽大学出版社，2002：178-179.

[19] 赵俊羽. GPS 辅助空中三角测量在大比例尺航空摄影测量中的实验研究 [D]. 昆明：昆明理工大学，2010.

第 9 章　基于智能移动终端的现场调查技术

9.1　发展地面调查新技术的目的和意义

在生产建设项目“天地一体化”监管技术体系中，“天”的部分虽然拥有覆盖全面、节省人力、证据清晰等优势，但同时也存在一些先天的不足，如下所述：

（1）滞后性。由于遥感影像从最初的地面站接收，到最终呈现在“天地一体化”监管应用工作人员手中，已经存在了或多或少的时间延迟，造成了遥感监测技术手段在时效上存在滞后性。

（2）难以获得项目关键信息。通过航天遥感和无人机遥感监测，虽然可以对生产建设项目扰动的状况、合规性、水保措施的落实情况以及水土流失敏感区域做出分析和预判，但对于生产建设项目监管的一些关键信息难以准确地获取：①判读为未批先建的项目难以仅仅通过遥感监测获取其项目名称、建设单位等信息；②解译的水土保持措施难以准确判断进度、质量是否达标；③解译的弃土弃渣堆量难以从遥感影像中准确获取等。

基于“天”的部分监管技术的短板，需要有“地”的技术部分作为互补的手段，然而，传统的以图纸表格为主地面监测费时、费力且精度难以保证，同时时效性也差，难以满足新形势下监管的需求，迫切需要在以下几个方面展开技术攻关，跟踪检查工作也碰到了一些技术瓶颈：

（1）准确直观的空间信息展示平台和快速采集的辅助工具。现场调查工作是在遥感监测发现疑似违规建设目标的基础上进行的，工作人员在项目现场需要直观查看遥感影像、项目防治责任范围、扰动图斑以及自身位置等俯视信息，然后结合地面观察情况，对项目的水土保持合规性作出判断，并且对项目现场发现新增违规扰动地块的情况，还需要通过该工具进行快速的扰动图斑勾绘、记录扰动情况。

（2）支撑现场办公的电子化工具。办公前移是水土保持信息化改革的一个内在技术要求，为支撑这一需求，现场复核/监督检查时工作人员所配备的电子移动终端系统应支持移动公文流转、移动审批、移动电子签章、移动输出等现场办公功能。

（3）监管业务、空间数据需要有支撑各类终端设备间无缝对接数据的软件。动态监管工作新技术涉及的数据成果存储量大、数据结构复杂，而且所涉及的数据存储和数据应用终端包括了服务器、计算机、智能移动终端等。这就要求这些结构复杂、体积庞大的数据能在不同的终端设备上无缝衔接和转移，以满足不同场合的监管工作需求以及数据共享需求。

由此可见，需要发展一套数字化的现场新技术，来满足现场信息采集、现场办公处理、数据同步等地面监管需求。这个新的地面调查技术形成涵盖离线遥感数据存储和快速浏览技术、快速绘图技术等多想关键技术。

9.2　基于智能移动终端现场调查的关键技术

9.2.1　离线遥感数据存储和快速浏览技术

将遥感影像离线部署到智能移动设备上，在现场调查时无需依赖移动网络支持，便可随时随地且顺畅地浏览现场工作区域的遥感影像，是4G网络还未广泛普及且移动网络通讯费用不菲的背景之下，现场调查工作的一个普遍做法。

虽然，传统的关系型结构化数据可通过轻量级关系型数据库解决移动离线存储的问题，然而，遥感影像的数据量是结构化数据不可比拟的，通常，一个1000km^2范围的GF-1遥感影像数据量就达到了1GB，倘若不加处理直接对其进行存储和显示，即便是工作站级别的计算机，也需要花费一定时间才能完成初始化，且在浏览的时候会有一定的卡顿感。因此，必须在技术层面改进遥感影像数据的存储和读取、显示等问题，才能在智能移动设备上实现带着离线数据前往现场检查的目标。

在研究对比国内外相关基础技术的基础上，珠江水利委员会珠江水利科学研究院研发了一套“便携式多源遥感影像数据即时服务系统”，能够有效解决离线海量遥感影像存储和快速浏览的问题，原理如下：

在表示的地理范围一致的基础上，由于每一级切图比例尺不同，因此不同级别瓦片对应的实地大小范围不同。比例尺按照1∶N的关系，相应瓦片数量比为1∶N^2。在获取地图时，当要获取缩放级别为zoom，地理范围（Xmin，Ymin）到（Xmax，Ymax）范围的地图时，获取到的瓦片行列范围为（RowMin，ColMin）到（RowMax，ColMax），计算公式如下：

$$RowMin=[(Xmin-MapXmin)/(MapXmax-MapXmin)\times 2\hat{}zoom] \tag{9.1}$$

$$ColMin=[(Ymin-MapYmin)(MapYmax-MapYmin)\times 2\hat{}zoom] \tag{9.2}$$

$$RowMax=2\hat{}zoom-[(Xmin-MapXmin)/MapXmax-MapXmin)\times 2\hat{}zoom] \tag{9.3}$$

$$ColMax=2\hat{}zoom-[(Ymin-MapYmin)/MapYmax-MapYmin)\times 2\hat{}zoom] \tag{9.4}$$

便携式多源遥感影像数据即时服务系统是基于ArcGIS for Android已提供好的地图显示和编辑功能，快速搭建矢量地图编辑模块，软件设计过程中分别针对全局切片要求和局部切片要求进行软件设计。进行全图切片，按照已有的切片方案，按照瓦片存储路径、命名索引及瓦片存储格式打开或创建文件，写入瓦片数据，完成瓦片数据存储。将指定范围内的地图按照一定的组织方式导出为瓦片数据。

9.2.2　快速绘图技术

快速绘图，指的是利用采集端的地理信息平台进行要素的绘制，其绘制的位置、边界等可以直接表达地物在特定坐标系下实际的位置和边界信息，常规方法包括在带有坐标信息的底图手工勾绘和利用GPS位置勾绘两种。本文所指的快速绘图技术是在常规方法基础上，还集成了GPS和激光测距仪的方法。其技术原理在于：以当前GPS位置为基准，通过计算激光测距仪返回的斜距、倾角、方位角三个参数，解算目标点位置坐标，将其转换为地图坐标后，将该坐标作为当前绘制图形的新增节点添加到图形上（图9.1）。

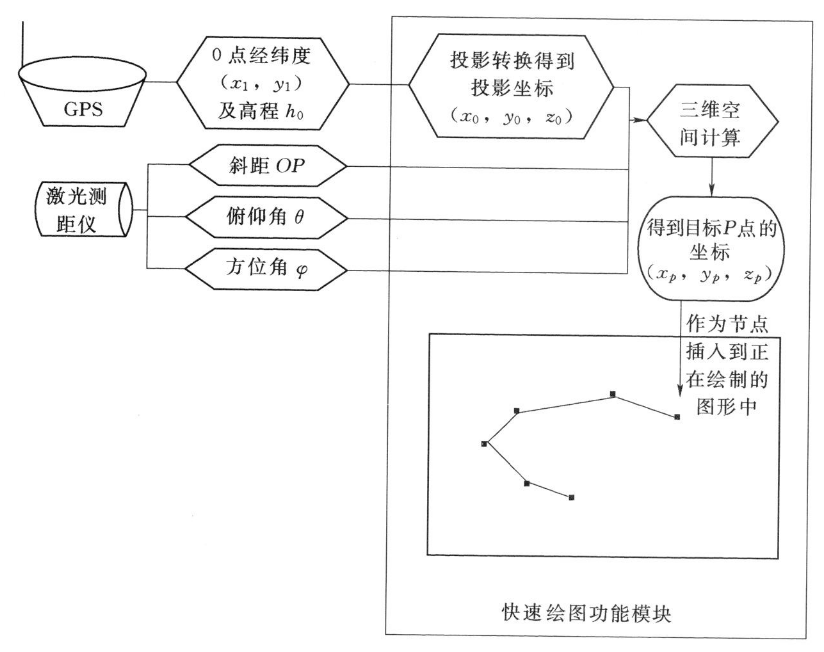

图9.1 快速绘图原理图

图9.1所示的方法，可以边走动边用激光测距仪打点，程序总是以当前位置的GPS坐标为参考点，激光测距仪是对GPS的延伸，将这种操作模式称为浮动模式。考虑到GPS位置会有偏移，即使站在同一个位置不移动，测得的GPS坐标也可能在不断的漂移，程序还设计了一种相对模式，即当站在同一个位置用激光测距仪采集多个点时，系统总以首次获得的GPS坐标为基准，计算目标点的坐标，这样就避免了由于GPS随机漂移所引入的误差。不同模式下的快速绘图流程有所不同，如图9.2所示。

具体操作流程为：在添加节点的过程中，再添加一组功能按钮，必要时，单击连接功能按钮，配置激光测距仪连接参数，成功后，开始打点绘制，同时出现功能切换按钮，在浮动模式下，随走动随打点；相对模式下，站在同一个位置打多个点。两种模式可以根据需求随意切换。最终将目标点的坐标转换为地图坐标后作为新节点添加到当前图形上。

本书利用Laser Craft Contour XLRic型激光测距仪和中海达Qstar5GPS设备集成后进行的初步测试表明，相对模式下测量面积值的相对误差在5%左右，具有较好的精度表现，但是浮动模式下受环境影响大，偏差较为严重。鉴于此，本书给出如下建议：

（1）在生产建设项目现场环境下，优先选择相对测量模式，将需要勾绘的地物，分割成一个个较小的地块，对每个地块，寻找一个制高点，使视线可达地块的边界，站在制高点，使用相对测量模式绘制出整个地块。这样一方面可以减少人员移动花费的时间，提高效率，另一方面可以提高绘制的精度。

（2）对于不好分割的较大地块，或者难以找到制高点看到全局边界的地块，可以采用浮动测量模式，边走动边打点，此时需要注意周围的遮挡环境，尽可能站在开阔地带，利用激光测距仪的偏心测量功能来获取目标点坐标。

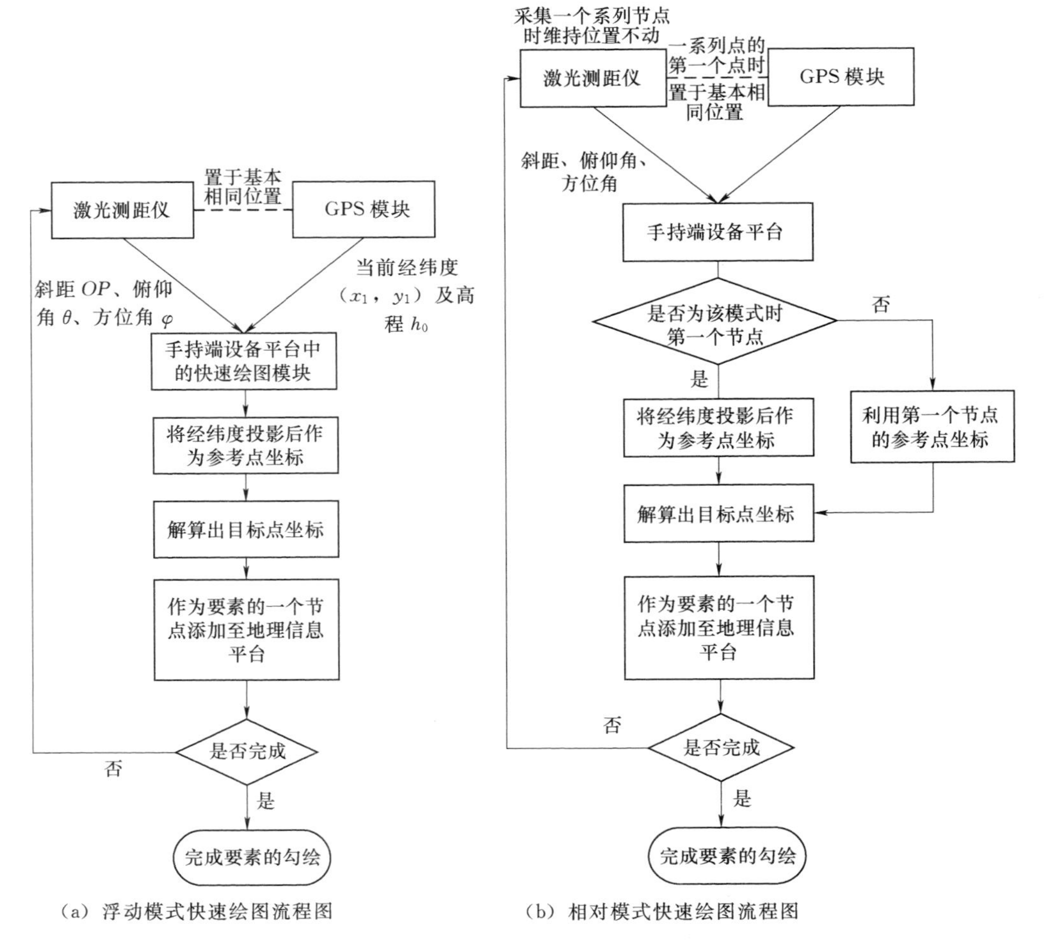

(a) 浮动模式快速绘图流程图　　(b) 相对模式快速绘图流程图

图 9.2　不同模式快速绘图流程图

9.2.3　体积测量技术

在生产建设项目水土保持监测业务中，体积测量功能主要是面向渣场等堆积体的快速测量，利用的设备是 GPS 和激光测距仪的集成。

要计算堆积体的体积，采集端需获取其表面上一定密度的点的三维坐标，然后将这些表面点的三维坐标，输入体积计算模型，得到体积计算结果。其体积测量的基本技术原理如图 9.3 所示。

体积计算模型多样，例如有限插值方法、TIN 表面投影法等。本系统采用有限插值方法计算体积，其基本步骤如图 9.4 所示。

按照 GPS＋激光测距仪的空间定位方式，每一个表面点的坐标通过 GPS 绝对坐标加上激光测距仪偏距来进行确定，表面点的精度就是 GPS 的三维定位精度与激光测距仪精度的合成精度。对于高精度 GPS 设备，采用这种方式是合理的，而普通精度的 GPS 设备，其平面精度可能会低于 5m，高程精度更低，采用这种方式就会存在较大误差。因此，本系统设计了两种不同的测量方式，即浮动定位测量方式和相对定位测量方式。

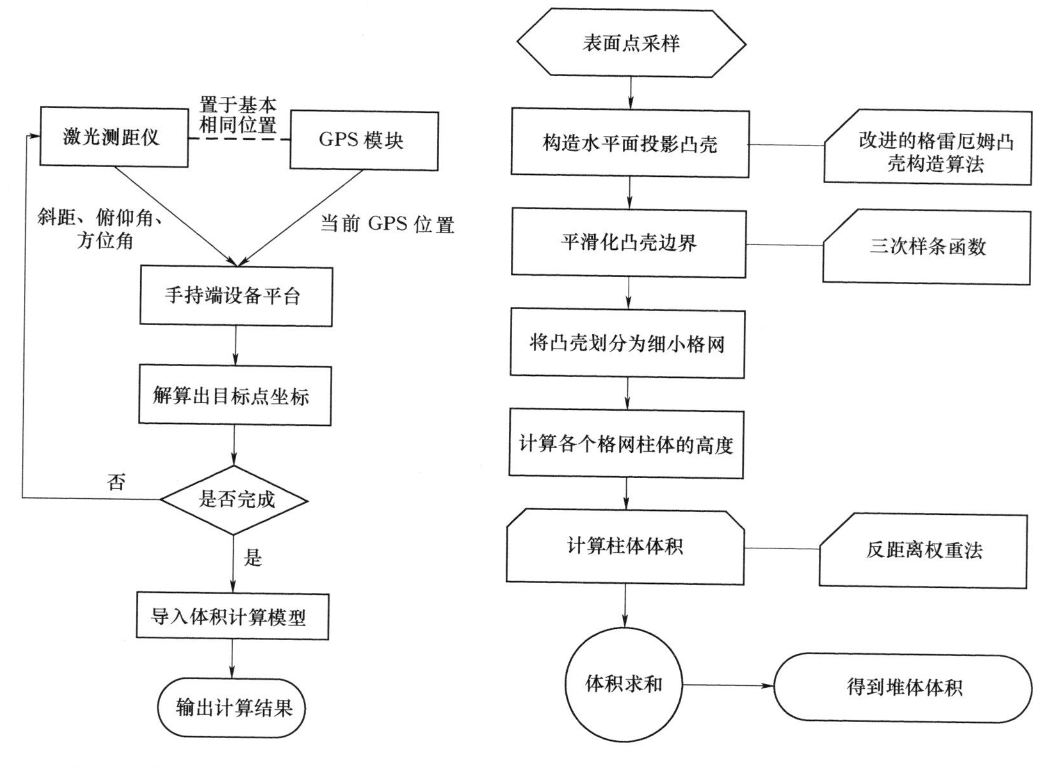

图 9.3　体积测量基本技术原理图

图 9.4　体积计算流程

1. 浮动定位测量

在浮动定位测量方式下，人员站在某一位置上，利用激光测距仪偏心测量的方式，得到每个表面点相对于当前 GPS 定位点的绝对坐标，此时，人员可以边移动边打点（图 9.5），因为每一个表面点都以 GPS 位置为参照，实时转换到了统一的坐标体系之下。

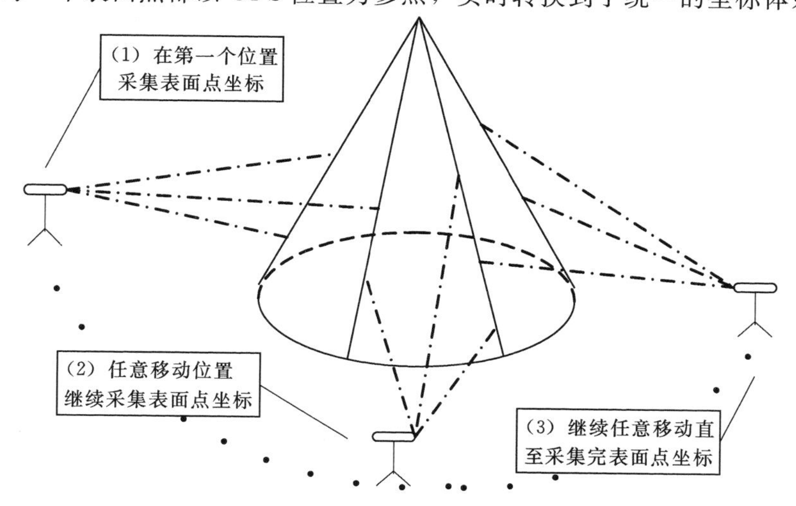

图 9.5　浮动测量模式示意图

该模式的优点是操作灵活，外业工作效率高。缺点是 GPS 位置可能会偏移，造成体积测量精度较低。

2. 相对定位测量

为了解决绝对定位模式的 GPS 偏移问题，提高测量精度，设计了相对定位测量方式。在相对定位测量方式下，系统认为原点为（0,0,0），只以激光测距仪返回的参数推算目标点坐标。此时就会遇到一个问题，那就是往往不可能站在一个点上采集到堆体的全部表面点坐标，只要人员一移动，其参考原点就发生变化，目标点不再基于统一的坐标参考。本系统设计的方案是：在人员移动前，用激光测距仪打出要移动到的位置的坐标，标记为基准点，系统记录该坐标；然后人员移动到基准点上，继续采集堆体表面点（图 9.6）。此时系统会根据基准点与原点的关系推算出目标点相对于原点的坐标。

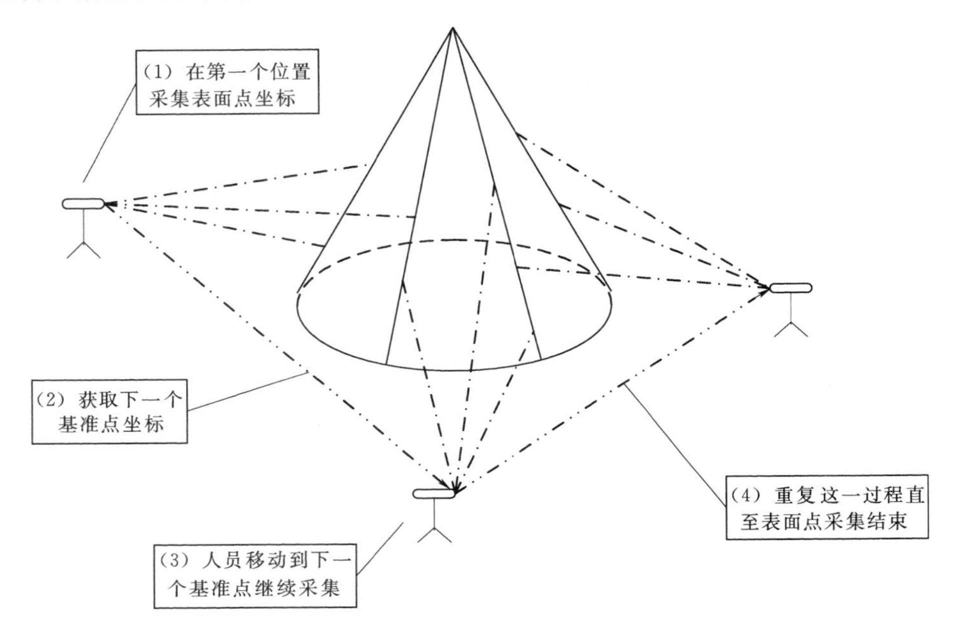

图 9.6　相对测量模式示意图

在这种模式下，规避了 GPS 定位导致的误差，在 GPS 定位误差较大的情况下具有更高的精度。但是操作相对复杂，人员不能随意移动，外业工作效率相对较低。

总结以上两种工作模式，体积测量模块基本流程如图 9.7 所示。

体积测量的技术流程总结如图 9.8 所示。

3. 体积测量误差及来源

利用中海达 Qpad 亚米级精度平板和 Laser Craft Contour XLRic 激光测距仪的集成，对不同规模的帐篷群和规则建筑群开展了初步测试。从测试结果来看，体积测量的相对误差基本在 20%以内。

体积测量计算的精度受到三个方面的影响：

（1）采样点的精度。在现有设备条件和人工手持式测量方式的条件下，采样点的精度是影响测量结果精度的主要因素，模型计算依赖于采集的表面点三维坐标来构建实体模

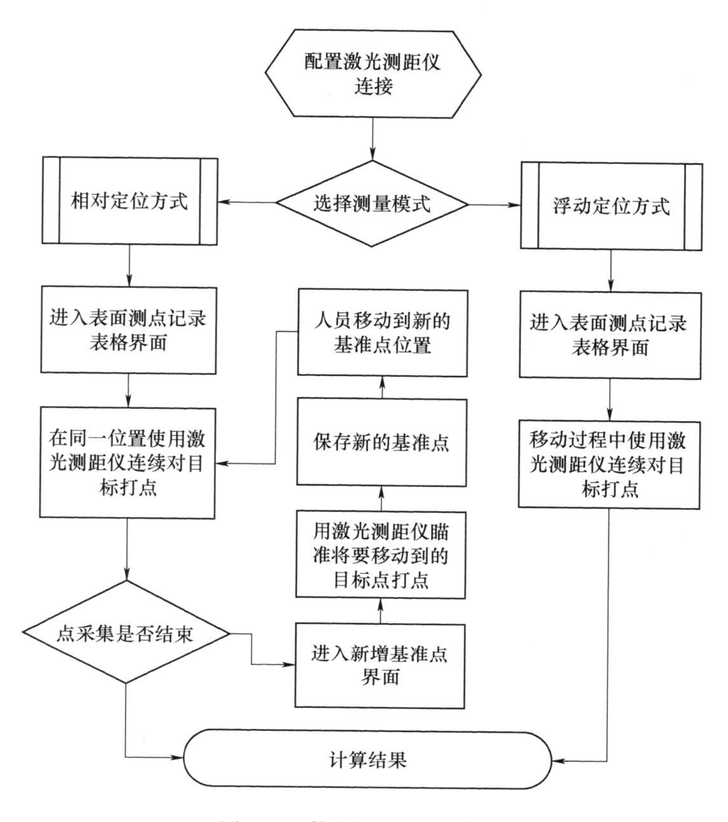

图 9.7 体积测量基本流程

型，每个点的采样精度方面的偏差，都会在一定程度上导致构建出来的模型与实体之间的差异。从原理和实测表现来看，该差异是系统误差的主要方面。与高成本的激光扫描仪相比，该误差也是便携式系统所难以避免的代价。

（2）采样点的密度。采样点的密度越高，对实体的表达越真实，反之就越依赖于模型的模拟。在理想状况下，采样点足够密的时候，模型近似模拟的因素就足够低，就可以表达实体的实际情况。但是在现场环境下，采用这种便携式系统采集表面点的时间代价比较大，不可能无限制提高采样点密度，只能在实现性与精度之间取平衡。

（3）实体与堆体的近似程度。考虑到现场情况的复杂性，一些堆积体（例如渣场）采样点可能不足够密，在没有获取到测量点的区域，就需要依靠模型去模拟，如果实际堆体与模型模拟堆体不一致，在模拟环节就会存在相应偏差，可以通过加密采样点来减小该偏差。

在生产建设项目中，渣场是主要的堆积体测量实体，在客观条件下，对渣体的测量可能会存在误差，主要原因包括：①渣体现场环境复杂，恐难以到达渣体的下部去采集其表面信息；②渣场堆积形态各异，受原始地形的影响，恐难以准确获取的堆渣量信息；③有些渣场范围较大，要采集其表面点，耗时较长，难以保证采样点的密度。

虽然有上述制约性因素的影响，但是对于生产建设项目水土保持监管业务而言，此便携式的体积测量系统提供了一种低成本的测量方式，可以为水土保持业务中的弃渣量提供

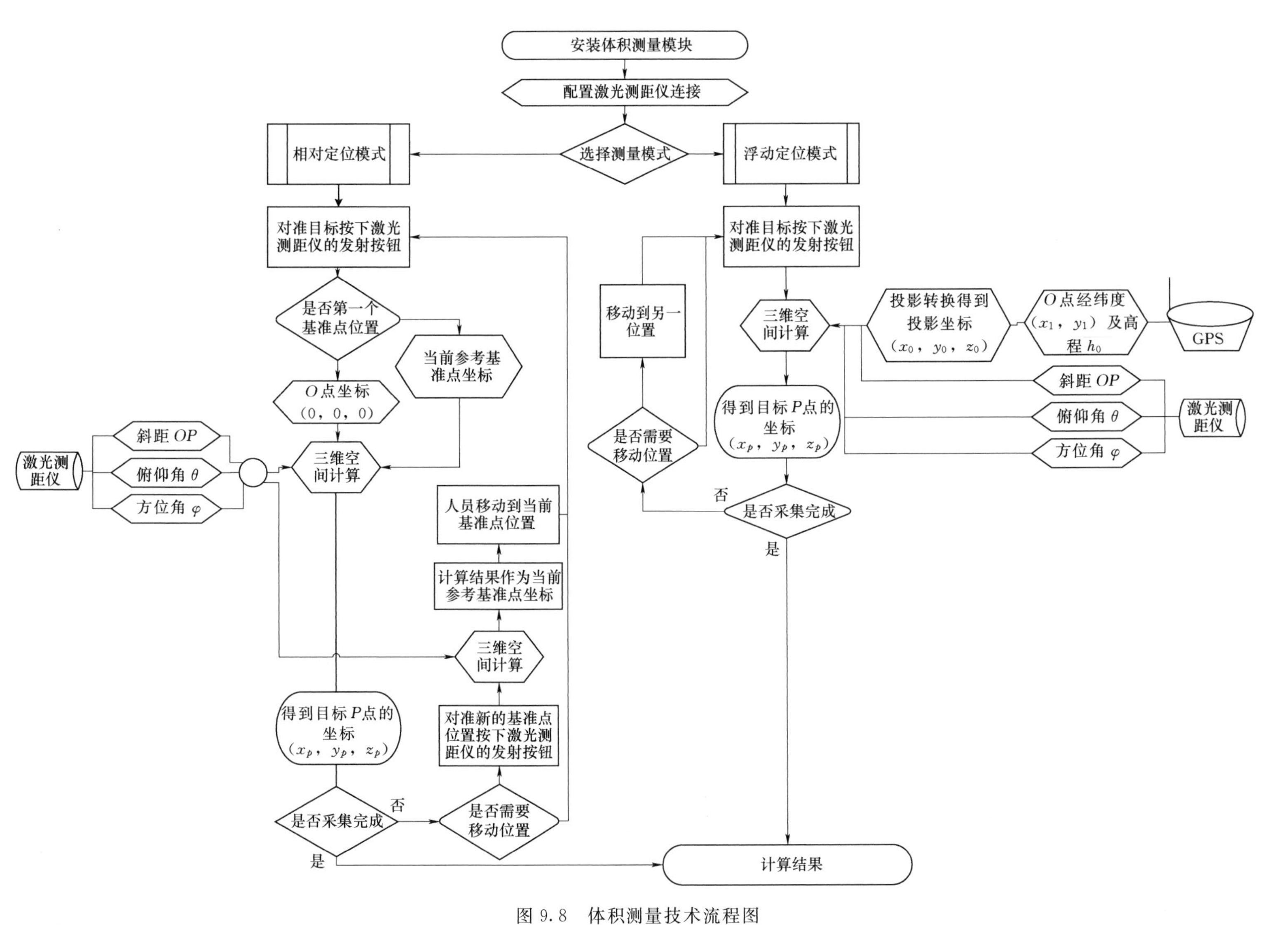

图 9.8　体积测量技术流程图

参考数据。

9.2.4 多源数据集成采集技术

生产建设项目水土保持监管现场，需要采集各种不同的数据类型，包括边界的勾绘、属性的填写、照片的拍摄、简图的绘制等。不同的数据类型，由于其数据来源、属性特征各不相同，需要对其存储、集成和管理进行统一的设计。

在生产建设项目水土保持监管集成采集系统中，以GIS为数据采集和管理的基础平台，GIS的空间数据相关的多源数据主要包括：图形图像数据、文字符号数据、多媒体数据。

1. 图形图像数据

图形图像数据包括地图数据：普通地图、专题地图；影像数据：卫星遥感影像、航空影像；地形数据：地形图、实测地形数据、DEM；测量数据：GPS数据，绘制的矢量数据等。

这些数据在GIS系统中按图层的概念进行表达，相互叠加形成完整的地理信息，可以分为底图图层和操作图层。

2. 文字符号数据

文字符号数据包括以数字、文字、符号表示的数据，包括空间要素数据、测量数据、统计数据、调查数据、各种法律文档数据、水土保持编制方案、工程设计文档、元数据等各种形式的电子数据。

空间要素数据中的属性数据保存了与空间要素相关的文字符号信息，该部分数据与空间信息关联，并统一的管理和调用，是GIS系统中文字信息首选的数据管理方式。但是对于其他类型的数据，比如扫描的文档数据等，在普通的空间数据格式中未提供该类信息的直接支持，需要进行单独的考虑。

3. 多媒体数据

多媒体数据包括音频、视频、照片等数据。在建设项目水土保持监管业务中，典型的多媒体数据是照片数据，作为现场某一时间段现状的直接证据，是一类重要的数据类型。

多源数据集成采集技术主要采用基于附件的多源数据管理技术，ArcSDE空间数据库支持要素类附件的添加和管理，当服务器端的空间数据库启用了附件后，就可以向要素添加各种附件信息，并且支持采集端与服务器端附件的同步。多源数据由数据库进行统一管理、关联以及同步，可以降低系统的复杂度，提高系统灵活性和可靠性。

附件能够灵活管理与要素相关的附加信息，可以向单个要素添加文件作为附件，这些文件可以是图像、PDF、文本或任意其他文件类型。对于建设项目水土保持监管而言，可以利用附件保存每个检查点相关的照片信息、与措施相关的工程图纸信息、与项目相关的水土保持方案、与渣场相关的变更文件等。

要添加文件附件，首先需要在要素类或表中启用附件。启用附件后，ArcGIS平台软件会新建一个包含附件文件和新关系类的表，以使要素与附加的文件建立关联。

附件与超链接类似，但允许多个文件与一个要素相关联、将关联的文件存储在地理数据库中并以更多方式访问这些文件。可通过“识别”窗口、“属性”窗口（编辑时）、属性表窗口以及HTML弹出窗口来查看这些附件。

9.2.5 时空数据管理技术

在生产建设项目水土保持监管业务的开展过程中，每一个监管频次，都会产生新的数据，有的是同一实体对象所关联的属性信息的变化，有的是实体对象的图形和关联信息同时发生变化。总体可归结为空间信息在时间维度上的变化，如何在管理和应用最新数据的同时，保存空间信息的历史数据，是时空数据管理需要解决的关键问题。

随着空间数据库技术的发展，空间信息在时间维度的扩展存储受到越来越多的支持，例如ArcSDE平台上，通过存档机制提供了对时空历史数据管理的支持，提供了数据库层次数据维护的便利性，因此，智能移动终端的现场调查系统主要采用基于存档的时空数据管理机制。

其基本思路是，在ArcSDE平台下，空间数据以要素类的形式进行管理，属性信息作为要素类的一部分进行管理。当同一要素多次测量时，或者同时在多次测量过程中其空间位置、边界范围也发生变化，都可以用存档的机制进行管理。存档机制会自动保存要素类的历史信息，包括各次编辑之前的空间和属性信息。当需要查看历史数据时，连接到特定时间节点或特定事件标记，便可以得到当时的要素分布及属性信息。

地理数据库存档可保存从启用存档到禁用存档这段期间内所发生的全部更改，通过这种机制，可以回答如下此类问题：

（1）某一时刻特定属性的值是多少？

（2）特定要素或特定行是如何随时间变化的？

（3）某一空间区域是如何随时间变化的？

通过连接到历史时刻来查看历史数据。历史版本表示某一特定历史时刻的数据，它可提供地理数据库的只读信息。用户可通过现有历史标记或特定时刻连接到历史版本。历史标记是用户使用方便记忆的标注创建的一个特定时刻。

以存档方式来管理时空数据，利用空间数据库内在的管理机制，可以在系统开发时，专注于当前最新数据的组织、分析和展现，有利用降低系统复杂度，增强系统可靠性。

9.3 “天地一体化”监管信息平台与移动采集系统

9.3.1 业务流程分析

为了应对外业环境下不可靠的网络条件，业务流程的设计采用离线工作的思路，外业采集时，不依赖于网络条件。业务流程可分为数据准备、数据采集、数据管理三个阶段（图9.9）。

（1）数据准备阶段。首先需要收集和整理与业务相关的基础地理资料信息，包括：栅格数据格式的项目区的影像底图或地形图底图，矢量格式的项目区规划范围图、分区专题图、相关水系、道路等基础地理信息，对收集到的影像数据，需要进行必要的影像融合、投影转换、正射校正、拼接裁剪、色彩增强等处理。对于其他基础数据，需要进行空间矢量化、坐标变换、空间配准、拼接裁剪、地理制图等处理。另外，定制项目需要采集的业务数据，如：扰动地块、弃土弃渣、水保措施等。对于通用的建设项目水土保持监管工作中的业务数据类型，可以制作好之后在不同的项目之间进行调用，项目特有的业务数据类

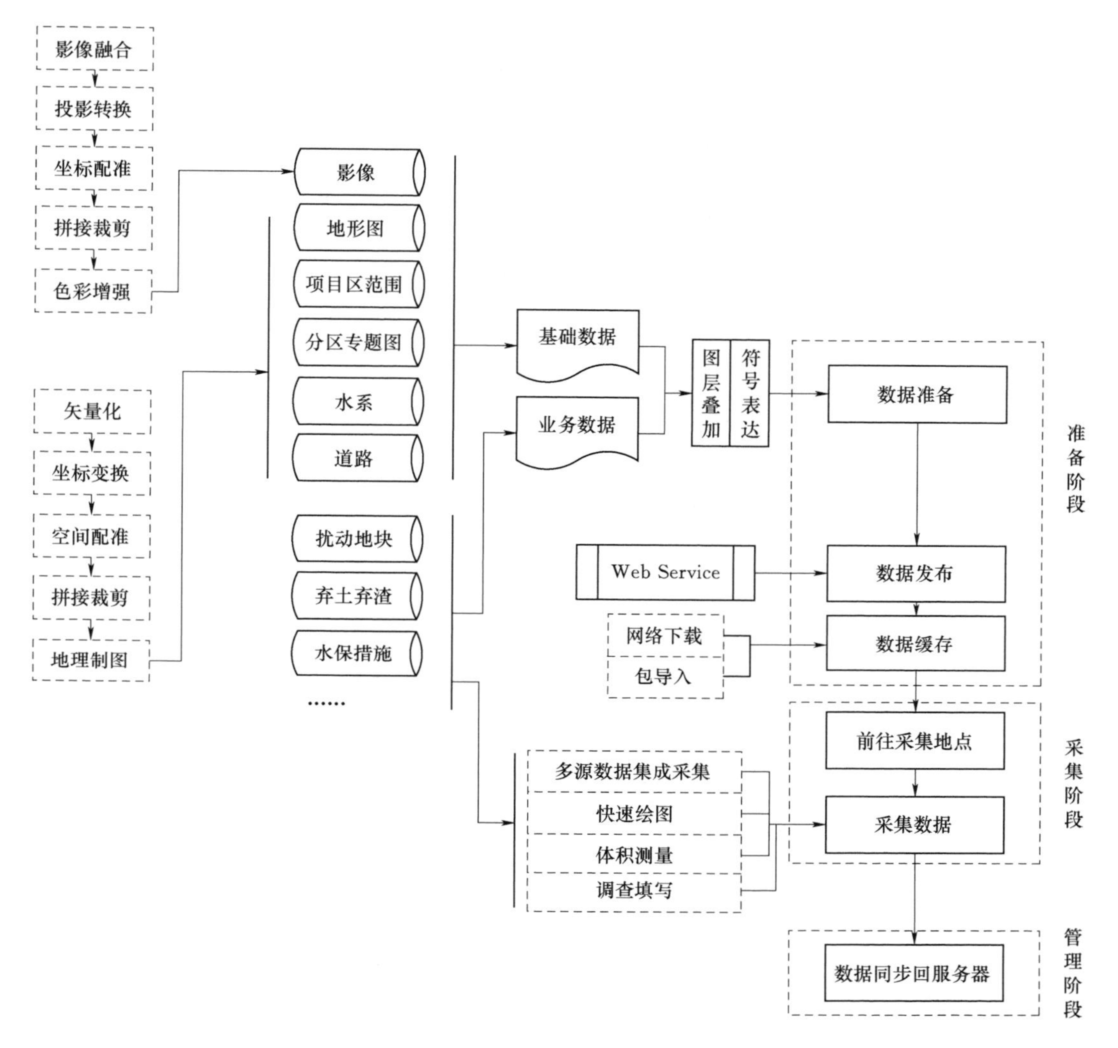

图 9.9 业务流程图

型，需定制后添加。

然后，按照特定的顺序，叠加在一起，一般的顺序是栅格数据作为底图数据置于最底层，矢量数据按照面、线、点类型，依次叠加在底图之上，对于面状图层，应镂空处理，以避免遮盖底图。然后对不同的数据设置不同的符号表达，尽量以相关的规范规则为依据，以利于要素对象的识别。

完成了地理信息制图之后，可以将数据用 ArcGIS Server 发布出来。此时，移动端可以通过网络访问到发布的数据，直接开始采集工作。但是，考虑到网络环境的不确定性，更典型的工作流程是，采集端首先访问到需要开展工作的项目区的数据，然后将其缓存到本地，缓存完成后，进入采集阶段，监管人员携带设备进入项目区，在本地缓存的数据上，开展外业调查和数据采集录入相关的工作。

（2）数据采集阶段。主要根据定制好的业务数据的内容，利用激光测距仪与 GPS 集成的采集系统，对项目区的扰动地表情况、水土流失量情况、水土流失危害情况、水土保持措施实施情况、水土流失防治效果情况等进行调查填写，需要现场测绘的相关内容，利用快速绘图模块进行绘制操作。需要进行体积测量的渣场信息，利用体积测量模块进行现场测量并记录。对于照片等数据，使用自带摄像头采集后纳入多源数据集成采集模块操作和管理，在完成了监管业务的现场数据采集工作后，返回室内，进入数据管理阶段。

（3）数据管理阶段。其主要工作是将采集端采集的数据，导入至原来的业务数据中，将外业中更新的数据部分，更新至原来的业务数据中，以供数据的进一步使用，可能作为新的业务数据，再重新被采集端缓存，在下一次的监管工作中，在现场进行使用，也可能作为数据源接入到其他的业务系统中。数据管理时需同时考虑最新数据的使用和历史数据的保存，从而涉及时空数据的管理，以 ArcGIS 的空间数据库为例，可以使用基于存档的机制来管理水保监管项目中的多期历史数据。

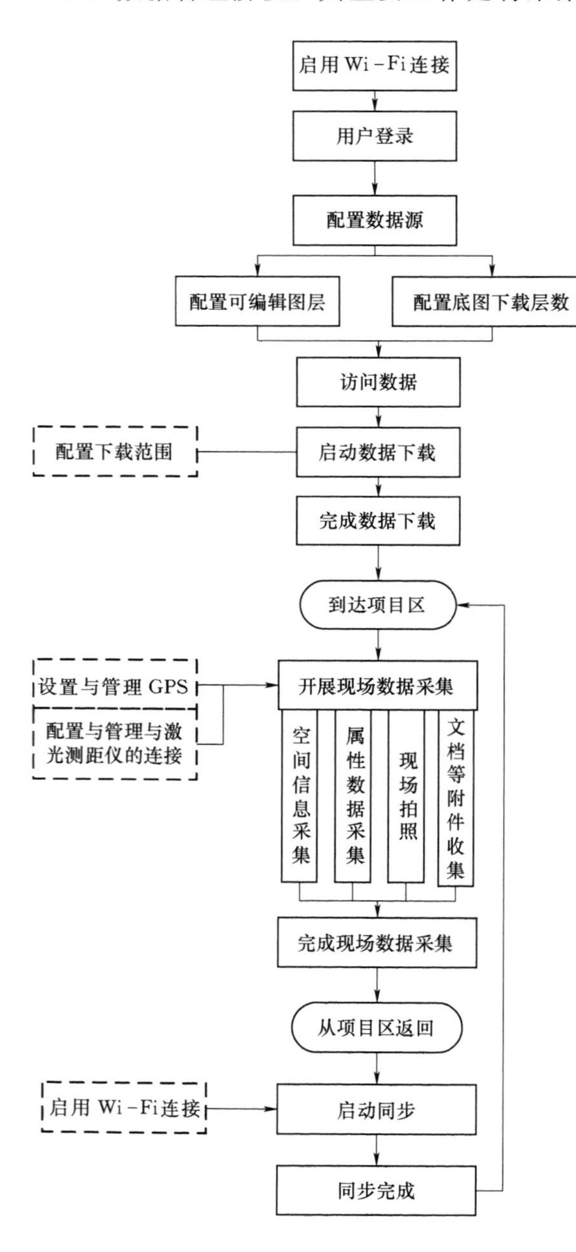

图 9.10　数据采集流程图

9.3.2　现场调查流程

水土保持监管人员携带移动端设备，即智能平板 GPS 设备和激光测距仪，GPS 设备上安装移动采集系统，实现外业水保数据采集功能。其数据采集流程从内业环境下的设备准备开始，主要是启动设备，打开 Wi-Fi 连接，登录系统，访问到管理端发布出的数据，配置项目相关的数据源，为业务数据，配置可编辑图层；为底图数据，配置底图下载层数。完成配置之后，即可在地图浏览界面浏览和控制所有数据，根据项目区域，将数据缩放至合适的区域，启动数据下载，将服务器端项目区域内的相关数据缓存至移动端。之后，移动采集端便可以在离线模式下独立完成外业采集相关的各项工作。

此时，水土保持监管人员将设备

带至项目区，开展现场数据采集工作，包括利用快速绘图模块对现场对象的空间信息进行采集、对象的属性数据的调查录入、堆积体体积的测量、现场照片的拍摄、文档图件等其他相关资料的收集等。这其中涉及GPS相关的配置和使用，以及激光测距仪与GPS设备的蓝牙连接配置等。

按照水土保持监管关注的对象类型，比如扰动地块、水保措施等，逐一完成现场信息的采集工作之后，监管人员即可携带设备和更新后的数据返回，在有网络的条件下，启动数据同步。同步过程会将移动采集端更新的数据内容，同步至服务器端的空间数据库中。同时，也会将服务器端更新的数据，同步到移动采集端缓存的数据中，这个双向同步的过程使外业采集人员可以第一时间掌握到内业人员对数据的更新情况，指导外业调查工作。

当完成这一工作流程之后，可以将本项目信息保存，当对同一项目开展下一次水保监管工作时，直接携带上一次外业采集缓存的数据进入项目区现场开展监管活动，完成后再次同步至服务器端，由服务器端管理历史数据。在项目的整个监管周期内，不断更新同一区域范围内的业务数据，从而形成监管期项目现场变化的轨迹，为监管工作提供数据支撑。数据采集完整的流程如图9.10所示。

9.3.3 硬件设备介绍

1. GPS设备

在生产建设项目水土保持监管业务中，对于位置、扰动土地面积等多数指标，测量能达到分米甚至米级的定位精度，原则上都能够满足监测需求；厘米级精度是目前GPS设备能达到的最好测绘精度，能够满足业务中所有指标的精度要求。因此，本系统主要采用亚米级精度和厘米级精度的设备。表9.1列举了几种常用GPS设备。

表9.1　　GPS设备标称性能指标

型号	设备图片	GPS性能
华测LT600T		支持GPS/GLONASS/BDS CORS：0.5m SBAS精度：小于1m（CEP） 单点定位：2～5m（CEP）
南方测绘S560		支持GPS/GLONASS/BDS CORS：小于0.1m（CEP） SBAS精度：小于1m 单点定位：2m

续表

型号	设备图片	GPS 性能
集思宝 UG905 高精度版		支持 GPS/GLONASS/BDS RTK：5cm+1ppm DGNSS<0.5m SBAS 精度：1～3m 单点定位：2～5m

2. 激光测距仪设备

在本项目的应用中，激光测距仪的作用是延伸 GPS 的测点位置，以 GPS 测点为基准，通过偏移测量的方式，获得目标点的三维坐标。所以，要求设备支持方位角和俯仰角，以获得空间三维坐标。另外，为了方便与 GPS 设备的配合使用，还要求激光测距仪带有蓝牙传输功能。为了测量建设项目的渣体、措施等，保障精度的测距范围应该大于百米。综合这些因素，对设备的需求是：支持方位角、俯仰角、蓝牙，测距范围大于百米。通过对市场上的设备进行筛选，最终选择满足需求的有 Laser Craft Contour XLRic、Trimble LaserAce 1000 和图帕斯（Trupulse）360B 三款，其主要参数指标见表 9.2。

表 9.2　　激光测距仪初步选型

型号	设备图片	设备性能
Laser Craft Contour XLRic		距离测量范围最远：1800m（不使用棱镜），7000m（使用棱镜）； 距离测量精度：±0.1m； 方位角测量范围：0°～360°； 方位角精度：±0.5°； 倾斜角度测量范围：±45°； 倾斜角测量精度：±0.1°
Trimble LaserAce 1000		被动目标测距范围：可达 150m； 反射器测距距离：600m； 距离测量精度：±0.1m； 方位角测量范围：0°～360°； 方位角精度：±2°； 倾斜角度测量范围：±70°； 倾斜角测量精度：±0.2°

续表

型号	设 备 图 片	设 备 性 能
图帕斯（Trupulse）360B		距离测量范围最远：0～1000m（一般目标），0～2000m（反射性目标） 距离测量精度：±0.3m（一般目标）±0.3～1m（微小和灰暗目标） 方位角测量范围：0°～360°； 方位角精度：±1°； 倾斜角度测量范围：±90°； 角度测量精度：±0.25°

9.3.4 系统设计与实现

在9.2节所述的关键技术的支撑下，研发了一项基于智能移动终端的现场调查技术，该技术与遥感、无人机等空天监测技术一起，构建了一套完整的“天地一体化”的新型监管技术，为水土保持监督管理工作提供了重要的技术支持，并在生产建设项目监管示范期间得到了不错的用户评价，具有一定推广价值。

“天地一体化”监管信息平台是生产建设项目水土保持“天地一体化”动态监管信息移动采集与管理的一套信息化解决方案，由智能移动终端、云端数据管理平台两部分组成，两者之间通过计算机广域网或无线通信网实现数据交换，如图9.11所示。

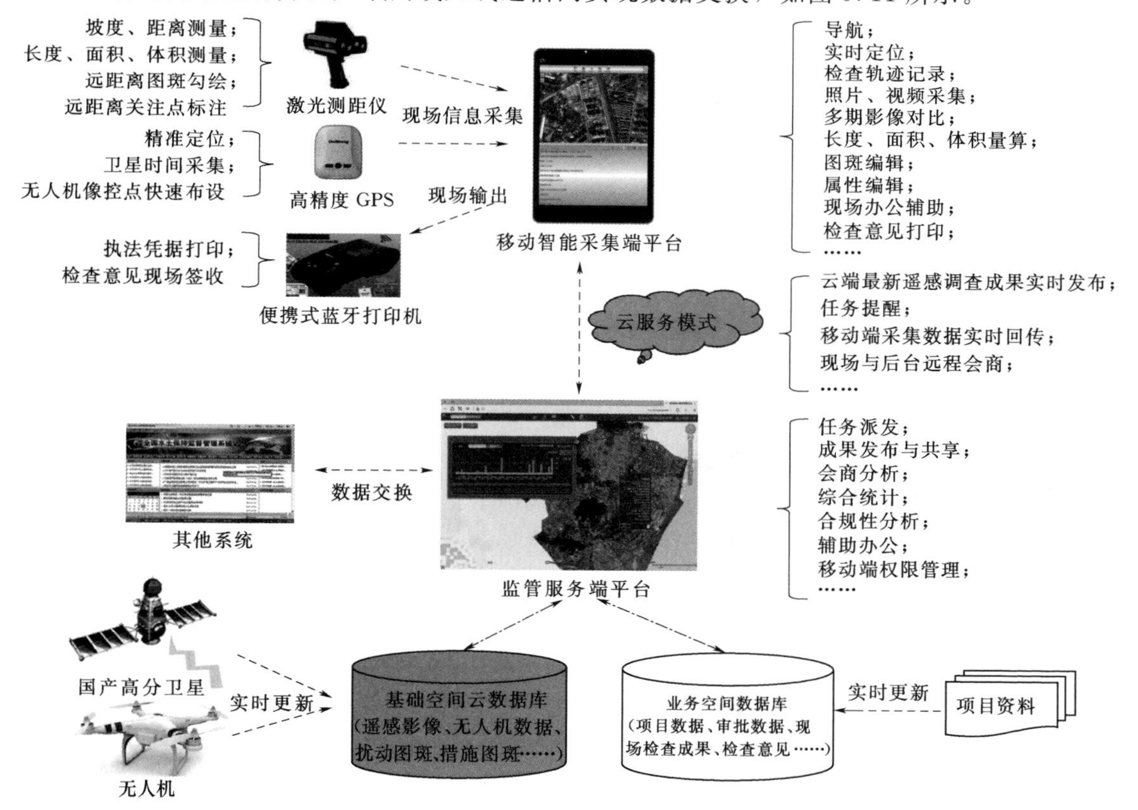

图9.11 天地一体化监管信息平台与移动采集系统总体架构图

系统由表现层、应用逻辑层以及数据层构成（图9.12）。表现层负责界面显示及响应用户的操作事件，应用逻辑层负责处理系统业务逻辑，数据层负责管理系统数据。各层之间采用成熟的通用接口连接。分层方案的优点是各层相对独立，层内内聚，层间耦合，便于优化部署和维护。

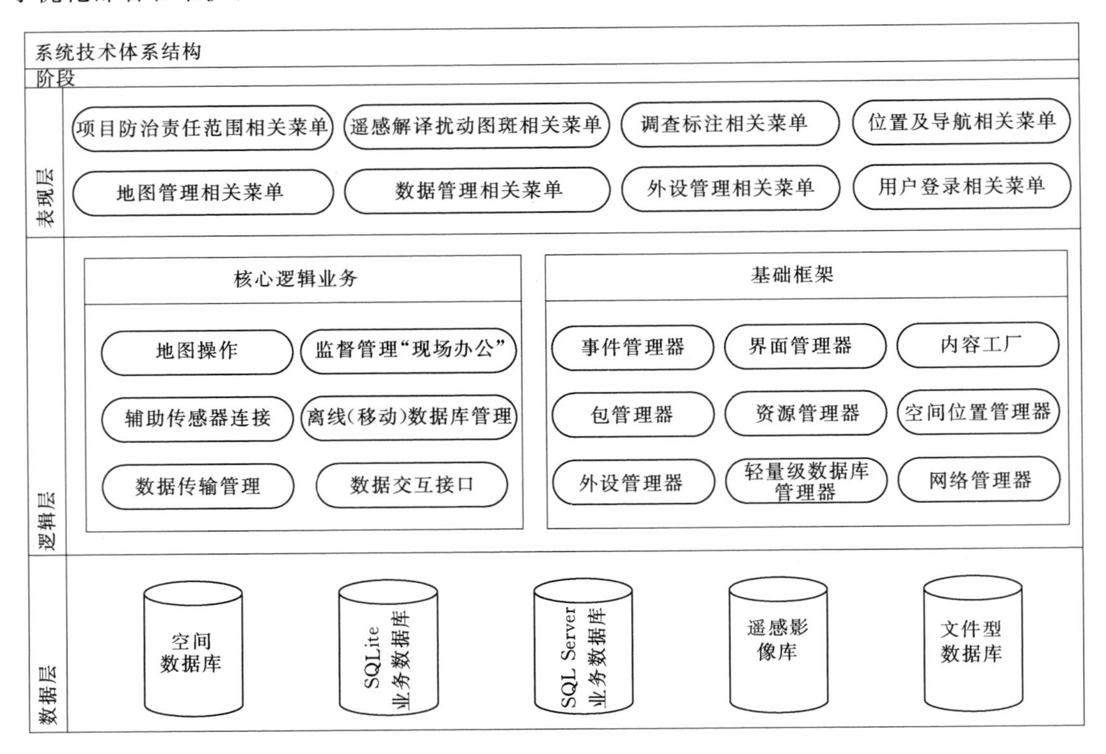

图9.12 系统技术体系结构

1. 监管信息平台

生产建设项目动态监管工作所涉及数据包括了业务数据和空间数据，其特点是数据量大、数据结构复杂，因此，需要专业的技术人员、设备、软件在后台处理。云技术的应用目的是把业务人员从这些繁杂的后台工作中脱离，使业务人员专注于业务本身。利用云计算技术，构建从现场信息采集到云端存储的一体化平台，实现即时数据共享，不仅可以在监测监管现场即时发送采集信息至管理部门，消除上报数据的滞后性，且大大提高了信息共享能力以及历史数据管理能力，监管信息平台如图9.13所示。

（1）海量遥感影像数据的存储与管理。“天地一体化”动态监管技术需要解决多期、多源遥感影像以及无人机航摄影像等海量数据的存储与快速调用、快速浏览展示等问题。解决海量数据的问题，虽然可以通过在各级水土保持监管部门或其所在单位部署服务器、存储阵列、大型遥感数据管理软件以及光纤网络，但需要投入的经费巨大，不利于全国范围内推广。

为了同时解决“天地一体化”动态监管技术体系中产生的海量遥感数据管理问题以及经济适用问题，提出了云端数据存储管理服务的解决方案，本方案利用水利部基础设施

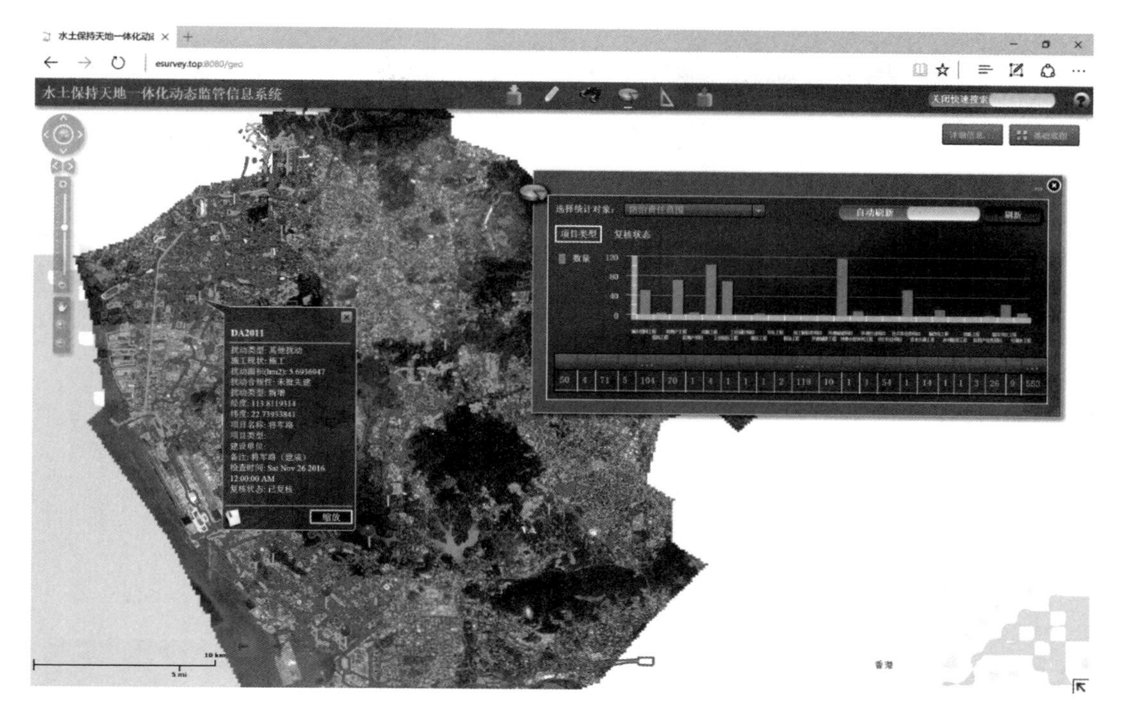

图 9.13 “天地一体化”监管信息平台

云，通过集群应用、网络技术或分布式文件系统等功能，将网络中大量各种不同类型的存储设备通过应用软件集合起来协同工作，共同对水土保持监管部门提供数据存储和业务访问功能。在此方案下，用户无需购买、管理大量的遥感存储管理相关软硬件及网络，只需要共同承担云端资源运行维护的成本。

（2）生产建设项目水土保持监管信息存储与管理。在“天地一体化”动态监管技术体系中，为了突出监管对象的位置信息，生产建设项目水土保持监管信息是以空间化对象的形式存储的。与遥感影像数据类似，生产建设项目水土保持监管对象也具有版本多、结构复杂、数据存储量大、需要专业地理信息服务软硬件支撑的特点。因此，云端数据管理平台也是实现生产建设项目水土保持监管信息管理的优化解决方案。

（3）数据导入导出。为了方便与各类型系统及各类型的桌面端应用软件交互数据，云端数据管理平台可利用 GP 服务技术，实现空间成果数据的导入导出。

2. 水土保持监督管理信息移动采集系统（智能移动终端）

智能移动终端是将激光测距仪、便携式蓝牙打印机、照相机、高精度 GPS、方位传感器等现场信息采集设备集成，并通过深度业务定制与现场信息采集工作有机融合，简化了现场信息采集工作（图 9.14）。智能移动终端由“离线数据管理及数据传输”“地图操作”“监督管理现场办公”“辅助设备/辅助传感器连接”等模块组成，并支撑以下地面调查需求。

（1）生产建设项目水土保持现场监督检查信息调查。通过智能移动终端，采集“水土保持工作组织情况”“水土保持方案变更、水土保持措施重大变更审批、水土保持后续设

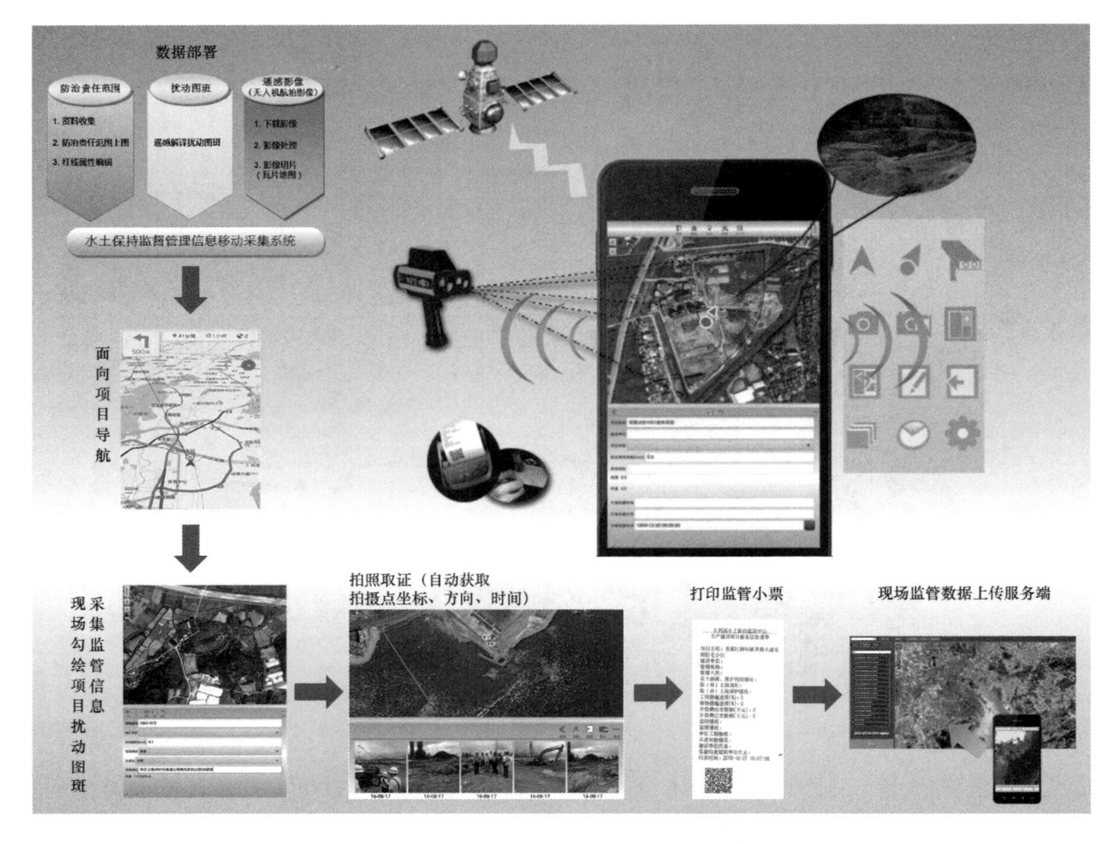

图 9.14　智能移动终端组成示意图

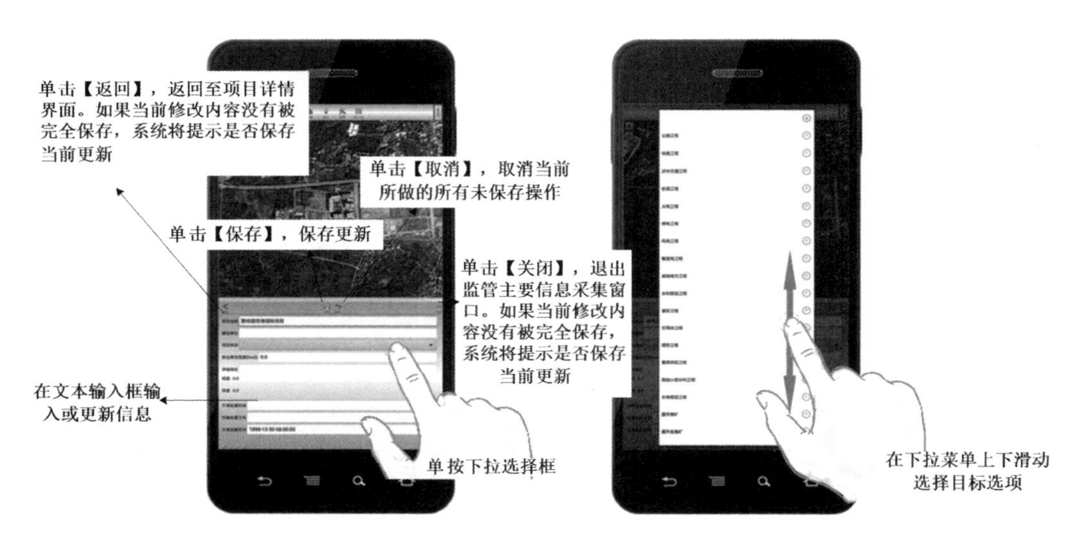

图 9.15　生产建设项目水土保持现场监督检查信息调查界面

计情况”“表土剥离、保护和利用情况”“取、弃土场选址及防护情况”“水保措施落实情况”“水土保持补偿费缴纳情况”“水土保持监测监理情况”“历次检查整改落实情况”等

项目信息，如图 9.15 所示。

(2) 区域扰动状况调查。基于扰动状况合规性分析成果，针对区域扰动状况，通过 GIS、GPS 技术实现位置、面积等指标的复核及其图斑的现场勾绘，并采集现场的水土保持业务属性信息以及多媒体数据（图 9.16）。

图 9.16 区域扰动状况调查界面示意图

(3) 水土保持监督管理重点调查。实现对水保措施、取土（石、料）场、弃土（石、渣）场等水土保持监管重点对象的长度、坡度、面积、体积量测（图 9.17）、业务属性信息以及多媒体数据便携式快速采集：

1）长度测量。现场长度测量有两种解决方案，其一是利用移动采集设备 GPS 进行打点，并在系统中实现坐标投影转换，把地理球面坐标转换成平面投影坐标，从而计算出长度；另外一种方式是直接利用集成的外设——激光测距仪，测量得到对象长度。

2）坡度测量。坡度测量是在长度测量的基础上，利用反余弦函数求得坡度。

3）面积测量。利用移动采集设备 GPS 进行打点得到多边形图斑，并在系统中实现坐标投影转换，把地理球面坐标转换成平面投影坐标；将多边形分割成多个三角形并将每一个三角形顶点坐标代入海伦公式得出三角形面积，通过求和得到图斑面积。

4）体积测量。在面积测量的基础上，利用反距离权重法及插值算法计算高程，求得体积。

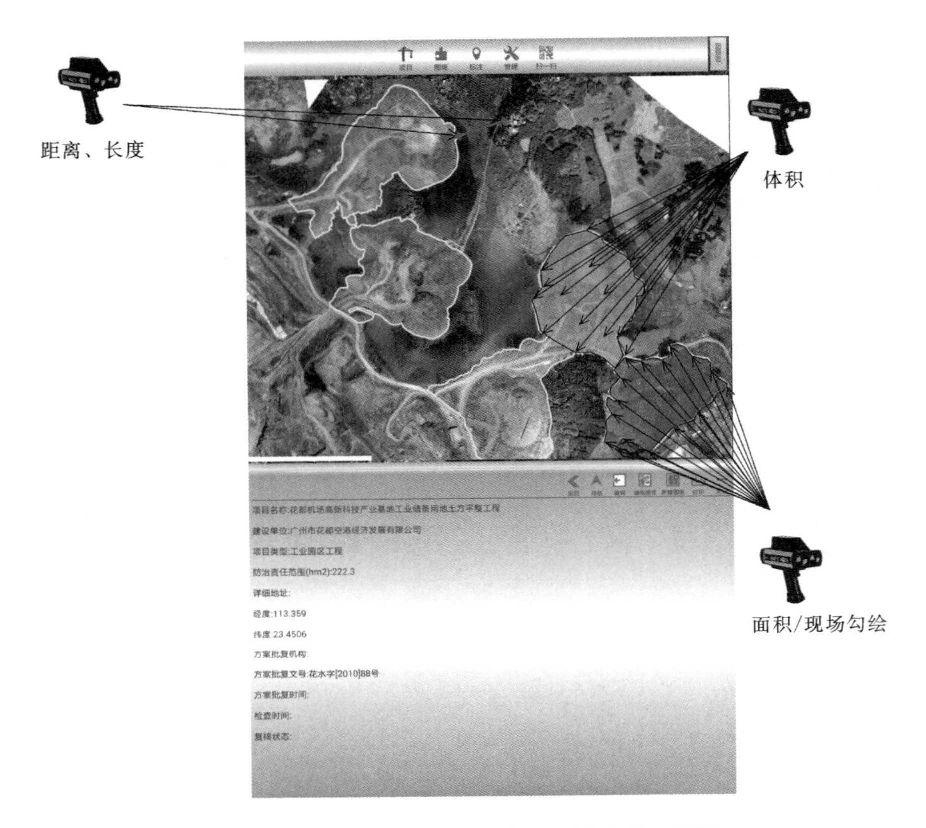

图 9.17　基于外设激光测距仪的图斑勾绘、测量

5）多媒体数据采集。在地面调查中常用的多媒体数据是照片，在采集现场照片同时，自动同步采集拍摄地点（取自 GPS）、拍摄方向（取自陀螺仪传感器）、拍摄时间（取自 GPS）。

（4）现场办公。实现移动公文流转、移动审批、移动电子签章、移动输出等现场办公功能。

（5）数据管理。通过数据线连接，实现生产建设项目基本信息入移动库；生产建设项目矢量数据入移动库；生产建设项目图件自动批量入移动库。通过网络连接，实现生产建设项目基本信息在线下载入移动库；生产建设项目矢量数据在线下载、入移动库；生产建设项目图件自动批量下载管理。

“天地一体化”监管信息平台与移动采集系统充分发挥云计算与云存储技术的优势，集成激光测距仪、GPS、无线蓝牙打印机、方位传感器等外设，简化了现场采集工作，提高了工作效率（表 9.3）；集成云存储云计算等技术，降低了遥感和空间数据管理技术门槛，降低了技术普及难度。

表 9.3　　解决方案与传统模式特点比对

内容	传统模式现场调查（测量）	现场信息采集集成平台＋激光测距仪
位置绘制	对无法到达的位置只能依据经验绘制点	对无法到达的位置，激光测距仪有效打点范围内，亦能绘制
体积测量	基于目测和经验，主观性强，观测者间形成的数据差异大	基于测量，特征点越多，测量值越接近真实值，数据客观
面积测量		
规格长度		
内容	传统模式现场调查（空间位置获取）	现场信息采集集成平台＋GPS
位置绘制	不记录位置信息或通过 GPS 外设读数、绘制，操作麻烦	自动获取 GPS 信息，无需手动输入
采集时间	手填	自动获取 GPS 时间
内容	传统模式现场调查（移动办公）	现场信息采集集成平台＋蓝牙打印机
监管信息现场确认	无依据反映建设单位与监管单位现场确认采集信息	监管信息打印出小票，供双方签字确认，方便快捷
内容	传统模式现场调查（多媒体数据获取）	现场信息采集集成平台＋陀螺仪＋GPS
照片附属信息	不记录或通过结合 GPS 仪器、指南针读数，记录，操作麻烦	一体化自动获取（包括位置、方向、时间）
内容	传统模式数据管理	云端数据管理平台
海量遥感影像数据管理	（1）文件方式管理：不利于快速调用、浏览、共享； （2）以本地系统方式管理：软硬件网络集成成本、维护费用高，也不利于数据共享	管理效率高、完备的数据交换接口易于共享数据、建设及维护成本低
生产建设项目水土保持监管数据存储与管理		

本章参考文献

[1] 卢敬德，伍容容，罗志东．生产建设项目动态监管信息移动采集和管理技术与应用［J］．中国水土保持，2016，11：32-35.

[2] 孙厚才，袁普金．开发建设项目水土保持监测现状及发展方向［J］．中国水土保持．2010（1）：36-38.

[3] 李智广．开发建设项目水土保持监测［M］．北京：中国水利水电出版社，2008.

[4] 冀文慧．基于组建式 GIS 技术的开发建设项目水土保持监测信息系统设计［J］．水土保持研究，2004，11（2）：22-23.

[5] 陈胜利．基于 GIS 的开发建设项目水土流失监测技术研究［D］．北京：北京林业大学，2005.

[6] 陈华安，李崇贵，吴丽春．基于嵌入式 GIS 的森林资源三类调查数据采集及处理系统设计［J］．林业调查规划，2009，34（6）：8-12.

[7] 肖洲，杜清远．基于 PDA 的森林资源样地调查记录系统的设计与实现［J］．测绘科学，2006，31（1）：121-122.

[8] 袁翰，李伟波，陈婷婷．对构建 Delaunay 三角网中凸壳算法的研究与改进［J］．计算机工程，2007，33（7）：70-72.

[9] 李清泉，李德仁．一种三维凸边界生成算法［J］．武汉测绘科技大学学报，1998，23（2）：121－124．

[10] 张京奎，李晓莉，高飞，等．电网GIS建设野外数据采集及处理应用［J］．测绘与空间地理信息，2014，37（4）：43－46．

[11] 李文闯．基于Android的移动GIS数据采集系统研究［D］．北京：首都师范大学，2013．

[12] 高金萍．基于时态GIS的森林资源基础空间数据更新管理技术的研究［D］．北京：北京林业大学，2006．

第10章 生产建设项目水土保持“天地一体化”动态监管示范及模式探讨

为更好的实施生产建设项目水土保持监管工作，实时掌握年度生产建设项目对地表的扰动情况，水利部于2015年5月启动生产建设项目监管示范项目。该项目通过在各流域和各省（自治区、直辖市）、新疆生产建设兵团开展生产建设项目监管示范，旨在探索建立一种上下协同一致的生产建设项目水土保持“天地一体化”监管业务工作模式，建成支撑有效、信息共享、监管有力的生产建设项目监管信息化体系，促进现代空间技术、信息技术与生产建设项目水土保持监管业务的深度融合，推进生产建设项目水土保持监督管理信息化和现代化。

10.1 监管示范工作概述

10.1.1 工作目标及任务

1. 工作目标

通过在各流域和各省（自治区、直辖市）、新疆生产建设兵团开展生产建设项目监管示范，初步形成一套生产建设项目扰动状况水土保持“天地一体化”监管业务技术流程，探索建立一种协同一致的生产建设项目扰动状况水土保持监管业务工作模式，建成支撑有效、信息共享、监管有力的生产建设项目监管信息化体系，促进现代空间技术、信息技术与生产建设项目水土保持监管业务的深度融合，推进生产建设项目水土保持监督管理信息化和现代化。

2015—2016年项目的主要目标分解如下：

（1）形成基于高分辨率遥感影像调查与现场复核相结合的生产建设项目扰动状况水土保持“天地一体化”监管业务技术流程。

（2）建立技术规范统一、各级分工协作、监管信息一致的生产建设项目扰动状况水土保持监管业务工作模式。

（3）充分利用全国水土保持监督管理系统V3.0平台、水土保持监督管理信息移动采集系统，实现生产建设项目水土保持监管信息的即时交换与共享。

2. 工作任务

各流域管理机构、各省（自治区、直辖市）和新疆生产建设兵团水行政主管部门，分别选取1个大中型生产建设项目集中、生产建设活动多、地面扰动形式多样、水土保持技术力量强、机构完善的县级行政区作为示范区域，开展生产建设项目水土保持“天地一体化”监管示范。

利用高分辨率遥感影像，2015—2016年分别在示范县开展生产建设活动遥感调查，了解生产建设项目扰动地表及其动态变化情况，掌握生产建设项目水土保持工作动态；以全国水土保持监督管理系统为数据管理平台，进行监管示范数据的管理分析，实现生产建设项目扰动范围及监督、检查、整改落实等情况信息的即时上传、交换和共享。

2015—2016年项目的任务主要包括以下四个方面：

（1）开展生产建设项目水土保持监管示范技术培训。按照水利部的统一要求，分别组织开展监管示范省级师资和技术人员培训，内容主要包括基于高分辨率遥感影像的生产建设活动水土保持监管遥感调查、现场复核、数据入库以及监督管理系统应用等。

（2）开展两次生产建设项目扰动状况遥感调查。利用高分辨率遥感影像，在2015年、2016年分别开展示范县生产建设项目扰动状况遥感调查，掌握生产建设项目水土保持工作动态。

（3）完成生产建设项目扰动状况遥感调查数据入库管理。以全国水土保持监督管理系统为平台，将两年生产建设项目扰动状况遥感调查数据入库，对生产建设活动的空间信息和属性信息进行全面管理。

（4）开展生产建设项目水土保持监督管理信息的即时上传、交换与共享示范。以全国水土保持监督管理系统V3.0、水土保持监督管理信息移动采集系统为平台，将示范县生产建设项目防治责任范围、扰动地表情况及水土保持监督、检查与整改落实等情况信息即时上传、交换、共享。

10.1.2　监管对象及指标

1. 监管对象

监管对象为各类生产建设项目及其扰动地块。其中，生产建设项目包括公路、铁路、涉水交通、机场等36类，扰动地块是指生产建设活动中各类挖损、占压、堆弃等行为造成地表覆盖情况发生明显变化的土地，在遥感影像上也称扰动图斑。

采用遥感调查和现场复核方法对生产建设项目扰动状况进行“天地一体化”监管，遥感调查对象为面积大于0.1hm^2（2m分辨率遥感影像上对应250个像元）的生产建设扰动地块，现场复核对象为面积大于1hm^{2}的生产建设扰动地块。

2. 监管指标

生产建设项目监管的主要指标包括：

（1）扰动范围。用遥感解译的扰动图斑边界和面积两个指标表示。

（2）扰动类型。分为“弃渣场”和“其他扰动”两类。

（3）扰动变化类型。指扰动地块相对于前一次遥感监管所属的变化类型，分为“新增”“续建”“停工”三类。

（4）扰动合规性。指某生产建设项目扰动是否符合水土保持有关规定，包括“合规”“疑似未批先建”“疑似超出防治责任范围”和“疑似建设地点变更”四种情况。

10.1.3　总体技术路线

生产建设项目监管示范包括前期准备、遥感调查、审核入库、成果应用与示范总结四个步骤，工作流程如图10.1所示。

1. 前期准备

水利部组织编制《生产建设项目监管示范实施方案》，开展技术交流培训；各流域

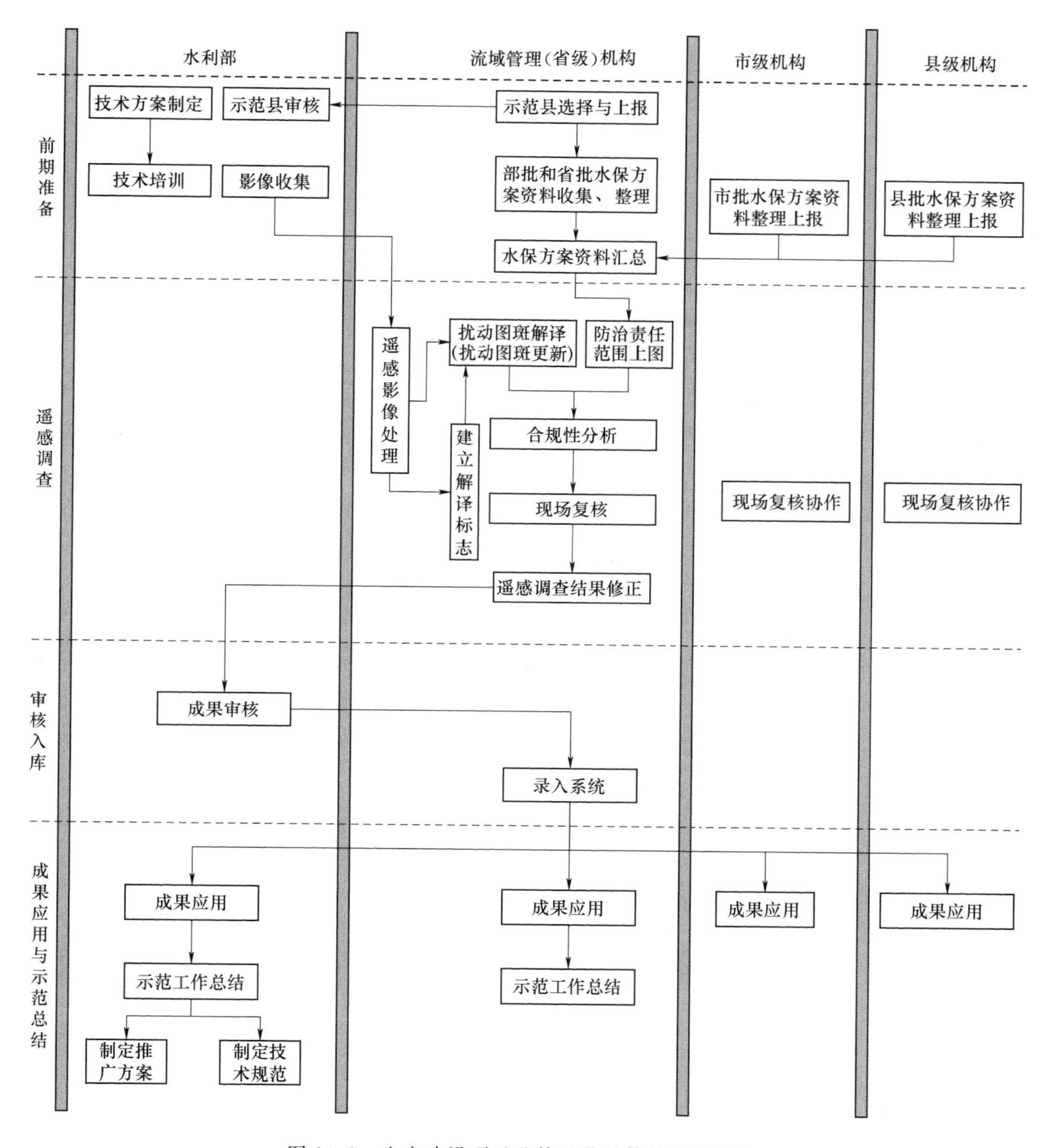

图 10.1 生产建设项目监管示范总体技术路线图

(省级)机构上报生产建设项目监管示范县;水利部收集和分发示范县遥感影像数据;各流域(省级)机构收集整理水土保持方案及其批复文件等资料。其中,遥感影像的收集需要满足以下条件:

(1)不同空间分辨率影像选择。应根据监管区域调查成果的精度要求,选择适宜的遥感影像类型与空间分辨率。

(2)时相。应根据监管区域生产建设项目水土保持监管工作的需求,选择遥感影像的成像时间;同一地区多景遥感影像的时相应相同或者相近。

东北地区时相宜选择5月下旬至6月中旬或8月下旬至9月中旬；华北地区宜选择3月下旬至4月下旬或7—9月；华中、华南和西南的北部地区宜选择3月上旬至4月上旬或10月下旬至11月上旬；华南大部和西南的南部地区选择11月至次年2月的影像；西北地区选择7—9月的影像。

（3）技术要求。

1）影像没有坏行、缺带、条带、斑点噪声和耀斑，云量少（优先采用晴空影像，总云量不超过5%）。

2）影像清晰，地物层次分明，色调均一，尽可能保证数据源单一。

3）影像头文件齐全，包含拍摄时间、传感器类型、太阳高度角、太阳辐照度、中心点经纬度等技术参数。

4）优先选用包含蓝光、绿光、红光、近红外波段的遥感影像。

2. 遥感调查

各流域（省级）机构根据需要对遥感影像进行预处理，对批复的生产建设项目水土流失防治责任范围上图，利用遥感影像解译生产建设项目扰动图斑，初步分析生产建设项目的扰动合规性。在此基础上，对扰动图斑和生产建设项目有关情况进行现场调查复核，并根据现场复核情况完善扰动图斑解译成果。

（1）影像预处理。影像预处理工作包括专题信息增强、影像融合、影像镶嵌等处理（具体处理过程见第三章），处理后的影像应该满足：

1）经过正射校正的遥感数据产品，校正后遥感影像地物点位置相对于基础控制数据同名地物点位置的误差应满足《土地利用动态遥感监测规程》（TD/T 1010—2015）中5.5.2中的要求。经过正射校正的遥感数据产品，特征地物点相对于基础控制数据上同名地物点的点位中误差平地、丘陵地区不大于1个像元，山地和高山地区不大于2个像元。特殊地区可放宽0.5倍（特殊地区指大范围林区、水域、阴影遮蔽区、沙漠、戈壁、沼泽或滩涂等）。取中误差的两倍为其限差。

2）开展各比例尺区域生产建设项目扰动状况水土保持“天地一体化”监管的大地基准按GB 22021—2008《国家大地测量基本技术规定》中4.1的要求采用CGCS2000国家大地坐标系统。

高程基准按照《国家大地测量基本技术规定》（GB 22021—2008）中5.1的要求，采用1985国家高程基准。

投影参照《土地利用动态遥感监测规程》（TD/T 1010—2015）中5.3.3的要求，成图比例尺大于等于1∶10000时，采用3°分带，成图比例尺小于1∶10000时，采用6°分带。

3）影像的清晰度、层次感、色彩饱和度、信息丰富度好，扰动图斑影像特征与其他地物差异明显。

4）不同数据源影像经信息增强处理后，同一监管区域的影像色彩、整体效果与上一期影像一致。

5）影像镶嵌接边处位置偏差应满足《土地利用动态遥感监测规程》（TD/T 1010—2015）中5.5.3节中的要求，即平地、丘陵地相邻影像重叠误差限差不应大于2个像元，

山地、高山地误差限差不应大于4个像元。镶嵌处理后的遥感影像为TIFF格式。

6）遥感影像成果应符合保密相关规定，可以公开使用。

（2）防治责任范围上图。主要工作环节包括项目位置初步定位、防治责任范围图与遥感影像配准、防治责任范围边界勾绘、防治责任范围属性数据录入（具体工作步骤详见第四章）。成果要求如下：

1）上图后的防治责任范围图应选取不少于2个同名点或者特征点作为检查点进行精度检查，各检查点坐标误差均应小于10m，否则不合格（进行示意性上图的项目除外）。

2）由审核小组抽取10%的防治责任范围图进行审查，若合格率低于90%，则需对全部防治责任范围重新上图，直至达到合格率要求。

（3）建立解译标志。根据遥感影像特征和野外现场调查结果，建立不同类型生产建设项目解译标志。其中，技术流程包括：

1）选取不同类型典型生产建设项目，开展现场调查。

2）选择现场拍摄的照片，遥感影像上标记照片拍摄的地点。

3）按照要求截取遥感影像和照片，填写生产建设项目解译标志图斑编号、位置、影像特征等信息。

成果要求包括：

1）解译标志应包含监管区域所有生产建设项目类型。

2）每种类型生产建设项目的解译标志不少于2套。

3）建立弃渣场解译标志不少于3套。

4）每套解译标志包含1张实地照片和对应的遥感影像，遥感影像上标注照片拍摄区域。

（4）扰动图斑解译。根据遥感影像特征，以先验知识和遥感解译标志作为参考，利用遥感图像处理软件或者GIS软件人工勾绘生产建设项目扰动图斑。具体步骤为（见第6章）：

1）建立监管区域扰动图斑矢量文件（polygon），将该矢量文件以“RDTB_XXXXXX_YYYYQQ”的形式命名。RDTB为“扰动图斑”拼音首字母；“XXXXXX”为监管区域的行政区划代码，以国家统计局网站公布的最新行政代码为准；“YYYYQQ”表示YYYY年开展的第QQ期扰动图斑解译工作。

2）建立矢量文件的属性表，并进行属性录入。

3）参考解译标志，利用遥感或者GIS等相关软件人工勾绘监管区域扰动图斑，并初步判断、填写扰动图斑的相关属性信息。

4）对解译成果进行抽查审核。

5）根据审核检查意见完善扰动图斑遥感解译结果。

在解译成果方面：

1）扰动面积大于等于0.1hm^2的图斑应全部解译。

2）根据宜简不宜繁的基本原则，影像上明显为同一项目区的（包括项目区内部道路、施工营地等），尽量勾绘在同一图斑内。但需要将弃渣场作为一种扰动形式进行单独解译。

3）遥感解译的扰动图斑面积如果与审核人员认定的实际扰动面积相差超过20%，该扰动图斑解译不合格。

4）由审核小组抽取10%的扰动图斑进行检查，若图斑合格率低于85%，则需对全部扰动图斑进行重新解译，直至达到合格率要求。

（5）合规性初判。对满足防治责任范围矢量化要求的项目进行合规性初步分析，将监管区域扰动图斑矢量图与防治责任范围矢量图进行空间叠加分析，初步判定生产建设项目扰动合规性，详见第七章。

成果要求包括：

1）防治责任范围和扰动图斑的关联属性（如项目名称等）应保持一致、不缺失。

2）抽取10%的扰动图斑和防治责任范围进行审查，若合格率小于90%，则需重新进行合规性分析。

（6）现场复核。在完成扰动图斑遥感解译、防治责任范围上图和合规性初步分析等工作的基础上，开展生产建设项目扰动状况现场复核工作。

1）复核对象。复核对象是面积大于1hm²、合规性初步分析结果为“疑似未批先建”“疑似超出防治责任范围”和“疑似建设地点变更”的扰动图斑。2016年主要复核新增疑似违规扰动图斑、边界发生变化的疑似违规扰动图斑，2015年未复核的疑似违规扰动图斑。

复核数量按照以下原则确定：

a. 若面积大于1hm² 的疑似违规扰动图斑数量多于200个，则选择200个进行现场复核，但有条件的示范县可复核全部的疑似违规扰动图斑；若面积大于1hm² 的疑似违规扰动图斑数量少于200个，则需全部复核。

b. 复核对象中应尽可能包含示范县内所有生产建设项目类型。

2）复核内容。通过现场调查，对示范县所有复核对象的有关信息进行现场采集，重点复核以下内容：

a. 造成该扰动图斑的生产建设项目名称、建设单位、目前是否编报水土保持方案。

b. 是否为其他项目超出批复防治责任范围的扰动部分。

c. 是否为已经批复但建设地点变更的项目。

d. 是否存在设计变更及其变更报备情况。

e. 收集相关佐证材料。

f. 属性表其他相关内容。

3）作业方法。现场复核可以采用以下作业方法：

a. 纸质图表作业法。这是一种传统的作业方法，需要携带打印的纸质工作图件和表格，现场调查采集相关信息，并填写相关表格，再在室内将表格中的有关信息录入计算机系统。

b. 移动采集设备作业法。这是一种先进的、数字化作业方法，主要利用水土保持监督管理信息移动采集终端（PDA、智能手机、平板电脑等），直接在现场调查并采集相关数字信息，在线或者离线传输至后台管理系统中。

2015年现场复核工作可以根据实际情况，选择纸质图表作业法或者移动采集设备作业法。

为了提高水土保持工作的信息化程度和水平，2016年现场复核工作要求采用移动采集设备作业法，移动采集系统由水利部组织研发。有条件的单位可以采用无人机等先进技术手段。

3. 审核入库

由水利部组织对完成的38个生产建设项目监管示范成果进行审核，审核内容包括：

（1）收集整理的水土保持方案（报批稿）及水土保持批复文件。

（2）现场复核的工作图件或数据、生产建设项目监管示范复核信息表、照片、其他信息等资料。

（3）示范县生产建设项目扰动图斑矢量图、防治责任范围矢量图及其属性信息。

（4）监管示范工作总结报告。

成果要求：

（1）审核抽查率不小于10%。

（2）扰动图斑解译成果误判率须小于10%，图斑勾绘合格率须大于85%。

（3）防治责任范围上图成果、生产建设项目监管示范复核信息表抽查合格率须大于85%。

（4）流域（省级）机构负责对存在问题的成果进行纠正完善，直至符合要求。

4. 成果应用与示范总结

基于全国水土保持监督管理系统V3.0与水土保持监督管理信息移动采集终端，水利部、流域机构、省级机构、市级机构和县级机构开展监管示范成果数据应用，可以按照行政区、合规性、扰动面积、项目类型等指标进行成果数据查询和统计分析，掌握示范县生产建设项目及其扰动状况，并应用于各级水土保持监督管理工作。

各流域（省级）机构分别对生产建设项目监管示范工作进行总结；水利部对全国示范工作进行总结，并制定生产建设项目监管技术规范和推广方案。

10.1.4 示范县选取

根据《生产建设项目监管示范实施方案》，2015—2016年生产建设项目监管示范要在全国7个流域管理机构和31个省级机构（包括新疆生产建设兵团水利局，不包括上海市）各选择1个示范县。示范县的选择主要遵循以下原则：

（1）示范县生产建设项目多、集中连片，人为扰动频繁、剧烈。

（2）生产建设项目扰动持续时间较长，2015—2016年正在开展生产建设活动。

（3）示范县水土保持机构完善、技术力量强。

（4）示范县典型性和代表性强，有利于示范成果的推广应用。

（5）流域机构优先从晋陕蒙接壤煤炭开发区、陕甘宁蒙石油天然气开发区，辽宁矿产资源开发区、呼伦贝尔矿产开发区、新疆准东经济技术开发区、鲁南矿区、内蒙古高原内陆河东部煤炭开发区、岷江金沙江干流水电能源开发区、珠江三角洲经济区、海峡西岸经济区等生产建设项目集中区选择示范县。

（6）流域机构与各省级机构所选示范县不能重复。

（7）示范县面积原则上不超过3000km^2，若超出，可选取生产建设项目较集中区域作为示范区。

根据上述原则，2015—2016年生产建设项目监管“天地一体化”示范工作在全国共选择38个示范县（表10.1），38个示范县囊括了所有的土壤侵蚀二级类型区（8个）。

表 10.1　　　　生产建设项目监管示范县名单

省（自治区、直辖市）及流域机构	监管示范县	省（自治区、直辖市）及流域机构	监管示范县
长江水利委员会	攀枝花市区（包括东区、西区、仁和区）	江西	瑞金市
		山东	长清区
黄河水利委员会	灵武市	河南	淅川县
淮河水利委员会	霍邱县	湖北	夷陵区
海河水利委员会	西乌珠穆沁旗	湖南	慈利县
珠江水利委员会	宝安区	广东	花都区
松辽水利委员会	千山区	广西	港北区
太湖流域管理局	安溪县	海南	三亚市
北京	怀柔区	重庆	渝北区
天津	静海县	四川	宣汉县
河北	卢龙县	贵州	黔西县
山西	孝义市	云南	牟定县
内蒙古	托克托	西藏	墨竹工卡县
辽宁	南芬区	陕西	横山县
吉林	白山市	甘肃	瓜州县
黑龙江	依兰县	青海	湟中县
江苏	铜山区	宁夏	吴忠市
浙江	新昌县	新疆	吉木萨尔县
安徽	绩溪县	新疆生产建设兵团	阿拉尔市
福建	永定县		

10.1.5 组织实施

根据《全国水土保持信息化工作 2015—2016 年实施计划》（办水保〔2015〕88 号）的要求，生产建设项目监管示范工作应按照“基础支撑、统一要求、全面监管、各级协同”的原则组织实施。各单位的主要责任如下：

（1）水利部水土保持司。负责全国生产建设项目监管示范工作的组织领导工作。组织研究确定示范县，组织审查实施技术方案，组织审查全国水土保持监督管理系统 V3.0，组织开展各地工作的督导检查。

（2）水利部水土保持监测中心。承担全国水土保持监督管理系统 V3.0 升级的组织实施及推广应用，承担生产建设项目监管示范实施方案制定、技术培训与指导、督导检查。负责收集和分发示范县遥感影像。负责示范总结、技术规范和推广方案制定工作。

（3）流域管理机构。负责组织流域机构水土保持监测中心站，确定本级的 1 个示范县，开展生产建设项目监管示范；负责本级水土保持信息化软硬件环境建设与协调等工作；参加技术培训；协助开展地方工作的督导检查。

其中，各流域水土保持监测中心站承担示范县生产建设项目监管示范具体技术工作，主要包括：负责流域示范县部批生产建设项目水土保持资料收集整理工作；负责流域示范县解译标志建立、扰动图斑解译、防治责任范围上图和合规性分析；负责流域示范县扰动

图斑现场复核资料制作、现场调查复核、遥感调查成果修正工作；承担流域示范县生产建设项目监管成果录入系统；负责流域示范县生产建设项目监管示范工作总结。

（4）各省（自治区、直辖市）和新疆生产建设兵团水利（水务）厅（局）。负责组织省水土保持监测总站，确定本级的1个示范县，开展示范县生产建设项目监管示范；组织示范县进行现场复核；负责本级水土保持信息化软硬件环境建设与协调等工作。

其中，各省级水土保持监测总站承担示范县生产建设项目监管示范具体技术工作，主要包括：负责收集、整理省级示范县部级和省批批复生产建设项目水土保持方案及相关资料，汇总示范县各级批复生产建设项目水土保持方案及相关资料；负责省级示范县解译标志建立、扰动图斑解译、防治责任范围上图和合规性分析；负责省级示范县扰动图斑现场复核资料制作、现场调查复核、遥感调查成果修正、工作；承担省级示范县生产建设项目监管成果录入系统；负责省级示范县生产建设项目监管示范工作总结。

（5）各市（州、盟）水土保持管理机构。主要负责收集、整理示范县市级批复生产建设项目水土保持方案及相关资料；协助现场调查复核工作。

（6）各示范县（区、旗、县级市）水土保持管理机构。主要负责收集、整理示范县县级批复生产建设项目水土保持方案及相关资料；协助现场调查复核工作；开展生产建设项目扰动范围动态监督、检查、整改落实等情况信息采集，开展生产建设项目监督管理示范。

为了保障项目的质量，专门成立了质量检查组具体负责在项目进展的各个阶段的质量检查工作。对各个环节工作的质量进行独立地跟踪、检查、控制和验收，编写质量报告。

10.2 监管示范工作开展情况及成果分析

10.2.1 示范工作开展情况

2015—2016年，每年水利部水土保持中心为38个示范县推送GF-1影像约650景，覆盖面积达到20余万平方公里。

2015—2016年共收集批复生产建设项目水土保持方案3708个，实现生产建设项目水土流失防治责任范围上图2639个，上图率达到了71.17%（表10.2）。其中，上图率达到100%的示范县有贵州省黔西县、内蒙古自治区西乌珠穆沁旗、陕西省横山县、福建省安溪县和新疆维吾尔自治区吉木萨尔县。

表10.2　　2015—2016年监管示范工作防治责任范围上图情况统计表

上图情况	收集方案数量	方案上图数量	上图率/%
合计	3708	2639	71.17

示范县内上图的项目包含生产建设项目监管的全部36类项目（表10.3）。其中，房地产项目上图548个，在36类生产建设项目类型中最多，约占总数的20.8%。其次是公路工程项目，上图377个，约占总数的14.3%。通过开展防治责任范围上图工作，实现了生产建设项目水土流失防治责任范围的矢量化管理，为后续开展遥感调查及分析提供了工作基础。

2015—2016年生产建设示范共建立了1784套解译标志，项目涉及36类（表10.4）。为后续开展遥感解译工作提供基础数据。

在生产建设扰动图斑解译方面，2015—2016年监管示范工作中，示范县共解译扰动图斑28371个（表10.5）。其中，2015年解译16872个，2016年解译11599个，为后续现场复核监管提供了可靠信息。

表10.3　2015—2016年监管示范工作完成上图的生产建设项目类型统计表

序号	生产建设项目类型	数量	序号	生产建设项目类型	数量
1	公路工程	377	19	其他露天开采矿	211
2	铁路工程	58	20	井采煤矿	78
3	涉水交通工程	13	21	井采金属矿	29
4	机场工程	8	22	其他井采矿	15
5	火电工程	25	23	油气开采工程	4
6	核电工程	1	24	油气管道工程	18
7	风电工程	83	25	油气储存与加工项目	8
8	输变电工程	100	26	工业园区工程	125
9	其他电力工程	33	27	城市轨道工程	2
10	水利枢纽工程	35	28	城市管网工程	13
11	灌区工程	11	29	房地产工程	548
12	引调水工程	16	30	其他城建项目	112
13	堤防工程	10	31	林浆纸一体化项目	3
14	蓄滞洪区工程	1	32	农业开发项目	9
15	其他小型水利工程	54	33	加工制造类项目	184
16	水电枢纽工程	8	34	社会事业类项目	232
17	露天煤矿	31	35	信息产业类项目	5
18	露天金属矿	22	36	其他行业项目	73

表10.4　2015—2016年监管示范工作解译标志建立情况统计表

解译标志建立情况	解译标志数目	工　程　类　型
合计	1784	36

表10.5　2015—2016年解译图斑统计表

2015年	2016年	合　　计
16872	11599	28371

通过开展图斑合规性初步判断，共发现2137处疑似建设地点变更图斑，占扰动图斑解译总数的10.9%，9632处疑似未批先建图斑，占总数的49.3%，2794处疑似超出防治责任范围图斑，占总项目的14.3%（表10.6）。

表10.6　2015—2016年生产建设项目合规性分析初判

合规性分析初判	合规	疑似建设地点变更	疑似未批先建	疑似超出防治责任范围
合计	4969	2137	9632	2794

通过开展图斑现场复核工作，全国共发现3619处未批先建图斑；2374处超出防治责任范围图斑；2008处建设地点变更图斑以及114处非建设项目（表10.7）。

表10.7　2015—2016年现场复核图斑统计表

类别	合规	未批先建	无法判别	超出防治责任范围	建设地点变更	非建设项目	其他
合计	3685	3619	1923	2374	2008	114	33

10.2.2　成果分析

就监管示范工作实施情况来看，通过遥感调查，有效掌握了示范县生产建设项目区域扰动整体状况和已批项目的建设状态，发现了一批扰动超出防治责任范围、违规未批先建、建设方案重大变更项目（表10.7），对常规方法难以发现的影响较大的违规行为进行了调查取证。“天地一体化”技术的应用，有效提高了示范县生产建设项目监管信息的获取效率，加强了事中事后监管的力度和监督检查的工作效能。

10.3　典型监管示范县应用案例

本章节选择位于北方土石山区的北京市怀柔区、位于东北黑土地区的辽宁省沈阳市南芬区、位于南方红壤区的广东省广州市花都区以及位于西南土石山区的贵州省毕节市黔西县作为监管示范典型县，对监管示范中方案收集、防治责任范围上图、扰动图斑解译、扰动图斑动态更新、合规性分析和现场复核等情况进行详细说明。

10.3.1　北京市怀柔区

（1）方案收集及情况。2015年和2016年怀柔区共收集了147个生产建设项目水土保持方案资料（表10.8），其中2015年收集批复生产建设项目水土保持方案126个，包括市级批复生产建设项目77个，区级批复生产建设项目49个；2016年收集21个。

表10.8　北京市怀柔区生产建设项目水保方案收集及上图情况统计表

级别＼统计＼年份	2015			2016		
	方案数量	上图数量	未上图数量	方案数量	上图数量	未上图数量
国家级	0	0	0	0	0	
市级	77	74	3	5	4	1
区级	49	49	0	16	6	10
合计	126	123	3	21	10	11

2015年和2016年收集到的生产建设项目类型涉及15类（表10.9），其中，社会事业类、房地产工程类、公路工程是怀柔区主要的生产建设项目类型。社会事业类共收集项目41个，占总数的27.9%，房地产工程类38个，占25.9%，公路工程类占17.7%。

2015年共收集到批复生产建设项目水土保持方案126个，完成123个生产建设项目水土流失防治责任范围上图，上图率为97.6%，其中市级项目74个，区级项目49个。

2016年共收集到批复生产建设项目水土保持方案21个，完成10个生产建设项目水土流失防治责任范围上图，完成率为47.6%，其中市级批复生产建设项目4个，区级批复生产建设项目6个。

表10.9 2015—2016北京市怀柔区收集方案的生产建设项目类型统计表

生产建设项目类型	个数	生产建设项目类型	个数
社会事业类	41	工业园区工程	3
房地产工程	38	其他电力工程	2
公路工程	26	其他露天开采矿	2
其他小型水利工程	10	市政工程项目	2
加工制造类项目	5	灌区工程	1
其他城建项目	4	信息产业类项目	1
油气管道工程	3	引调水工程	1
其他行业项目	8	合计	147

（2）扰动图斑解译及动态更新情况。2015年建立生产建设项目解译标志26套，涉及10类工程，2016年在2015年的基础上，新增了铁路工程、弃渣场等解译标志。

采用人机交互解译方法，2015年共解译生产建设项目扰动图斑43个；2016年共解译生产建设项目扰动图斑83个（含2015年项目扰动），其中“新增”47个，“续建”36个。

（3）合规性分析及现场复核情况。2015年北京市怀柔区共解译43个扰动图斑，经内业初步合规性分析，18个扰动图斑扰动区域位于防治责任区范围内，为合规建设项目，25个疑似存在“未批先建”。2016年示范项目共解译83个扰动图斑，其中26个合规建设项目，57个疑似存在“未批先建”。

经现场复核，2015年的43个扰动图斑中（图10.2），18个扰动图斑合规，占总扰动

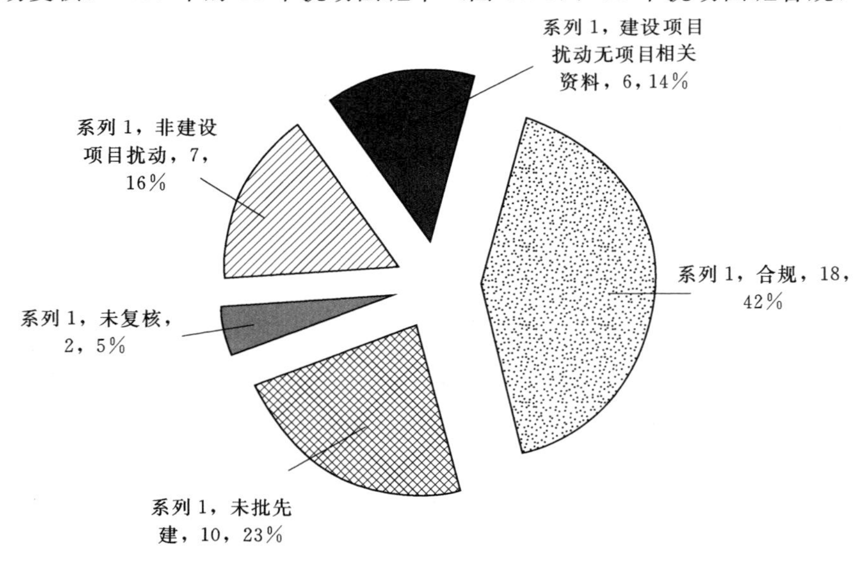

图10.2 北京市怀柔区生产建设项目扰动类型统计图（个，百分比）（2015年）

图斑的42%，10个扰动图斑违规为“未批先建”，占总扰动图斑的23%，2个扰动图斑为部队建设所涉密项目不需确认，7个扰动图斑为非建设项目扰动，为电影道具布景、临时材料堆放、农田大棚等非生产建设项目，占总扰动图斑的16%，6个扰动图斑为有水保方案建设项目扰动，但未收集到项目相关资料。

2016年中，35个扰动图斑合规，占总扰动图斑的42%，19个扰动图斑违规为“未批先建”，占总扰动图斑的23%，8个扰动图斑为部队项目、涉密项目不需确认，9个扰动图斑为非建设项目扰动，为电影道具布景、临时材料堆放、农田大棚等非生产建设项目，占总扰动图斑的11%（图10.3），12个扰动图斑为有水保方案建设项目扰动，但未收集到项目相关资料。

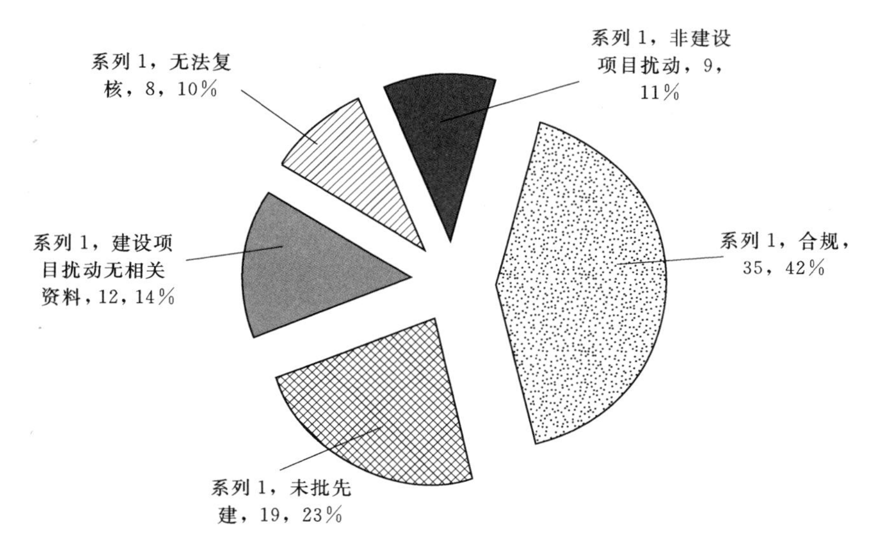

图10.3 北京市怀柔区生产建设项目扰动情况统计图（个，百分比）（2016年）

10.3.2 辽宁省本溪市南芬区

（1）方案收集及防治责任范围上图情况。本溪市南芬区收集2009—2016年期间部级、省级、市级以及县级批复的全部水土保持方案报告书及其批复文件，共14个，其中部批1个，省批1个，市批3个，区批9个，如图10.4所示。

本溪市南芬区收集的生产建设项目水土保持方案全部完成防治责任范围上图，项目类型包括露天金属矿4个，井采金属矿3个，露天非金属矿3个，井采非金属矿1个，水电枢纽工程2个，堤防工程1个。

（2）扰动图斑解译及动态更新情况。根据野外调查数据资料，分六类建立生产建设项目解译标志13个。其中，露天金属矿3个、井采金属矿2个、露天非金属矿3个、井采非金属矿1个、尾矿库2个、弃渣场2个。

2015年南芬区共解译出114个扰动图斑，总扰动面积为3629.8hm²。根据现场复核结果对解译结果进行了修正，删除了7个误判图斑和部分已建成图斑，最终形成2015年南芬区扰动图斑97个，总扰动面积为3340.5hm²，其中，露天金属矿扰动图斑最多（58个），扰动面积最大（2852.81hm²），占同年扰动总面积的85.4%，公路工程扰动图斑数

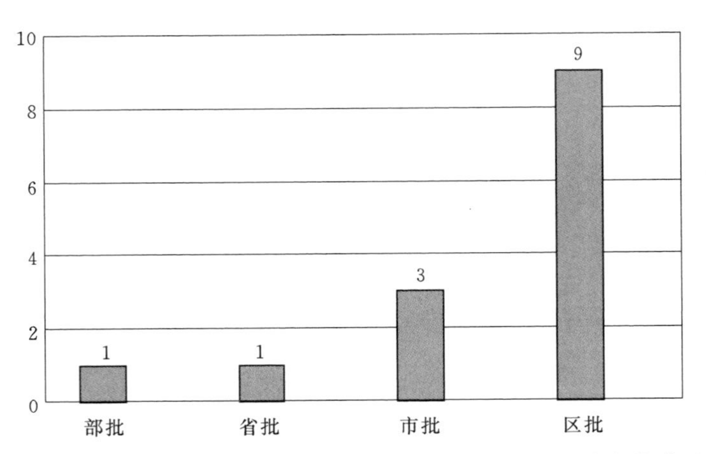

图 10.4　本溪市南芬区监管示范项目收集水土保持方案资料统计图

和面积均是最小，分别为 1 个和 3.4hm²。

2016 年解译的图斑数较 2015 年减少 5 个，其中，井采金属矿减少 1 个，铁路工程减少 3 个，其他行业减少 1 个。扰动面积减少 26.42hm²，其中铁路工程减少最为明显，为 19.5hm²（表 10.10）。

表 10.10　本溪市南芬区年度解译扰动图斑汇总表

序号	项目类型	2015 年			2016 年		
		扰动图斑数量	面积/hm²	面积占比/%	扰动图斑数量	面积/hm²	面积占比/%
1	露天金属矿	58	2852.81	85.40	58	2868.64	86.56
2	露天非金属矿	11	190.56	5.70	11	174.44	5.26
3	井采金属矿	6	80.89	2.42	5	80.38	2.43
4	井采非金属矿	1	2.74	0.08	1	2.74	0.08
5	加工制造类项目	9	85.97	2.57	9	85.97	2.59
6	公路工程	1	3.4	0.10	1	3.4	0.10
7	铁路工程	7	64.11	1.92	4	44.6	1.35
8	引调水工程	1	4.22	0.13	1	4.22	0.13
9	社会事业类项目	1	5.32	0.16	1	5.84	0.18
10	其他行业项目	2	50.48	1.51	1	43.85	1.32
合计		97	3340.5	100.00	92	3314.08	100
面积变化情况		较 2015 年减少 26.42hm²					

（3）合规性分析及现场复核情况。经过室内初步判读，南芬区 2015 年合规性分析结果见表 10.11。

根据 2015 年现场调查结果，对南芬区原解译和合规性初步判别的 114 个图斑进行了修正，对 7 个扰动图斑根据项目归属地进行分割（分割成 19 个），对 7 个误判的扰动图斑（现场为居民点）和 22 个已建成的图斑进行删除，最终形成 2015 年南芬区扰动图斑 97 个，总扰动面积为 3340.5hm²。2015 年南芬区遥感调查结果修正后的成果汇总表见表 10.12。

表 10.11　　本溪市南芬区 2015 年合规性初步判别结果表

序号	类　型	扰动图斑数量	项目数量	备　注
1	合规	2	0	项目中含有不合规的图斑
2	疑似超出防治责任范围	14	10	2 个项目分别由两个图斑组成
3	疑似未批先建	96		
4	疑似建设地点变更	2		
合计		114	10	一个项目包含在另一个项目内，故 1 个可以不考虑

表 10.12　　2015 年本溪市南芬区现场调查成果修正汇总表

序号	类　型	扰动图斑个数	已有方案的项目个数	备　注
1	合规	5	2	存在一个项目对应多个图斑的情况
2	超出防治责任范围	8	7	1 个项目的原防治责任范围更新
3	未批先建	84	1	大部分为废弃矿山（点）； 删除误判图斑 7 个（居民点），已建成图斑 22 个
合计		97	10	

由表 10.12 可知，2015 年南芬区扰动图斑共计 97 个，涉及 10 个项目。5 个扰动图斑为“合规”，8 个扰动图斑为“超出防治责任区范围”，84 个扰动图斑为“未批先建”。

南芬区 2016 年南芬区遥感调查结果修正后的成果汇总表见表 10.13，由表 10.13 可知，2016 年南芬区扰动图斑共计 92 个，涉及 11 个项目。4 个扰动图斑为“合规”，9 个扰动图斑为“超出防治责任区范围”，79 个扰动图斑为“未批先建”。

表 10.13　　2016 年本溪市南芬区现场调查成果修正汇总表

序号	类　型	扰动图斑个数	已有方案的项目个数	备　注
1	合规	4	2	
2	超出防治责任范围	9	8	1 个项目为原防治责任范围更新
3	未批先建	79	1	
合计		92	11	删除已建成图斑 6 个

2016 年属于“未批先建”的扰动图斑的数量、面积、比例及项目类型见表 10.14。

表 10.14　　2016 年本溪市南芬区未批先建扰动图斑汇总表

序号	项目类型	扰动图斑数量	面积/hm^2	面积占比/%
1	露天金属矿	55	2698.78	89.91
2	露天非金属矿	6	98.83	3.29
3	井采金属矿	1	16.01	0.53
4	加工制造类项目	9	85.97	2.86
5	公路工程	1	3.40	0.11

续表

序号	项目类型	扰动图斑数量	面积/hm^2	面积占比/%
6	铁路工程	4	44.60	1.49
7	引调水工程	1	4.22	0.14
8	社会事业类项目	1	5.84	0.19
9	其他行业项目	1	43.85	1.46
	合计	79	3001.50	100

由表10.14可知，2016年"未批先建"的扰动图斑，共涉及露天金属矿、露天非金属矿、井采金属矿等9个项目类型。露天金属矿扰动图斑最多（55个），扰动面积最大（2698.78hm^2），占扰动总面积的89.91%，露天非金属矿扰动图斑次之（6个），扰动面积为98.83hm^2，占扰动总面积的3.29%。

10.3.3 广东省广州市花都区

（1）方案收集及防治责任范围上图情况。广州市花都区的监管示范工作中，共收集2009—2016年期间批复的部级、省级、市级和区级生产建设项目水土保持方案265个。其中，2014年批复生产建设项目最多，共计71个，占2009—2016年批复项目数量的26.79%；2011年新增项目最少，共计15个。在项目审批级别方面，区级项目最多，为206个，占总数的77.8%，部级项目最小为3项（表10.15）。

表10.15 各级批复的广州市花都区生产建设项目水土保持方案批复情况统计表 单位：个

年份	部级	省级	市级	区级	小计	所占比例/%
2009年及以前	3	8	4	23	38	14.34
2010		3	1	13	17	6.42
2011		1	1	13	15	5.66
2012		1	7	13	21	7.92
2013		1	7	23	31	11.70
2014		2	10	59	71	26.79
2015		3	5	28	36	13.58
2016			2	34	36	13.58
总计	3	19	37	206	265	100

在防治责任范围上图方面，花都区共实现上图155个（表10.16）。其中，房地产工程76项，占上图总数的49.03%，占比最大；公路工程37项，占上图总数的23.87%；社会事业类项目9项，占上图总数的5.81%；工业园区工程8项，占上图总数的5.16%；输变电工程7项，占上图总数的4.52%；其他城建工程6项，占上图总数的3.87%；其他项目12项，占上图总数的7.74%。

（2）扰动图斑解译及动态更新情况。2015—2016年共为房地产工程等12类生产建设项目建立了15套解译标志。采用人机交互解译方法，分点型和线型两种特征，对0.1hm^2以上的扰动图斑进行遥感解译。解译情况见表10.17和表10.18。

表 10.16　　2015—2016 年花都区实现防治责任范围上图行业分布情况

项目类型	部批	省批	市批	区批	小计
房地产工程	0	0	9	67	76
公路工程	1	2	2	32	37
加工制造类项目	0	0	0	1	1
引调水工程	0	1	0	1	2
社会事业类项目	0	2	3	4	9
其他城建项目	0	1	0	5	6
工业园区工程	0	2	2	4	8
农业开发项目	0	0	0	1	1
输变电工程	0	4	3	0	7
其他小型水利工程	0	0	1	1	2
油气存储与加工项目	0	0	1	0	1
城市轨道交通	0	0	0	1	1
火电工程	0	0	1	0	1
其他行业项目	0	1	1	1	3
合计	1	13	23	118	155

表 10.17　　花都区 2015 年扰动图斑统计表

扰动面积/hm^2	点型	线型	小计
<1	60	0	60
≥1 且<5	219	8	227
≥5 且<20	77	10	87
≥20	21	4	25
合计	377	22	399

表 10.18　　花都区 2016 年扰动图斑统计表

扰动面积/hm^2	点型	线型	小计
<1	20	0	20
≥1 且<5	137	11	148
≥5 且<20	83	3	86
≥20	20	1	21
合计	260	15	275

（3）合规性分析及现场复核情况。2015 年广州市花都区共解译 399 个扰动图斑，经内业初步合规性分析，126 个扰动图斑扰动区域位于防治责任区范围内，为合规建设项目，16 个扰动图斑疑似超出防治责任区范围，1 个扰动图斑疑似建设地点变更，256 个疑似存在“未批先建”。2016 年广州市花都区共解译 275 个扰动图斑，经内业初步合规性分

析，100 个扰动图斑扰动区域位于防治责任区范围内，为合规建设项目，2 个扰动图斑疑似超出防治责任区范围，173 个疑似存在“未批先建”。

经现场复核，2015 年 399 个扰动图斑中，127 个扰动图斑为合规建设项目，3 个扰动图斑为超出防治责任区范围项目，1 个图斑为建设地点变更项目，80 个扰动图斑为“未批先建”，188 个扰动图斑为非生产建设项目。2016 年 275 个扰动图斑中，101 个扰动图斑为合规建设项目，4 个扰动图斑为超出防治责任区范围项目，69 个扰动图斑为“未批先建”，101 个扰动图斑为非生产建设项目。

经过现场复核，花都区 2016 年生产建设项目扰动图斑共计 174 个，其中已编报水土保持方案的项目图斑 105 个，生产建设项目水土保持方案的编报率约为 60.34%。疑似未批先建项目图斑的达到了 69 个，占比为 39.66%。

10.3.4　贵州省黔西县

（1）方案收集及防治责任范围上图情况。收集到黔西县范围内 2009—2016 年期间部级、省级、市级以及县级机构批复的生产建设项目共有 134 个。其中，2015 年部级、省级、市级以及县级项目分别为 1 个、52 个、7 个和 57 个；2016 年部级、省级、市级以及县级项目分别为 1 个、6 个、1 个和 9 个。

在生产建设项目类型方面，主要以井采煤矿，露天非金属矿为主，分别为 52 个和 31 个（表 10.19）；铁路工程、油气管道工程等类型项目较少。

表 10.19　　黔西县生产建设项目分类统计表

项目类型	数量/个	项目类型	数量/个
房地产工程	10	其他城建项目	4
公路工程	5	社会事业类项目	9
火电工程	2	输变电工程	2
加工制造类项目	7	水利枢纽工程	4
井采煤矿	52	铁路工程	1
露天非金属矿	31	油气管道工程	1
露天煤矿	4	小计	134
农林开发工程	2		

在生产建设项目防治责任范围上图方面，2015 年实现上图项目 117 个，无法上图的 0 个；2016 年可上图的项目 17 个，无法上图的有 0 个，两年上图率均达到 100%。

（2）扰动图斑解译及动态更新情况。根据实施方案的指导 2015 年建立解译标志 146 套，2016 年建立解译标志 185 套。

采用人机交互解译的方式，2015 年黔西县共解译扰动图斑 196 个，2016 年在 2015 年扰动图斑解译成果的基础上，对扰动图斑进行动态更新，共解译扰动图斑 574 个，其中图斑扩大 59 个、图斑缩小 56 个、图斑新增 398 个、图斑删除 8 个。

（3）合规性分析及现场复核情况。2015 年对 196 个扰动图斑进行了合规性初步分析，判断出合规扰动图斑 34 个，疑似超出防治责任范围扰动图斑 84 个，疑似建设地点变更的

扰动图斑扰动图斑42个，疑似未批先建扰动图斑36个。

2016年只对新增和有变化的扰动图斑进行合规性初步分析。判断出疑似未批先建扰动图斑303个、疑似超出防治责任范围扰动图斑79个、疑似建设地点变更的扰动图斑扰动图斑5个。

经过现场复核，2015年生产建设项目扰动图斑共计184个，合规图斑87个，不合规图斑97个（其中，未批先建图斑24个、超出防治责任范围图斑46个和建设地点变更图斑27个）。2015年生产建设项目扰动图斑涉及127个项目，其中，48个合规项目，79个不合规项目（其中，未批先建的项目23个）。2016年生产建设项目扰动图斑共计得775个。合规图斑191个，不合规图斑584个（其中，未批先建图斑253个、超出防治责任范围图斑52个和建设地点变更图斑127个；疑似未批先建图斑147个、疑似超出防治责任范围图斑4个和疑似建设地点变更图斑1个）。共涉及354个项目，52个合规项目，302个不合规项目（未批先建的234个项目）。

2016年扰动图斑矢量图层需要完善扰动类型与扰动变化类型。扰动类型分为“弃渣场”和“其他扰动”两类，“弃渣场”类型有86个图斑，面积为200.19hm^2；“其他扰动”类型有689个图斑，面积为2678.23hm^2；扰动变化类型划分“新增”项目491个，“续建”项目230个、“停工”项目54个。

10.4 监管模式探讨

就2015—2016年生产建设项目监管示范工作年度实施情况来看，通过遥感调查，有效掌握了示范县区域扰动整体状况和已批项目的建设状态，发现了一批扰动超出防治责任范围、违规未批先建、建设方案重大变更等项目，对常规方法难以发现的影响较大的违规行为进行了调查取证。“天地一体化”技术的应用，有效提高了示范县生产建设项目监管信息的获取效率，加强了事中监管的力度和监督检查的工作效能。

但同时，生产建设项目监管示范工作也存在一些成果应用方面的问题。2015—2016年生产建设项目监管示范工作主要由流域机构和各省组织开展，但各示范县里的部批、省批项目占总项目的比例均较少，与各流域机构和各省的监督职能不能直接匹配，因此，监管示范项目成果在流域机构和省市生产建设项目监督管理中的应用较少。

考虑到全国各级水土保持监管机构的能力水平和需求不尽相同，“天地一体化”技术的推广应用应统一规划、分步推进。根据当前的迫切需求，应首先推进各级监管机构对本级负责的已批生产建设项目监管中的应用。在各级部门基本具备监管模式和技术应用基础的条件下，可推进“天地一体化”技术在各级部门协同监管上的应用。

根据生产建设项目水土保持“天地一体化”监管实施主体不同，研究团队提出了区域监管和项目监管两种工作模式：

（1）区域监管。水行政主管部门针对监管区域内的生产建设项目开展的“天地一体化”监管工作。主要的工作步骤及内容包括：通过设计资料（防治责任范围）矢量化实现已批生产建设项目空间化管理，利用遥感影像开展区域内生产建设项目扰动状况遥感调查，掌握区域生产建设项目空间分布、建设状态和整体扰动状况，为区域内水行政主管部门开展批复生产建设项目和“未批先建”项目监管工作提供技术支撑。

（2）项目监管。项目监管是指各级水行政主管部门针对本级负责具体生产建设项目而开展的“天地一体化”监管工作。主要的工作步骤及内容包括：通过开展设计资料矢量化实现本级已批生产建设项目空间化管理，利用中、高分辨率遥感影像开展本级管理项目遥感监管，掌握项目的扰动合规性、水土保持方案落实及变更等情况，为本级生产建设项目监督检查工作提供技术支撑。

各级水行政主管部门可根据实际需求，综合运用区域监管和项目监管两种工作模式，开展生产建设项目水土保持“天地一体化”监管。

流域机构开展部管生产建设项目监管可采用“项目监管”模式；开展生产建设项目集中区监管应采用“区域监管”模式，并组织集中区内各级水行政主管部门采用“项目监管”模式，实现协同监管。

省级开展生产建设项目水土保持“天地一体化”监管，由省级水行政主管部门采用“区域监管”模式，并组织省内各级水行政主管部门采用“项目监管”模式，实现协同监管。

市（州、盟）、县（市、区、旗）级开展区域生产建设项目水土保持“天地一体化”监管可参照省级工作模式。

本章参考文献

[1] 李智广，王敬贵. 生产建设项目“天地一体化”监管示范总体实施方案 [J]. 中国水土保持，2016 (2)：14-17.

[2] 姜德文. 开发建设项目水土流失防治责任范围的界定 [J]. 中国水土保持，1998 (10)：26-28.

[3] 尹斌，姜德文，李岚斌，等. 生产建设项目扰动范围合规性判别与预警技术 [J]. 中国水土保持，2017，11.

[4] 亢庆，姜德文，赵院，等. 生产建设项目水土保持“天地一体化”动态监管关键技术体系 [J]. 中国水土保持，2017，11：4-8.

附图

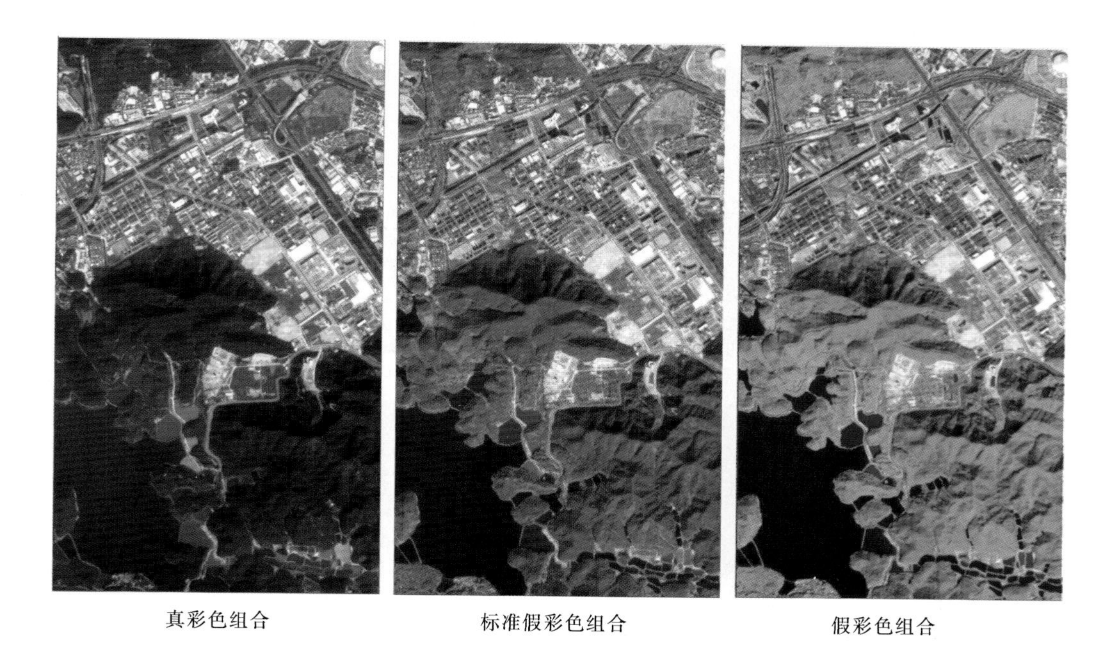

真彩色组合　　标准假彩色组合　　假彩色组合

附图 1　ZY－3 遥感影像 RGB 彩色组合方式对比图

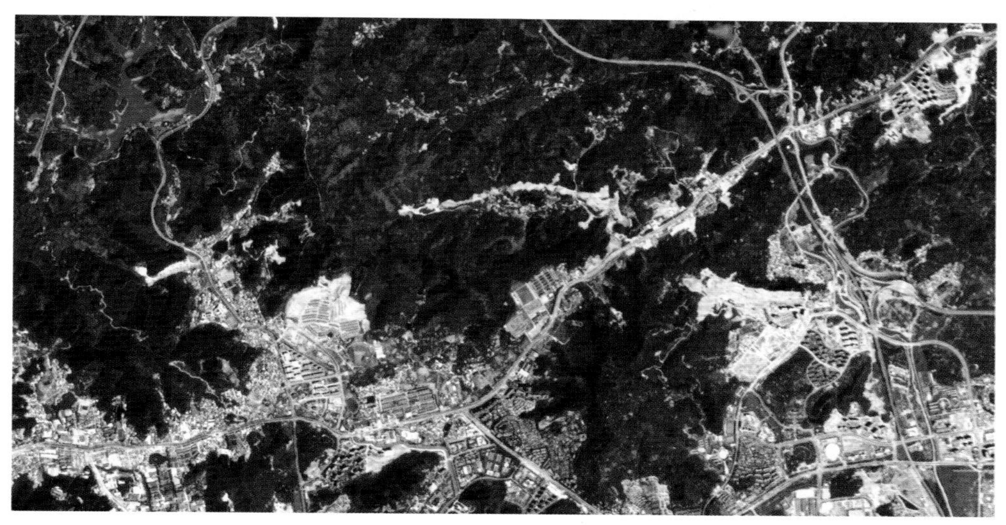

(a) 波段相关性高，信息冗余量大，层次感和清晰度差［ZY-3 (5.8m)　2015－04－14　广东花都］

附图 2（一）　国产真彩色合成影像典型地物特征对比图

(b) 水体与植被的影像特征差异小，影像色调偏蓝［GF-1 (16m)　2016-08-26　北京怀柔］

(c) 水体与植被、岩石与土壤的影像特征差异小［GF-1 (8m)　2016-02-29　贵州黔西］

(d) 扰动地表与耕地的影像特征差异小，植被影像特征不明显［GF-2 (4m) 2016-02-14　云南牟定］

附图2（二）　国产真彩色合成影像典型地物特征对比图

（a）数据源：GF-1(8m)；时相：2016-12-07；地点：广东花都

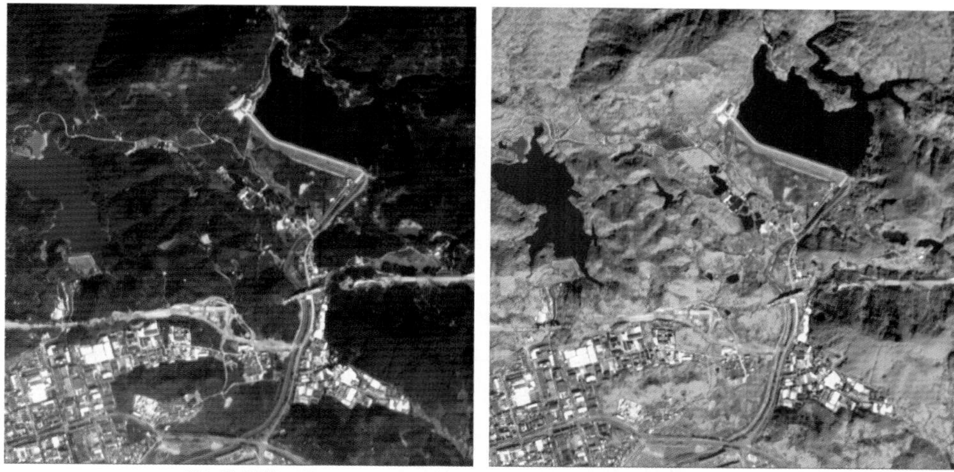

（b）数据源：ZY-3(5.8m)；时相：2013-12-23；地点：广东深圳

（c）数据源：GF-1(16m)；时相：2016-07-30；地点：宁夏吴忠

附图3（一）　增强前（左）、后（右）真彩色影像对比图

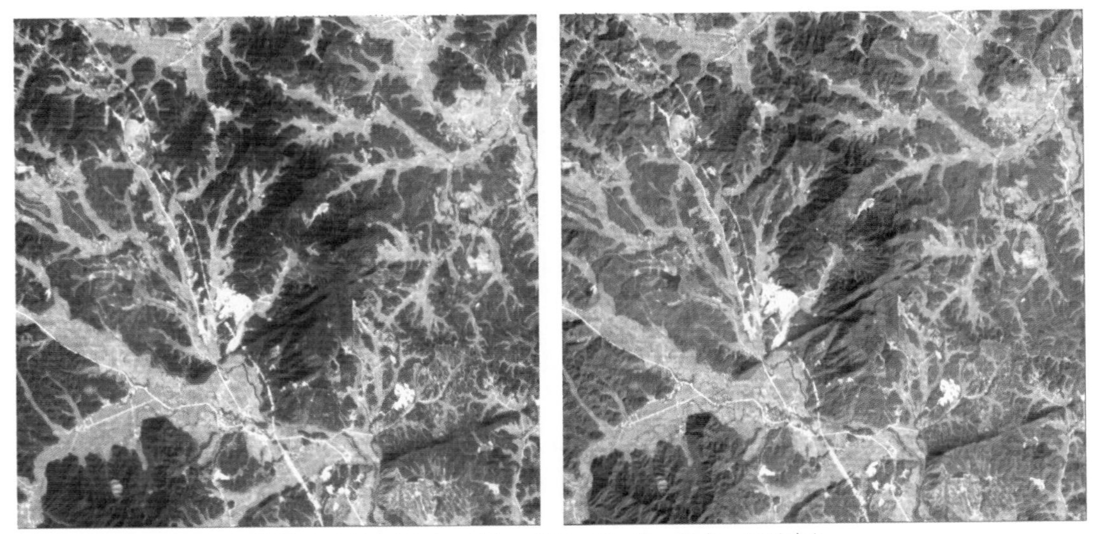

(d) 数据源：GF-1(16m)；时相：2016-02-08；地点：江西瑞金

附图3（二） 增强前（左）、后（右）真彩色影像对比图

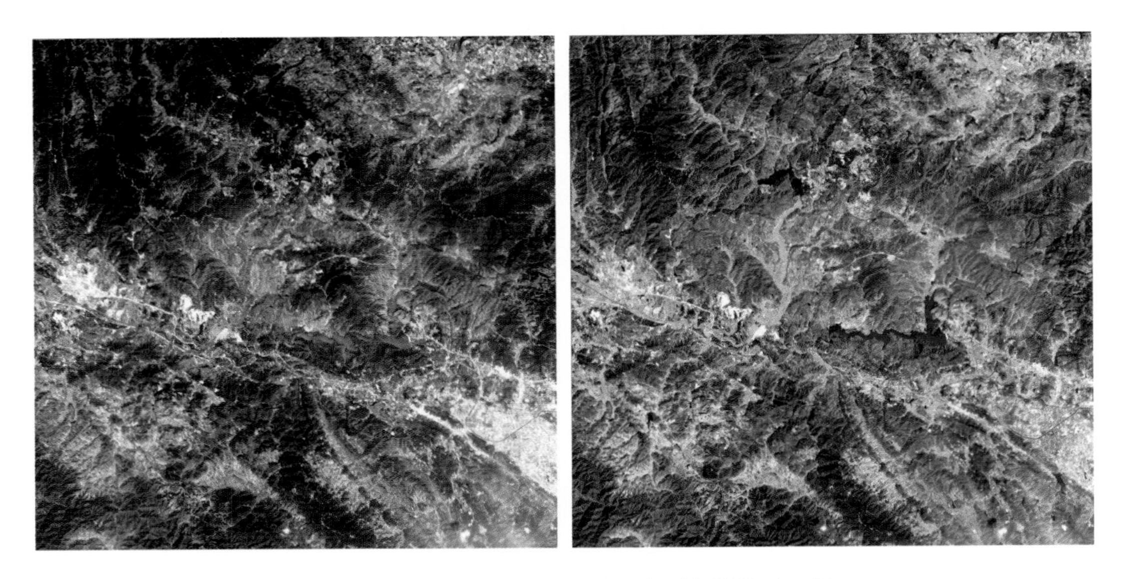

附图4 增强前（左）、后（右）真彩色影像对比图

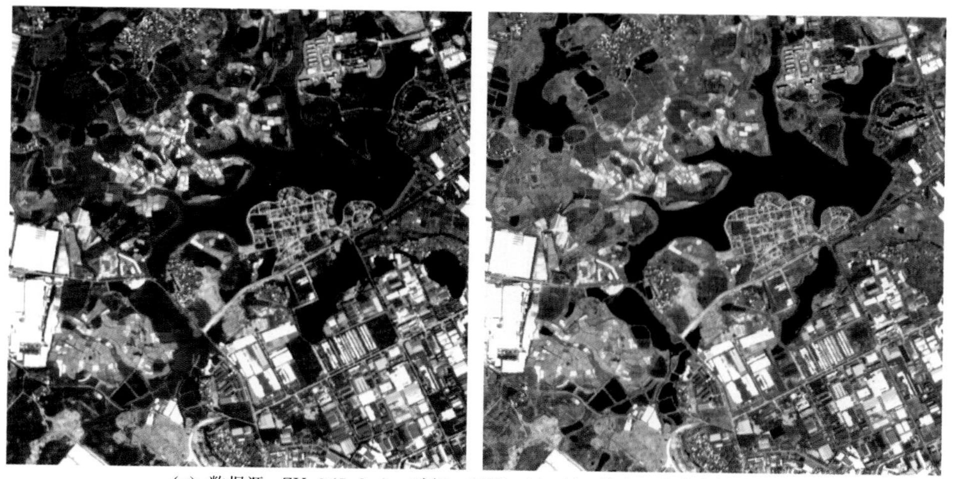

(a) 数据源：ZY-3(5.8m)；时相：2015-04-14；地点：广东广州

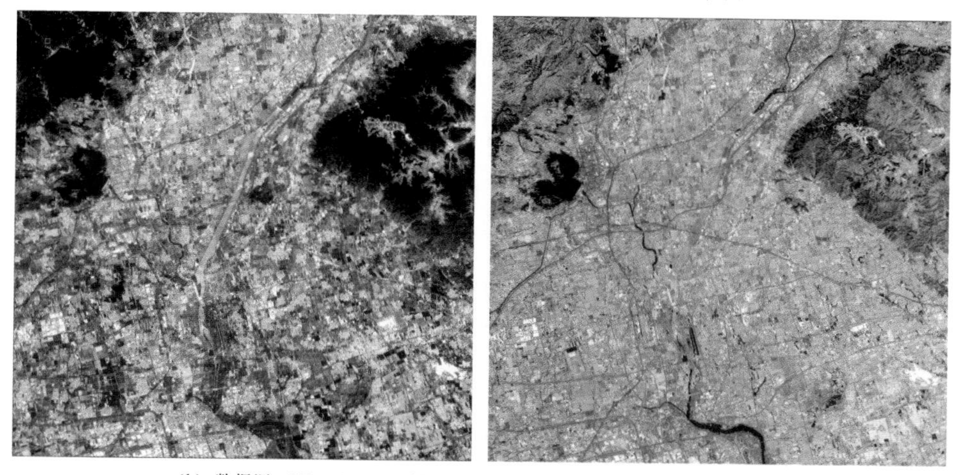

(b) 数据源：GF-1(8m)；时相：2016-05-08；地点：北京怀柔

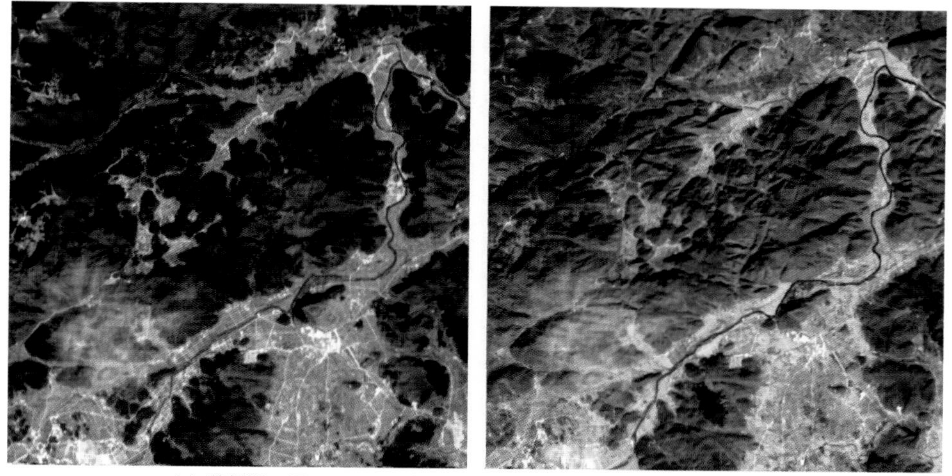

(c) 数据源：GF-1(16m)；时相：2016-02-29；地点：贵州黔西

附图5（一） 增强前（左）、后（右）真彩色影像对比图

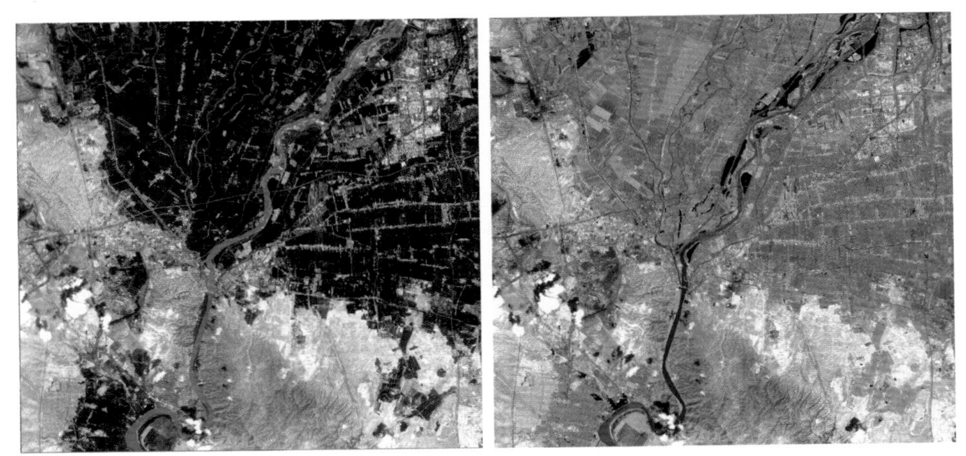

(d) 数据源：GF-2(4m)；时相：2016-08-04；地点：宁夏吴忠

附图5（二） 增强前（左）、后（右）真彩色影像对比图

(a) 数据源：GF-1(8m)；时相：2016-12-07；地点：广东花都

(b) 数据源：GF-1(8m)；时相：2016-11-02；地点：宁夏吴忠

附图6（一） 增强前（左）、后（右）真彩色影像对比图

（c）数据源：ZY-3（5.8m）；时相：2013－12－23；地点：广东深圳

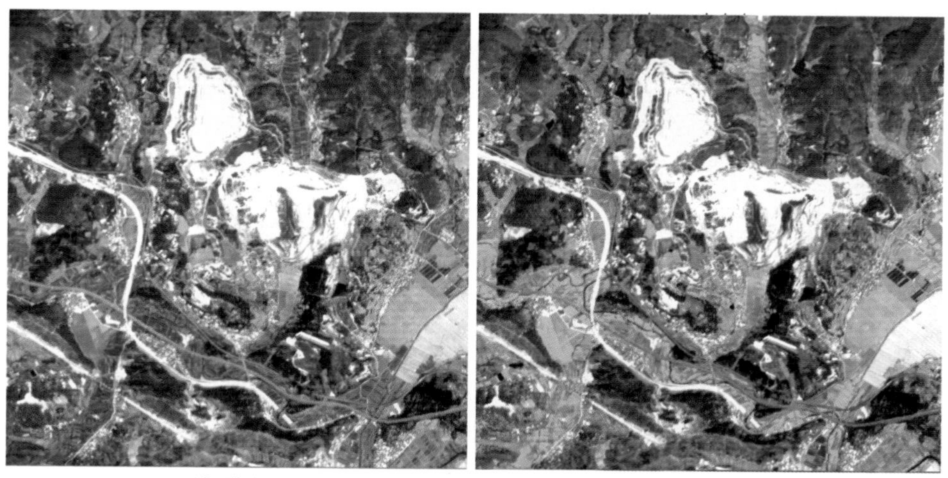

（d）数据源：GF-1（8m）；时相：2016－11－23；地点：云南牟定

（e）数据源：GF-1（16m）；时相：2016－08－26；地点：北京怀柔

附图6（二） 增强前（左）、后（右）真彩色影像对比图

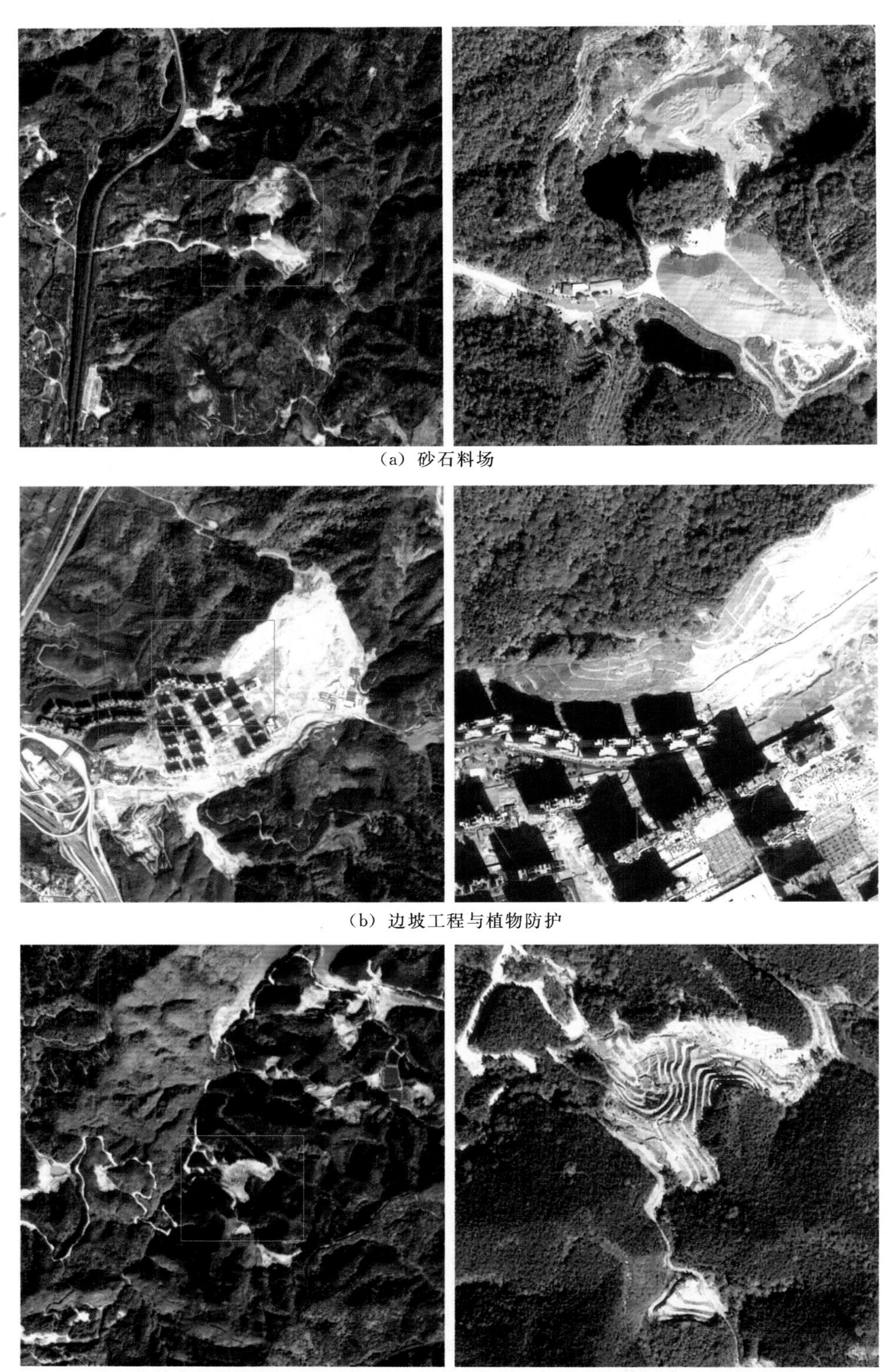

（a）砂石料场

（b）边坡工程与植物防护

（c）边坡分级处理（GF-2 2016-11-04 广东花都；右图对应左图内红色矩形范围）

附图 7　空间增强前（左）、后（右）影像细节对比图